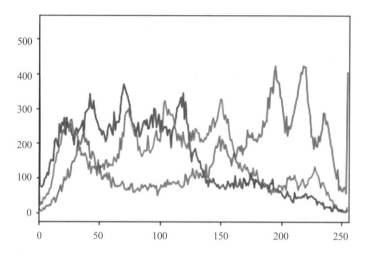

图 4-11　彩色图像的直方图（图中红、绿、蓝曲线分别是 RGB 三色直方图）

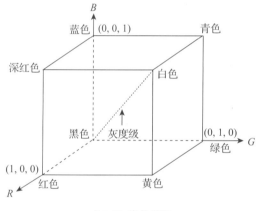

a）RGB 彩色模型

b）RGB 彩色立方体

图 11-1　RGB 彩色模型和立方体

a）BGR 色彩空间图像

b）RGB 色彩空间图像

图 11-3　BGR 色彩空间转换为 RGB 色彩空间

a) 原图像   b) GRAY 色彩空间的图像

图 11-4   RGB 色彩空间转换为 GRAY 色彩空间

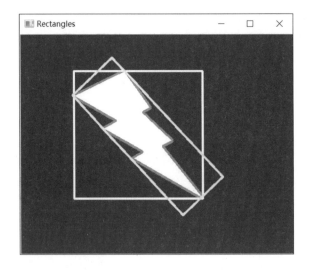

图 12-5   图形的外接直角矩形和旋转矩形

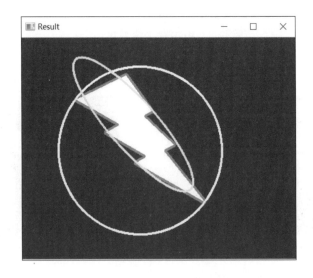

图 12-6   图形的最小外接圆和内接椭圆

图 12-8　凸包点和连线

图 12-14　数字匹配结果

图 12-16　SIFT 角点检测图像

图 12-17 SURF 特征检测图像

图 12-19 ORB 检测 + 暴力匹配结果

图 12-20 两幅图特征匹配第一个关键点的匹配

重点大学计算机教材

智能图像处理

Python和OpenCV实现

赵云龙 葛广英 编著

Intelligent Image Processing with Python & OpenCV

机械工业出版社

CHINA MACHINE PRESS

图书在版编目（CIP）数据

智能图像处理：Python 和 OpenCV 实现 / 赵云龙，葛广英编著 . -- 北京：机械工业出版社，2021.11（2024.12 重印）

重点大学计算机教材

ISBN 978-7-111-69403-8

Ⅰ. ①智… Ⅱ. ①赵… ②葛… Ⅲ. ①图像处理软件 - 高等学校 - 教材 Ⅳ. ① TP391.413

中国版本图书馆 CIP 数据核字（2021）第 215119 号

本书以 Python+ OpenCV 为主线，系统地介绍了 Python 在数字图像处理方面的各种算法和应用案例，并在 Anaconda 或 Pycharm 集成开发环境下编写程序对数字图像处理的各种算法进行讲解，以便读者继续进行人工智能、机器学习、深度学习等方面的学习和研究时不需要更换编程语言和编程环境。本书采用理论与应用实例结合的方式，每个技术至少提供一个应用实例，全书共给出 190 多个应用实例，且每个实例程序均已通过调试，能够正常运行。

本书可作为高校数字图像处理、智能图像处理等课程的教材或参考书，也可作为智能图像处理初学者的入门读物。

出版发行：机械工业出版社（北京市西城区百万庄大街 22 号　邮政编码：100037）

责任编辑：朱　劼　　　　　　　　　　　　责任校对：殷　虹

印　　刷：涿州市般润文化传播有限公司　　版　　次：2024 年 12 月第 1 版第 8 次印刷

开　　本：185mm×260mm　1/16　　　　　印　　张：20.5　　　插　页：2

书　　号：ISBN 978-7-111-69403-8　　　　定　　价：79.00 元

客服电话：（010）88361066　68326294

前　言

近年来，随着人工智能技术的迅猛发展，图像处理的应用领域不断扩大。图像处理技术在国家安全、经济发展的许多领域已经得到广泛应用，在日常生活中也扮演着越来越重要的角色，目前正向更高、更深层次发展。图像处理是分析和操纵数字图像的过程，旨在提高其质量或从中提取一些信息，并用于模式识别。图像处理是一种通过计算机对图像进行去除噪声、增强、复原、分割、提取特征等处理的方法和技术。

数字图像处理是一门综合性很强的学科，已成为高等院校理工科计算机科学与技术、电子信息工程、通信工程、电子科学与技术及相关专业的一门重要的专业课。它可应用于工业、农业、交通、金融、地质、海洋、气象、生物医学、军事、公安、电子商务、卫星遥感、机器人、多媒体、网络通信等领域，有助于取得显著的社会效益和经济效益。

当前，数字图像处理方面的书籍较多，特别是基于 MATLAB 的数字图像处理书籍很多，而基于"Python + 图像处理库"的数字图像处理书籍较少。虽然网络上基于 Python 的图像处理方面的教程很多，但很零散，缺乏系统性讲解，不利于初学者学习。本书以 Python + OpenCV 为主线，系统地介绍 Python 在数字图像处理方面的各种算法和应用案例，并在 Anaconda 或 PyCharm 集成开发环境下编写程序对数字图像处理的各种算法进行讲解，以便读者在继续进行人工智能、机器学习、深度学习等方面的学习和研究时，不需要再更换编程语言和编程环境。

本书重点介绍数字图像处理技术和应用实例，每个处理技术后面会附加至少一个应用实例，读者可以通过深入理解这些处理技术和应用实例，举一反三，将相关知识应用到自己的学习和工作中。本书共 13 章，具体内容如下：第 1 章主要介绍数字图像处理技术及应用的基础知识、常用 Python 数字图像处理库、Anaconda 和 PyCharm 集成环境的下载及安装。第 2 章到第 12 章介绍基于 Python 的图像处理的各种常用算法。其中，第 2 章主要介绍数字图像的获取和基本运算；第 3 章主要介绍数字图像的几何运算；第 4 章主要介绍图像空域增强；第 5 章主要介绍图像空域滤波；第 6 章主要介绍图像频域滤波；第 7 章主要介绍图像退化和复原；第 8 章主要介绍图像数学形态学；第 9 章主要介绍边缘检测；第 10 章主要介绍图像分割；第 11 章主要介绍彩色图像的处理；第 12 章主要介绍图像特征的提取与描述。第 13 章给出 6 个综合应用实例，读者可通过这些实例将本书的知识融会贯通。

本书由葛广英统稿，赵云龙、葛广英共同完成了本书的编写。董苗苗参与了第 2 章、第 11 章和 13.6 节的编写准备工作；刘羿漩参与了第 3 章、第 6 章和 13.4 节的编写准备工作；梁允泉参与了第 4 章、第 7 章和 13.3 节的编写准备工作；齐振岭参与了第 5 章、第 9 章和 13.5 节的编写准备工作。在本书的编写过程中，编者参阅了大量文献资料和网络上的相关资料，在此对这些资源的作者表示衷心感谢；感谢机械工业出版社的各位编辑为本书的顺利出版所做的组织和协调工作。书中所用图像主要来自 MATLAB 和 Python 软件提供的图像、免费图片库以及作者自己拍摄的照片。书中给出的所有应用实例程序均已通过调试，读者可从机工教育网下载程序源代码后直接使用。

本书可作为高等院校理工科电子、通信、计算机科学与技术及相关专业本科生的教材，也可供相关专业的研究生以及从事图像处理、深度学习应用与研究工作的科研工作者和工程师学习参考。

由于数字图像处理技术发展迅猛、软件不断更新升级，加之作者水平所限，本书内容中的不足之处和错误在所难免，恳请广大读者批评指正。

编　者

2021 年 9 月

目　　录

第 1 章　图像处理环境

1.1　图像处理简介

21 世纪是信息化时代，图像作为人类感知世界的视觉基础，是人类获取信息、表达信息和传递信息的重要手段。图像处理（Image Processing）一般指数字图像处理，是用计算机对图像进行处理和分析，以达到所需结果的技术。数字图像处理技术可以帮助人们更客观、准确地认识世界，人的视觉系统可以帮助人类从外界获取 75% 以上的信息，而图像、图形又是所有视觉信息的载体，尽管人眼的鉴别力很高，可以识别上千种颜色，但很多情况下，图像对于人眼来说是模糊的甚至是不可见的，通过图像增强技术，可以使模糊甚至不可见的图像变得清晰。

数字图像处理（Digital Image Processing）又称为计算机图像处理，它是指将图像信号转换成数字信号并利用计算机对其进行处理的过程。数字图像是指用工业相机、摄像机、扫描仪等设备拍摄得到的一个二维数组，该数组的元素称为像素，其值称为灰度值。图像处理技术一般包括图像压缩，增强和复原，匹配、描述和识别三个部分。

数字图像处理技术在国内外发展十分迅速，应用也十分广泛，它的产生和迅速发展主要受三个因素的影响：一是计算机技术的发展；二是数学的发展（特别是离散数学理论的创立和完善）；三是农牧业、林业、环境、军事、工业和医学等领域应用需求的增长。

1.1.1　图像处理的应用领域

图像是人类获取和交换信息的主要来源，因此，图像处理的应用领域必然涉及人类生活和工作的方方面面。随着人类活动范围的不断扩大，图像处理的应用领域也随之不断扩大。目前，图像处理在国民经济的许多领域已经得到广泛的应用，下面介绍一些典型的应用领域。

1. 航天和航空

现在，世界各国都在利用卫星获取图像进行资源调查（如森林调查、海洋泥沙和渔业调查、水资源调查等）、灾害检测（如病虫害检测、水火检测、环境污染检测等）、资源勘察（如石油勘查、矿产量探测、大型工程地理位置勘探分析等）、农业规划（如土壤营养、水分和农作物生长、产量的估算等）、城市规划（如地质结构、水源及环境分析等）。我国也陆续开展了以上诸方面的一些实际应用，并获得了良好的效果。

2. 生物医学工程

数字图像处理在生物医学工程方面的应用十分广泛，而且很有成效。例如，用于全身检测的 CT 装置会根据人的身体截面的投影，经计算机处理来重建截面图像，从而获得人体各个部位鲜明清晰的断层图像。还有一类是对医用显微图像的处理分析，如红细胞/白细胞分类、染色体分析、癌细胞识别等。此外，在 X 光肺部图像增强、超声波图像处理、心电图分析、立体定向放射治疗等医学诊断方面都广泛地应用了图像处理技术。

3. 通信工程

数字图像处理在通信领域有特殊的用途及应用前景。传真通信、可视电话、会议电视、多媒体通信，以及宽带综合业务数字网（B-ISDN）和高清晰度电视（HDTV）都采用了数字图像处理技术。当前通信的主要发展方向是声音、文字、图像和数据结合的多媒体通信。具体地讲，是将电话、电视和计算机以三网合一的方式在数字通信网上传输。其中以图像通信最为复杂和困难，因为图像的数据量巨大，如传送彩色电视信号的速率达 100Mbit/s 以上。要将这样高速率的数据实时传送出去，必须采用编码技术来压缩信息的数据量。从某种意义上讲，编码压缩是这些技术成败的关键。除了已广泛应用的熵编码、DPCM 编码、变换编码外，国内外正在大力研究新的编码方法，如分行编码、自适应网络编码、小波变换图像压缩编码等。

4. 工业和工程

在工业和工程领域，图像处理技术有着广泛的应用，如在自动装配线中检测零件的质量、并对零件进行分类，印制电路板疵病检查，弹性力学照片的应力分析，流体力学图片的阻力和升力分析，邮政信件的自动分拣，在一些有毒、放射性环境内识别工件及物体的形状和排列状态，先进的设计和制造技术中采用工业视觉，等等。值得一提的是，研制具备视觉、听觉和触觉功能的智能机器人将会给工农业生产带来新的发展机会，目前已在工业生产中的喷漆、焊接、装配中得到应用。

5. 军事公安

在军事方面，图像处理和识别主要用于导弹的精确末制导，各种侦察照片的判读，具有图像传输、存储和显示的军事自动化指挥系统，飞机、坦克和军舰模拟训练系统等；在公安领域，图像处理和识别可用于业务图片的判读分析，指纹识别，人脸鉴别，不完整图片的复原，以及交通监控、事故分析等。高速公路不停车自动收费系统、小区门禁系统中的车辆和车牌的自动识别也都是图像处理技术成功应用的实例。

6. 机器人视觉

图像处理技术的应用与推广使得为机器人配备视觉的科学预想成为现实。机器人视觉系统作为智能机器人的重要感觉器官，主要进行三维景物的理解和识别，是目前重要的研究课题之一。机器人视觉主要用于军事侦察、危险环境的自主机器人，邮政、医院和家庭服务的智能机器人，装配线工件识别、定位，太空机器人的自动操作等。

7. 视频和多媒体系统

图像处理技术可以应用在电视画面的数字编辑、动画的制作、游戏开发、纺织工艺品设计、服装设计与制作、发型设计、文物资料照片的复制和修复、运动员动作分析和评分等领域，并已逐渐形成一门新的艺术——计算机美术。

8. 电子商务

在我们日常生活中广泛使用的网上购物中，图像处理技术也大有可为，如身份认证、产品防伪、水印技术等。

随着图像处理技术的深入发展，从 20 世纪 70 年代中期开始，随着计算机技术和人工智能、思维科学研究的迅速发展，数字图像处理向更高、更深层次发展。图像处理技术应用领域相当广泛，并在国家安全、经济发展、日常生活中扮演越来越重要的角色。

1.1.2　图像处理的常用方法

图像处理是分析和操作数字图像的过程，旨在提高其质量或从中提取一些有用信息，然后将其用于某些分类或识别方面。图像处理是通过计算机对图像进行变换、编码、去噪、增强、复原、分割、提取特征等处理的方法和技术。常用的图像处理方法包括图像变换、图像编码压缩、图像增强和复原、图像分割、图像描述、图像分类（识别）。

1. 图像变换

由于图像阵列很大，若直接在空间域中进行处理，涉及计算量很大。因此，往往采用各种图像变换的方法，如傅里叶变换、沃尔什变换、离散余弦变换等间接处理技术，将空间域的处理转换为变换域处理，不仅可减少计算量，而且可以使处理更有效（如傅里叶变换可在频域中进行数字滤波处理）。新兴研究的小波变换在时域和频域中都具有良好的局部化特性，它在图像处理中也有着广泛而有效的应用。

2. 图像编码压缩

图像编码压缩技术可减少描述图像的数据量（即比特数），以便节省图像传输、处理时间和减少占用的存储器容量。压缩可以在不失真的前提下获得，也可以在允许的失真条件下进行。编码是压缩技术中的重要方法，它在图像处理技术中是发展最早且比较成熟的技术。

3. 图像增强和复原

图像增强和复原的目的是提高图像的质量，如去除噪声、提高图像的清晰度等。图像增强不考虑图像降质的原因，只突出图像中所感兴趣的部分。例如，强化图像高频分量，可使图像中物体轮廓清晰，细节明显；强化低频分量可减少图像中噪声影响。图像复原要求对图像降质的原因有一定的了解，根据降质过程建立"降质模型"，再采用某种滤波方法，恢复或重建原来的图像。

4. 图像分割

图像分割是数字图像处理中的关键技术之一，它将图像中有意义的特征部分（如图像中的边缘、区域等）提取出来，这是进一步进行图像识别、分析和理解的基础。虽然目前已有不少边缘提取、区域分割的方法，但还没有一种普遍适用于各种图像的有效方法。因此，对图像分割的研究还在不断深入，目前是图像处理的研究热点之一。

5. 图像描述

图像描述是图像识别和理解的必要前提。对于简单的二值图像，可采用其几何特性描述物体的特性；对于一般图像的描述，可采用二维形状描述，它有边界描述和区域描述两类方法；对于特殊的纹理图像，可采用二维纹理特征描述。随着图像处理研究的深入发展，目前已经开始进行三维物体描述的研究，提出了体积描述、表面描述、广义圆柱体描述等方法。

6. 图像分类（识别）

图像分类（识别）属于模式识别的范畴，其主要内容是图像经过某些预处理（增强、复原、压缩）后，进行图像分割和特征提取，从而进行判决分类。图像分类经典的模式识别方法有统计模式分类和句法（结构）模式分类，近年来新发展的人工神经网络模式分类、深度学习模式分类在图像识别中也越来越受到重视。

Python 语言简单易学，功能强大，由于有丰富的第三方库，用 Python 来解决问题效率极高，因此已广泛地应用于 Web 开发、系统运维、网络爬虫、科学技术、机器学习、数据分析、数据可视化等场景。

本书以 Python + OpenCV 为主线，系统地介绍 Python 在数字图像处理的各种应用算法和案例，如何在 Spyder IDE 或 PyCharm 集成开发环境下编写程序，并对数字图像处理的各种算法进行讲解和实例分析，以便读者继续进行人工智能、机器学习、深度学习等方面的学习和研究时不需要更换编程语言和编程环境。

1.2　Python 数字图像处理库

图像处理的常见任务包括显示图像、基本操作（如裁剪、翻转、旋转等）、图像分割、分类和特征提取、图像恢复和图像识别等。随着 Python 语言日益普及，它也成为图像处理任务的最佳选择。Python 自身免费并提供了许多先进的图像处理工具和图像处理库。要使用 Python，必须先安装 Python，不管是在 Windows 系统，还是 Linux 系统，安装 Python 都是非常简单的。

要使用 Python 进行各种开发和科学计算，还需要安装对应的库或包。这与 MATLAB 相似，只是在 MATLAB 里叫作工具箱（toolbox），而在 Python 里叫作库或包。基于 Python 开发的数字图像处理包很多，比如 OpenCV、PIL、Pillow、scikit-image 等。下面介绍一些用于图像处理任务的常用 Python 库。

1. OpenCV-Python

开源计算机视觉库（Open Source Computer Vision Library，OpenCV）是计算机视觉应用中广泛使用的库之一，提供了各种图像处理算法。OpenCV 是一个开源发行的跨平台计算机视觉库，支持多种编程语言，例如 C++、Python、Java 等，并且可在 Windows、Linux、OS X、Android 和 iOS 等平台上使用。

OpenCV 中包含二维和三维特征工具箱、运动估算、人脸识别系统、姿势识别、人机交互、移动机器人、运动理解、对象鉴别、分割与识别、立体视觉、运动跟踪、增强现实（AR 技术）等。基于上述功能实现的需要，OpenCV 中还包括以下基于统计学机器学习库：Boosting 算法、Decision Tree（决策树）学习、Gradient Boosting 算法、EM 算法（期望最大化）、KNN 算法、朴素贝叶斯分类、人工神经网络、随机森林、支持向量机。

OpenCV-Python 是旨在解决计算机视觉问题的 Python 专用库，是用于 OpenCV 的 Python API，结合了 OpenCV、C++、API 和 Python 语言的最佳特性，不仅速度快（因为后台由用 C/C++ 编写的代码组成），也易于编码和部署（由于前端的 Python 包装器）。OpenCV-Python 为 OpenCV 提供了 Python 接口，使得使用者在 Python 中能够调用 C/C++，在保证易读性和运行效率的前提下，实现所需的功能。本书主要以 OpenCV-Python 库进行各种数字图像处理。

2. Numpy

Numpy 是 Python 编程的核心库之一，支持数组结构。图像本质上是包含数据点像素的标准 Numpy 数组。因此，通过使用基本的 Numpy 操作，例如切片、脱敏和花式索引等，可以修改图像的像素值。

3. Matplotlib

Matplotlib 是一个 Python 2D 绘图库，它可以在不同的平台上以各种硬拷贝格式和交互环境生成、发布质量数据。Matplotlib 可以用于 Python 脚本、Python 和 IPython shell、Jupyter Notebook、Web 应用服务器和图形用户界面工具包。对于简单的绘图，pyplot 模块提供了一个类似于 MATLAB 的接口，可通过一组函数来控制线样式、字体属性、轴属性等。

4. Scikit-image

Scikit-image 是一个基于 Numpy 数组的开源 Python 包，可应用于科学研究、教育和工业。Scikit-image 包含大量用于图像处理和计算机视觉的算法。skimage 主要提供了一些用于转换图像数据类型的实用程序，大多数功能程序位于其子包中，读取功能包含在 io 模块中。即使是刚接触 Python 的人，也可以方便地使用这个库。此库代码质量非常高并已经过同行评审，其社区成员也非常活跃。

5. Scipy

Scipy 是 Python 的另一个核心科学模块，就像 Numpy 一样，可用于基本的图像处理和处理任务。其中，子模块 scipy.ndimage 提供了在 n 维 Numpy 数组上运行的函数。该软件包目前包括线性和非线性滤波、二进制形态、B 样条插值和对象测量等功能。

Python 在科学计算领域有三个非常受欢迎的库：Numpy、SciPy、Matplotlib。Numpy 是一个高性能的多维数组的计算库，Scipy 是构建在 Numpy 的基础之上的，它提供了许多操作 Numpy 数组的函数。Scipy 是一款方便、易于使用、专为科学和工程设计的 Python 工具包，包括了统计、优化、整合以及线性代数模块、傅里叶变换、信号和图像图例，常微分方差的求解等。

6. PIL/Pillow

PIL（Python Imaging Library）是一个免费的 Python 编程语言库，它增加了对打开、处理和保存不同图像文件格式的支持。PIL 有一个正处于积极开发阶段的分支 Pillow，它非常易于安装。Pillow 能在所有主流操作系统上运行并支持 Python 3。该库包含基本的图像处理功能，包括点操作、使用一组内置卷积内核进行过滤以及颜色空间转换。

PIL 是 Python 常用的图像处理库，提供了广泛的文件格式支持和强大的图像处理能力，主要包括图像存储、图像显示、格式转换以及基本的图像处理操作等，相比 OpenCV 更为轻巧。Image 模块是 Python PIL 图像处理中的常用模块，对图像进行基础操作的功能基本都包含于此模块内，如 open、save、show 等功能。

另外，还有 SimpleCV、Mahotas、SimpleITK、pgmagick、Pycairo 等也是常用的功能模块。

以上是一些免费的优秀图像处理 Python 库，需要的时候可以下载安装。在这些库中，如果进行数据运算，使用 Numpy 库进行数据格式的处理操作更方便；在进行图形绘制的时候，使用 Matplotlib 库更好；使用 OpenCV 库可以对图像进行各种运算处理。OpenCV 图像默认显示顺序是 BGR，而其他软件（如 Matplotlib、PIL、ScoPy）显示图像的顺序是 RGB，这是我们习惯看到的图像颜色。

1.3　Python 集成环境的安装

Python 的集成环境很多，除了 Python 自带的 IDLE，还有 Anaconda、Pycharm、Sublime Text、Vim 、Atom、VSCode、Eclipse，等等。本书主要介绍两种 Python 开发环境。

Anaconda Python 是一款非常优秀的 Python 集成开发环境，包含 180 多个科学包及其依赖项，一键安装，即装即用，便于高效地使用 Python 语言。对 Windows 环境而言，也不用安装 C++ 编译器了，可使用 Conda 来管理包。它集成了 Python 主程序、IDE（Spyder）与 IPython，以及常用的第三方库，如 Conda、Numpy、SciPy、IPython notebook 等。Anaconda Python 支持 Windows、OS X 与 Linux 三个系统，以及 32 位、64 位计算机，Python 2.X、3.X 版本。

Anaconda 是一个用于科学计算的 Python 发行版，提供了包管理与环境管理的功能，可以方便地解决多版本 Python 并存、切换以及各种第三方包安装问题。Anaconda 利用工具或命令 conda 来进行包和环境的管理，并且已经包含了 Python 和相关的配套工具。

conda 可以理解为一个工具，也是一个可执行命令，其核心功能是包管理与环境管理。

1）**包管理**：可以使用 Conda 来安装、更新、卸载工具包，并且它更关注于数据科学相关的工具包。在安装 Anaconda 时就预先集成了像 Numpy、SciPy、Pandas、Scikit-learn 这些在数据分析中常用的包。另外值得一提的是，Conda 并不仅仅管理 Python 的工具包，它也能安装非 Python 的包。

2）**环境管理**：在 Conda 中可以建立多个虚拟环境，用于隔离不同项目所需的不同版本的工具包，以防止版本上的冲突。对纠结于 Python 版本的同学们，可以建立 Python2 和 Python3 两个环境，来分别运行不同版本的 Python 代码。

PyCharm 是 JetBrains 开发的 Python IDE。PyCharm 具备 IDE 常用功能，比如调试、语法高亮、项目管理、代码跳转、智能提示、自动完成、单元测试、版本控制等。

1.3.1　Anaconda 集成环境的下载与安装

要使用 Python 进行各种开发和科学计算，还需要安装对应的包。Anaconda 把大多数需要的包都集成在了一起，因此只需要安装 Anaconda 软件就行了。如果还需要其他软件包，可以随时通过 pip 或 conda 安装。下面介绍 Anaconda 的安装过程。

1）前往官方网站下载页面 https://www.anaconda.com/products/individual 下载 Anaconda 软件，本书以 Windows 系统下 Python3.8、64 位单机版为例，如图 1-1 所示，下载后的文件名为 Anaconda3-2020.11-Windows-x86_64.exe。

图 1-1　Anaconda 下载界面

2）完成下载后，双击安装，持续单击 Next 按钮，直到出现选择 Just Me（recommended）或 All Users（requires admin privileges）。假如你的电脑有多个用户，就选择 All

Users。如果计算机只有一个用户，就选择 Just Me，如图 1-2 所示。然后继续单击 Next。

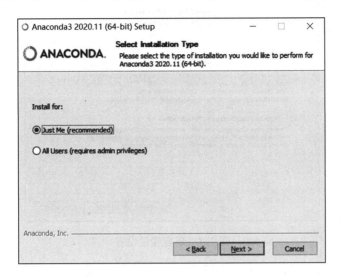

图 1-2 Anaconda 安装界面

3）接下来更改安装路径，可以选择系统盘以外的磁盘安装。如设置路径为 C:\Program-Data\Anaconda3，如图 1-3 所示。

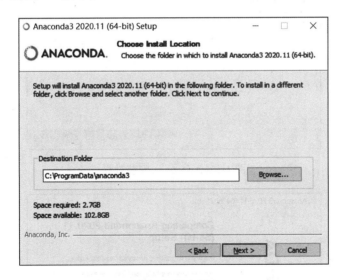

图 1-3 安装路径选择

4）之后出现 Advanced Installation Options 高级安装选项界面，如图 1-4 所示，第一个选项是添加环境变量，第二个选项默认使用 Python 3.8，两项都选就可以了。单击下面的 Install 按钮进行安装。

5）开始安装，安装过程如图 1-5 所示，直到出现安装结束界面，如图 1-6 所示。

6）安装完成后，可以查看安装的库。在 Windows 的命令提示符 cmd 中输入 pip list，或者在 Anaconda Prompt 管理器中输入 conda list，可以查看已经安装的库和组件，如图 1-7 所示。

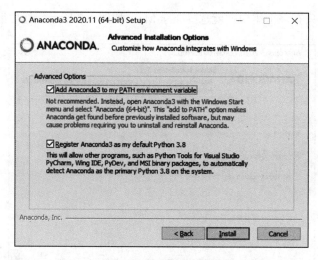

图 1-4　环境变量设置

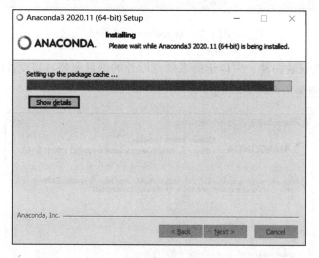

图 1-5　Anaconda 安装过程

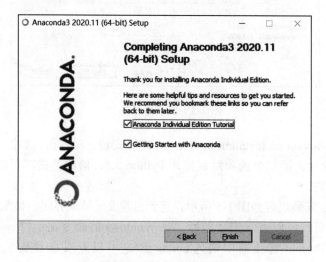

图 1-6　安装结束界面

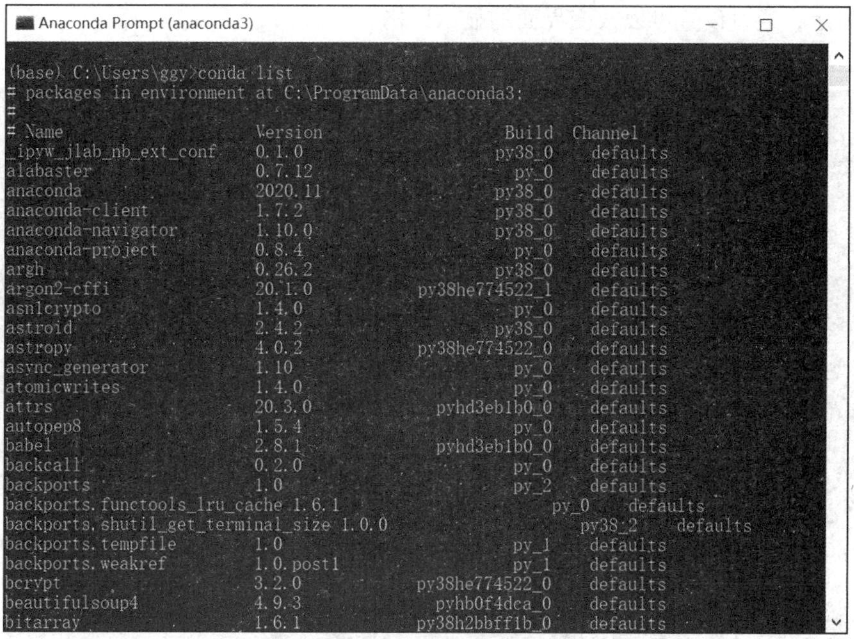

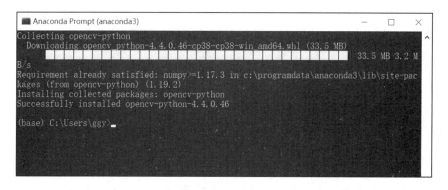

图 1-7　查看库文件

我们可以看到，Numpy、SciPy、Matplotlib、Pandas 等都已经安装成功了。但是 Open-CV-Python 没有安装，我们可以在 Windows 的命令提示符 cmd 中输入 pip install opencv-python，如图 1-8 所示。根据显示的内容可以看到 opencv-python-4.4.0 版本已安装成功，可以正常使用了。接下来可继续安装 pip install opencv-contrib-python。

图 1-8　OpenCV-Python 库的安装

在 Windows 系统中，会随 Anaconda 一起安装一批应用程序：① Anaconda Navigator，它是用于管理环境和包的 GUI；② Anaconda Prompt 终端，它可让你使用命令行界面来管理环境和包；③ Spyder 编程器，它是面向科学开发的 IDE。

在默认环境下更新所有的包，打开 Anaconda Prompt，输入 conda upgrade –all，并在提示是否更新时输入 y（Yes）以便让更新继续。初次安装的软件包版本可能比较旧，因此更新版本能为今后的使用带来极大的方便。

7）简单测试。在 Windows 左下角的开始界面中打开 Anaconda 自带的编辑器 Spyder，如图 1-9 所示，通过设置可以改变界面的显示风格。

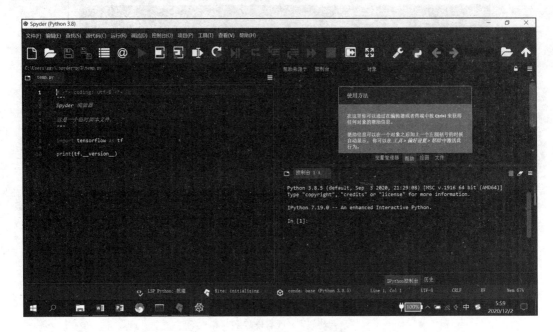

图 1-9　Spyder 编辑器界面

下面我们编写一个程序来测试一下安装是否成功，该程序用来打开并显示一张图片。首先准备一张图片，然后在 Spyder 编辑器中输入如下代码：

```
import cv2
from matplotlib import pyplot as plt
img=cv2.imread('lena.jpg')
plt.imshow(img)
plt.show()
```

将其中的 lena.jpg 图片放置到当前目录，然后单击上面工具栏里的运行按钮，运行结果显示如图 1-10 所示。

如果在右上角的"绘图"区域能显示图像，说明运行环境安装成功。这时，可以选择"变量管理器"来查看图片信息。把这个程序保存起来，Python 程序文件的后缀名为 .py。

1.3.2　PyCharm 集成环境的下载与安装

PyCharm 是一款功能强大的 Python IDE，具有跨平台性，是 Python 语言开发时提高其效率的工具，可提供调试、语法高亮、Project 管理、代码跳转、智能提示、自动完成、单元测试、版本控制等功能。可以在线上更新和下载库。开发项目、管理项目资源方便，可导入各种集成库进行开发，图像处理、界面设计、数据库管理等皆可融为一体，方便实际工程项目开发使用。PyCharm 安装方法如下：

1）登录下载网址 https://www.jetbrains.com/pycharm/download/#section=windows，进入图 1-11 所示界面。Professional 是专业版，Community 是社区版，推荐安装社区版，因为是免费使用的。下载的程序文件名为 pycharm-community-2021.1.exe。

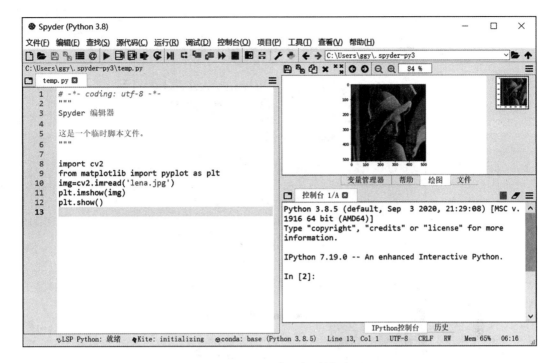

图 1-10　程序运行后界面

图 1-11　Pycharm 下载界面

2）等待安装包下载成功后，双击 pycharm-community-2021.1.exe 程序进行安装。

3）安装目录建议选择 C 盘以外的盘，为系统盘节省资源。

4）如图 1-12 所示，支持 64 位，并在所有选项前面打勾。

5）单击 Next，直达安装完成界面，如图 1-13 所示。

6）双击图标打开 Pycharm，如图 1-14 所示，选择不进行配置。

7）在完成 PyCharm 的初始化配置后，还需要设置 PyCharm 解释器才能正常工作。运行 PyCharm，进入解释器设置。打开"Flie（文件）"菜单，下拉到"Settings…（设置）"，单击进去。在"Project（项目）"中单击"Python 解释器"，如图 1-15 所示。

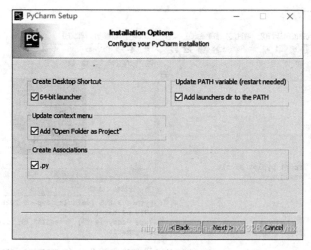

图 1-12　安装选择项

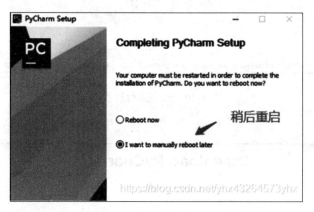

图 1-13　安装完成界面

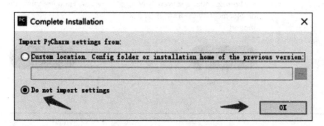

图 1-14　设置界面

8）在图 1-15 右上部，单击"Python 解释器"右边的向下箭头，在这里添加 Anaconda 安装目录下的 Python.exe 路径就可以了，如图 1-16 所示。如果有多个解释器，可以添加之后，在这里进行切换。

9）添加新的库文件。单击图 1-15 右上部的"＋"号，显示"Available Packages（可用包）"界面，如图 1-17 所示。在上面的查找框内输入要添加的库名称，如 tensorflow，单击下面的"安装包"按钮，就会自动安装库文件。在这里还可以安装其他库文件，安装完成后返回 Python 解释器设置界面，单击"确定"按钮。至此，Python 程序运行所需的库文件都安装完成了，就可以进入编辑器界面编写程序了。

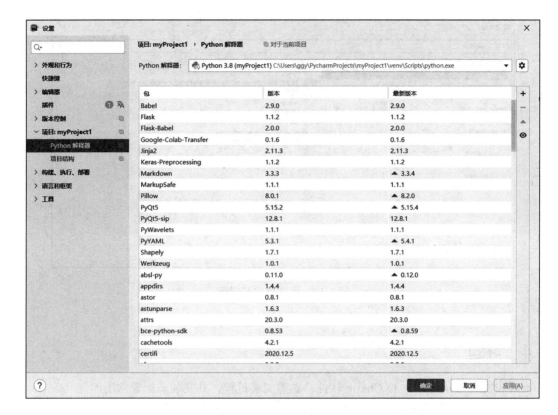

图 1-15　解释器设置界面

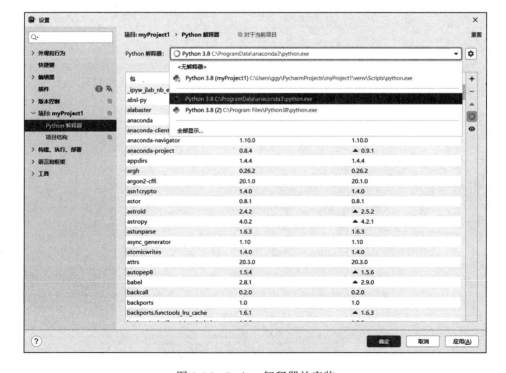

图 1-16　Python 解释器的安装

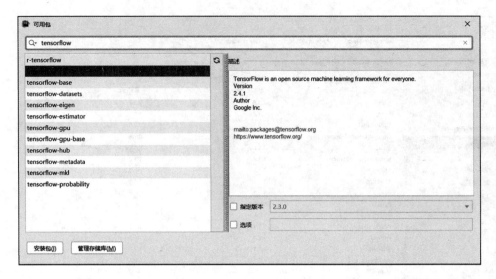

图 1-17   库文件安装界面

1.4   习题

1. 下载和安装 Anaconda、PyCharm 软件，熟悉安装过程，并安装或配置常用库。

2. 打开 Anaconda 的 Spyder 集成编程环境，并编写第一个程序代码。

第2章　数字图像的获取和基本运算

本章主要介绍图像的基本类型、单幅图像的获取、视频图像的获取、图像的算术运算和图像的逻辑运算等内容。

2.1　图像的基本类型

在数字图像处理中，基本图像类型包括二值图像（黑白图像）、灰度图像、索引图像和彩色图像。

2.1.1　二值图像

二值图像（黑白图像）就是只含有黑色和白色，没有过渡色彩的图像，如图2-1a和图2-1b所示。

a)

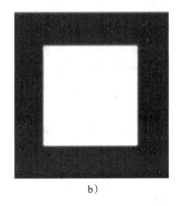
b)

图 2-1　二值图像

计算机是通过矩阵来表示图像信息的，下面的矩阵是图2-1b中的二值图像在计算机中的表示形式。

```
0    0    0    0    0    0    0    0    0    0
0    0    0    0    0    0    0    0    0    0
0    0    1    1    1    1    1    1    0    0
0    0    1    1    1    1    1    1    0    0
0    0    1    1    1    1    1    1    0    0
0    0    1    1    1    1    1    1    0    0
0    0    1    1    1    1    1    1    0    0
0    0    1    1    1    1    1    1    0    0
0    0    0    0    0    0    0    0    0    0
0    0    0    0    0    0    0    0    0    0
```

在计算机中处理该图像时，先将其划分为若干个小方块，每个小方块就是一个处理单位，每个小方块称为一个像素点。计算机会将白色的像素点处理为1，将黑色的像素点处理为 0。由于图像只使用两个数字就可以表示，因此计算机使用一个比特（1 bit）表示二值图像。

2.1.2 灰度图像

二值图像的表示比较简单，只有黑白两种颜色，所以图像不够细腻，不能表现出更多的细节。灰度图像是指各像素信息由一个量化的灰度等级来描述的图像，无彩色信息，图 2-2 所示的 lena 图像就是一幅灰度图像，因为图像的信息更加丰富，所以计算机无法只使用一个比特来表示灰度图像。

灰度图像的取值范围为 0～255，0 表示纯黑色，255 表示纯白色。其他数值表示从纯黑到纯白之间不同级别的灰度，256 个灰度等级用一个字节（即 8 比特）来表示。

二值图像也可以使用 8 位二进制来表示，其中 0 表示黑色，255 表示白色，没有其他灰度级。

图 2-2   lena 灰度图像

2.1.3 索引图像

索引图像既包括存放图像数据的二维矩阵，也包括一个颜色索引矩阵（称为 MAP 矩阵），因此称为索引图像，又称为映射图像。MAP 矩阵可以由二维数组表示，矩阵大小由存放图像的矩阵元素的值域（灰度值范围）决定。

若矩阵元素的值域为 0～255，则 MAP 矩阵的大小为 256×3，矩阵的三列分别为 R、G、B 三种颜色的值。

图像矩阵的每一个灰度值对应 MAP 矩阵中的一行，如某一像素的灰度值为 64，则表示该像素与 MAP 矩阵的第 64 行建立了映射关系，该像素在屏幕上的显示颜色由 MAP 矩阵第 64 行的 [R G B] 叠加而成。

2.1.4 彩色图像

比起二值图像和灰度图像，彩色图像可以表示出更多的图像信息。色彩是由红、绿、蓝三色（即三基色）构成。由主波长、纯度、明度、色调、饱和度、亮度等不同方式表示颜色的模式称为色彩空间、颜色空间或颜色模式。

虽然不同的色彩空间有不同的表示方式，但是各种色彩空间之间可以根据需要按公式进行转换，这种转换在 OpenCV 中特别方便。本书只介绍较为常用的 RGB 色彩空间。

在 RGB 色彩空间中，有三个通道，即 R（red，红色）通道、G（green，绿色）通道和 B（blue，蓝色）通道，每个色彩通道的范围都是 [0, 255]，使用这三个色彩通道的组合表示彩色。也就是说，混合不同数量的颜色来显示出色彩斑斓的彩色，理论上最多可显示 $256 \times 256 \times 256 = 16\ 777\ 216$ 种彩色。

彩色光 L 的配色方程式为：

$$L = r[\text{R}] + g[\text{G}] + b[\text{B}]$$

其中，$r[\text{R}]$、$g[\text{G}]$、$b[\text{B}]$ 为彩色光 L 中三基色的分量或百分比。

对于计算机来说，每个通道的信息就是一个一维数组，所以，通常使用一个三维数组来表示一幅 RGB 色彩空间的彩色图像。

一般情况下，在 RGB 色彩空间中，图像通道的顺序是 RGB，但是在 OpenCV 中，图像通道的顺序是 BGR，即：

1）第一个通道保存 B 通道的信息。

2）第二个通道保存 G 通道的信息。

3）第三个通道保存 R 通道的信息。

在图像处理中，可以根据需要对通道的顺序进行转换，OpenCV 提供了很多库函数来进行色彩空间的转换。

2.2　单幅图像的获取

图像是由若干个像素组成的，图像处理就是计算机对像素的处理。在 OpenCV 中，可以通过位置索引的方式对图像内的像素进行访问和处理。

2.2.1　图像的读取

OpenCV 提供了 cv2.imread() 函数用于读取图像。该函数的语法格式为：

```
image = cv2.imread(filename, flags)
```

其输入和输出参数为：

- image：返回值，其值是读取的图像。
- filename：要读入图像的完整文件名，可以是绝对路径或相对路径。
- flags：读入图像的标志，用来控制读取文件的类型。

其中，flags 的含义如表 2-1 所示，第一列用英文单词表示的值和第三列用数值表示的值含义一样。

表 2-1　常用 flags 标记值

值	含　义	数值
cv2.IMREAD_UNCHANGED	保持原格式不变	−1
cv2.IMREAD_GRAYSCALE	将图像调整为单通道的灰度图像	0
cv2.IMREAD_COLOR	将图像调整为 3 通道的 BGR 图像，该值为 flags 的默认值	1
cv2.IMREAD_ANYDEPTH	当载入的图像深度为 16 位或者 32 位时，就返回其对应的深度图像；否则，将其转换为 8 位图像	2
cv2.IMREAD_ANYCOLOR	以任何可能的颜色格式读取图像	4
cv2.IMREAD_LOAD_GDAL	使用 GDAL 驱动程序加载图像	8

【例 2.1】使用 cv2.imread() 函数读取一幅图像。程序如下：

```
import cv2                              # 导入 cv2 模块
img=cv2.imread("d:/pics/lena.jpg")      # 读取 lena 图像
print(img)                             # 输出 lena 图像的像素值
```

程序运行后得到 lena 图像的像素值，图 2-3 显示了 lena 图像第一行的部分像素 BGR 的值。

2.2.2 图像的显示

使用函数 cv2.imshow() 显示图像，该函数的语法格式为：

```
cv2.imshow(winname, img)
```

其中，第一个参数 winname 是显示的图像的窗口名字；第二个参数 img 是要显示的具体图像，可以是 imread() 函数读入的图像，也可以是处理后的图像，窗口大小自动调整为图像大小。

OpenCV 还提供了很多与图像显示有关的函数，下面介绍几种常用的函数。

1）namedWindow() 函数用来创建指定的窗口，格式如下：

```
named = cv2.namedWindow(winname, flags)
```

```
[[[112 152 224]
  [114 154 226]
  [115 157 228]
  ...
  [120 152 218]
  [143 170 234]
  [137 163 223]]]
```

图 2-3   lena 图像部分像素值

其中，winname 是窗口的名字，flags 是默认值。如果没有添加 cv2.namedWindow 语句，在显示图像时就自动先执行 cv2.namedWindow()。

2）cv2.waitKey() 函数用来等待按键，然后继续执行，格式如下：

```
cv2.waitKey(delay)
```

其中，参数 delay 表示等待键盘触发的时间，单位为 ms，即等待指定的毫秒数看是否有键盘输入。若在等待时间内按下任意键，则返回按键的 ASCII 码，程序继续运行；若没有按下任何键，超时后返回 −1。如果不调用 waitKey 的话，窗口会一闪而过，看不到显示的具体图像。参数为 0 表示无限等待，默认值为 0。

3）cv2.destroyAllWindows() 函数用来释放所有窗口，格式如下：

```
cv2.destroyAllWindows()
```

【例 2.2】使用 cv2.imshow() 显示读取的图像，程序如下：

```
import cv2                              # 导入 cv2 模块
img=cv2.imread("d:/pics/lena.jpg")      # 读取 lena 图像
cv2.namedWindow("img")                  # 创建一个名为 img 的窗口
cv2.imshow("img", img)                  # 显示读入的图像
cv2.waitKey()                           # 默认值为 0，无限等待
cv2.destroyAllWindows()                 # 释放所有窗口
```

程序运行的结果如图 2-4 所示。

2.2.3 图像的保存

可以使用函数 cv2.imwrite() 保存一个图像。其语法格式为：

```
cv2.imwrite(filename, img, params)
```

其中，第一个参数 filename 是要保存的文件名，第二个参数 img 是要保存的具体图像，第三个参数 params 是保存的图像类型参数（可选）。参数 params 针对特定的图像格式表示如下：对于 jpg 格式图像，表示的是图像的质量，用 0～100 的整数表示，默认值为 95；对于 png 格式

图 2-4   显示读取的图像

图像，表示的是压缩级别，默认值为 3。

【例 2.3】使用 cv2.imwrite() 函数将图像保存到硬盘中。程序如下：

```
import cv2                                    # 导入 cv2 模块
img=cv2.imread("d:/pics/lena.jpg")           # 读取 lena 图像
cv2.imshow('Image',img)                       # 显示图像
# 将图像保存到 d:/pics 下，命名为 lena2
cv2.imwrite("d:/pics/lena2.jpg", img)
cv2.waitKey(0)
cv2.destroyAllWindows()
```

【例 2.4】读取指定文件夹中的所有图像，显示并保存到 ppics 子目录内。程序如下：

```
import cv2
import os

path_dir = "d:/pics"                          # 设置路径，读取文件夹中的所有图像
for filename in os.listdir(path_dir):
    print(filename)                           # 显示图像文件名
    img = cv2.imread(path_dir + "/" + filename)
    cv2.imshow(filename, img)                 # 显示图像
    cv2.waitKey(0)
    cv2.imwrite("d:/ppics" + "/" + filename, img)  # 保存图像
cv2.destroyAllWindows()
```

2.2.4　图像的属性

图像主要有三种属性：形状（行、列和通道数量）、像素数目、数据类型。

1）图像形状：通过 shape 关键字获取图像的形状，返回包含行数、列数、通道数的元组。其中，灰度图像返回行数和列数，彩色图像返回行数、列数和通道数。

2）图像像素数目：通过 size 关键字获取图像的像素数目，其中灰度图像返回行数 × 列数，彩色图像返回行数 × 列数 × 通道数。

3）图像数据类型：通过 dtype 关键字获取图像的数据类型，通常返回 uint8。

【例 2.5】编写程序，获取一幅图像的属性。程序如下：

```
import cv2
image=cv2.imread("d:/pics/lena.jpg")          # 读取 lena 图像
print(" 图像的形状是: ",image.shape)           # 获取图像的形状
print(" 图像的像素数目为: ",image.size)        # 获取图像的像素数目
print(" 图像的数据类型为: ",image.dtype)       # 获得图像的数据类型
```

程序运行结果如下：

```
图像的形状是: (360, 360, 3)
图像的像素数目为: 388800
图像的数据类型为: uint8
```

2.3　视频图像的获取

视频图像的获取主要有以下几种方式：①调取已存在的视频文件，从而实时播放视频文件；②利用笔记本电脑自带的摄像头或台式机外接的 USB 摄像头来获取实时视频图像；③通过网络 IP 地址获取网络上的摄像机实时视频图像。

2.3.1 视频文件的读写

OpenCV 提供了 VideoCapture 类和 VideoWriter 类来支持各种格式的视频文件读写，如 avi、mp4 等视频文件格式。在视频没有结束之前，可以通过 VideoCapture 类里面的 read() 方法来读取每一帧图像，每帧都是一个 BGR 格式的图像；还可以通过 VideoWriter 类里面的 write() 方法把图像信息保存到 VideoWriter 类指定的文件中。

视频写入类 VideoWriter 必须初始化 4 个参数（文件路径 + 文件名、视频编解码器、帧速率、帧大小），其中帧速率和帧大小可以通过 VideoCapture 类的 get() 函数获得。

常见的视频编解码器有如下几种：

1）cv2.VideoWriter_fourcc('I', '4', '2', '0')，这是一个未压缩的 YUV 颜色编码，是 4 : 2 : 0 的色度子采样，这种编码方式有很好的兼容性，但会产生比较大的文件，文件扩展名为 .avi。

2）cv2.VideoWriter_fourcc('P', 'I', 'M', '1')，这是 MPEG-1 的编码类型，文件扩展名为 .avi。

3）cv2.VideoWriter_fourcc('X', 'V', 'I', 'D')，这是 MPEG-4 的编码类型，如果希望得到的视频大小为平均值，推荐使用此选项，文件扩展名为 .avi。

4）cv2.VideoWriter_fourcc('T', 'H', 'E', 'O')，该选项是一种有损压缩的音频格式，类似于 MP3 的音乐格式，文件扩展名为 .ogv。

5）cv2.VideoWriter_fourcc('F', 'L', 'V', '1')，这是一个 Flash 视频，文件扩展名为 .flv。

【例 2.6】利用 OpenCV 函数对视频文件读取和写入。程序如下：

```
import cv2
path = 'd:/pics/CLOCKTXT.avi'                    # 获取视频文件
videoCapture = cv2.VideoCapture(path)

# 获取视频码率和尺寸
fps = videoCapture.get(cv2.CAP_PROP_FPS)
size = (int(videoCapture.get(cv2.CAP_PROP_FRAME_WIDTH)),
        int(videoCapture.get(cv2.CAP_PROP_FRAME_HEIGHT)))
fnums = videoCapture.get(cv2.CAP_PROP_FRAME_COUNT)

# 写入视频帧
video_writer = cv2.VideoWriter('d:\pics\Myoutput1.avi',
            cv2.VideoWriter_fourcc('X','V','I','D'), fps, size)
# 读取视频帧
success, frame = videoCapture.read()
while success:
    cv2.imshow('Windows',frame)                  # 显示
    cv2.waitKey(int(100/fps))                    # 延迟
    video_writer.write(frame)                    # 写入下一帧
    success, frame = videoCapture.read()   # 获取下一帧

videoCapture.release()
cv2.destroyAllWindows()
```

程序运行时的某一时刻图像如图 2-5 所示。

2.3.2 实时视频图像的获取

可以通过 Python 程序使用内建摄像头捕获视频，并显示视频的每一帧以实现视频的播放。在 OpenCV 中打开摄像头并获取视频数据用到如下函数：

- cv2.videoCapture() 函数：用来打开摄像头，摄像头变量为 cv2.VideoCapture(n)，其中 n 为整数，内置摄像头为 0，若有其他摄像头则依次为 1，2，3，……cap.open(0) 则是真正打开笔记本电脑内置的摄像头，运行此代码后会发现摄像头的指示灯点亮。

- read() 函数：读取摄像头采集到的视频帧数据，调用 cap.read() 会返回两个参数，第一个参数是 bool 型的 ret，值为 True 读取成功，False 表示读取失败。第二个参数是 frame，是返回的一帧图像。如果不确定是否读取成功，可以把这两个参数打印输出，若读取失败，[ret frame] 为 [False None]，反之则为 [True [图像数据]]。

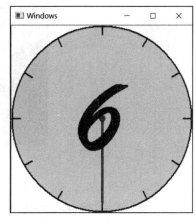

图 2-5　视频某一时刻图像

摄像头捕获视频图像步骤如下：

1）创建摄像头对象，代码如下：

```
cap = cv2.VideoCapture(n)
```

2）逐帧显示，实现视频播放。

在 while 循环中，利用摄像头对象的 read() 函数读取视频的某一帧图像并显示，然后等待 1 个单位时间，如果其间检测到键盘输入 q，则退出，即关闭窗口。

3）释放摄像头对象和窗口。调用 release() 释放摄像头，调用 destroyAllWindows() 关闭所有图像窗口。

【例 2.7】打开内置摄像头，实时显示视频图像，并将视频写入 Myvideo1.avi 中。程序如下：

```
import cv2

cap = cv2.VideoCapture(0)
# 获取视频码率和尺寸
fps = cap.get(cv2.CAP_PROP_FPS)
size = (int(cap.get(cv2.CAP_PROP_FRAME_WIDTH)),\
        int(cap.get(cv2.CAP_PROP_FRAME_HEIGHT)))

# 写入视频帧
video_writer = cv2.VideoWriter('d:/pics/Myvideo1.avi',
              cv2.VideoWriter_fourcc('X','V','I','D'), fps, size)

while(1):
    ret, frame = cap.read()                  # 读取视频图像
    frame=cv2.flip(frame,1)                   # 图像水平翻转
    cv2.imshow("capture", frame)              # 显示视频
    video_writer.write(frame)                 # 写入视频
    # 按 Q 键退出
    if cv2.waitKey(1) & 0xFF == ord('q'):
        break

cap.release()
cv2.destroyAllWindows()
```

运行程序，获取到如图 2-6 所示的实时视频图像。要注意的是，语句 cv2.waitKey(1) 内的延迟时间不能填 0，否则视频图像不连续，一直等待单击按键。

图 2-6   摄像头读取的一幅图像

2.4   图像的算术运算

图像的算术运算包括加法运算、减法运算、乘法运算和除法运算。要注意的是，进行算术运算时，必须保证两幅图像的大小、数据类型和通道数目相同。

2.4.1   加法运算

可以使用函数 cv2.add() 对两幅图像做加法运算，其语法格式为：

```
cv2.add(src1,src2)
```

其输入和输出参数为：
- src1：图像矩阵 1。
- src2：图像矩阵 2。

也可以使用 numpy 数组进行加法运算，即 res=img1+img2。

OpenCV 中的加法与 Numpy 的加法有所不同。OpenCV 的加法是一种饱和操作，而 Numpy 的加法是一种模操作。因为计算机一般使用 8 比特来表示灰度图像，所以像素值的范围是 0～255。当像素值的和超过 255 时，这两种加法的处理方式是不一样的。例如，对于 100+200，使用 cv2.add() 函数得到的是 255，而使用 numpy 数组得到的是 300%256=44，表示取余。

产生离散均匀分布的整数函数如下所示：

```
np.random.randint(low, high=None, size=None, dtype='l')
```

其输入和输出参数为：
- low：生成元素的最小值。
- high：生成元素的值一定小于 high 值。
- size：输出的大小，可以是整数，也可以是元组。
- dtype：生成元素的数据类型。

注意：high 不为 None，生成元素的值在 [low,high) 区间中；如果 high=None，生成元素的值在 [0,low) 区间中。

【例 2.8】使用 numpy 数组生成两个矩阵，观察"+"的加法效果。程序如下：

```
import numpy as np
# 定义两个随机的 4×4 矩阵，范围为 [0,255]
img1=np.random.randint(0, 256, size=[4,4], dtype=np.uint8)
img2=np.random.randint(0, 256, size=[4,4], dtype=np.uint8)
print("img1=\n", img1)
print("img2=\n", img2)
print("result=img1+img2\n", img1+img2)
```

程序运行结果如图 2-7 所示。

从运行结果可以看出，使用 " + " 符号时，当两个像素值大于 255 时，是两个像素值的和除以 256 取余。

【例 2.9】使用 cv2.add() 函数实现图像加法运算，观察 cv2.add() 函数的加法效果。程序如下：

```
import cv2
import numpy as np
# 定义两个随机的 4×4 矩阵，范围为 [0,255]
img1=np.random.randint(0, 256, size=[4,4],
    dtype=np.uint8)
img2=np.random.randint(0, 256, size=[4,4],
    dtype=np.uint8)
# 使用 cv2.add() 函数实现图像的加法运算
img3=cv2.add(img1, img2)
print("img1=\n", img1)
print("img2=\n", img2)
print("result=img1+img2\n", img3)
```

程序运行结果如图 2-8 所示。

```
img1=
[[231 172 175  11]
[ 37 205 145  65]
[175   3 119 209]
[114 186  69 220]]
img2=
[[  0  33  73 189]
[111 249 147  78]
[168 233  76  35]
[101  65 241  71]]
result=img1+img2
[[231 205 248 200]
[148 198  36 143]
[ 87 236 195 244]
[215 251  54  35]]
```

```
img1=
[[206  57 183 138]
[195  71 165  57]
[ 24  33 170  54]
[185  30 139 211]]
img2=
[[211  57  53 122]
[128  19 203  58]
[ 65  13 174 125]
[193 155 166 131]]
result=img1+img2
[[255 114 236 255]
[255  90 255 115]
[ 89  46 255 179]
[255 185 255 255]]
```

图 2-7　numpy " + " 的运行结果　　　图 2-8　使用 cv2.add() 函数相加的结果

从运行结果可以看出，使用 cv2.add() 函数时，当两个像素值的和超过 255 时，会将其截断，取范围内的最大值 255。

【例 2.10】比较两幅图像使用不同相加方式所得结果。程序如下：

```
import cv2

# 读取两幅图像
```

```
img1=cv2.imread('d:/pics/grassland.png')
img2=cv2.imread('d:/pics/sun1.png')

img3=cv2.add(img1, img2)          # 使用 cv2.add() 函数实现图像的加法运算
img4 = img1+img2                  # 使用数学计算方法对图像相加

cv2.imshow('Image1', img1)
cv2.imshow('Image2', img2)
cv2.imshow('result1=cv2.add(img1,img2)', img3)
cv2.imshow('result1=img1+img2', img4)

cv2.waitKey(0)
cv2.destroyAllWindows()
```

程序运行结果如图 2-9 所示。

a）第一幅图像   b）第二幅图像

c）两幅图像 cv2.add(img1,img2) 相加的结果   d）两幅图像 img1+img2 相加的结果

图 2-9   两幅图像用不同方式相加的结果图

图像融合也是图像加法，但是对图像赋予不同的权重，使其具有融合或透明的感觉。函数 addWeighted() 是将两幅大小、类型相同的图像按权重进行融合的函数。

图像融合公式为：

$$dst = src1 * alpha + src2 * beta + gamma$$

函数 addWeighted() 的语法格式为：

```
dst = cv2.addWeighted(src1, alpha, src2, beta, gamma[, dtype]])
```

其输入参数为：

● dst ——输出图像。

- src1 ——输入的第一幅图像。
- alpha ——第一幅图像的权重。
- src2 ——与第一幅大小和通道数相同的图像（相同 shape）。
- beta ——第二幅图像的权重。
- gamma ——加到每个总和上的标量，相当于调亮度。
- dtype ——输出阵列的可选深度，默认值为 –1。

【例 2.11】将两幅图像融合在一起。第一幅图像的权重为 0.7，第二幅图像的权重为 0.3，gamma=0。程序如下：

```
import cv2
img1 = cv2.imread('d:/pics/lena.png')
img2 = cv2.imread('d:/pics/opencv-logo.png')
dst = cv2.addWeighted(img1,0.7,img2,0.5,0)

cv2.imshow('lena',img1)
cv2.imshow('opencv-logo',img2)
cv2.imshow('result',dst)
cv2.waitKey(0)
cv2.destroyAllWindows()
```

程序运行结果如图 2-10 所示。

  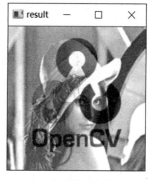

　　a）lena 图像　　　　　　　　　b）OpenCV 图像　　　　　　c）两幅图像融合的结果

图 2-10　图像融合效果

2.4.2　减法运算

函数 cv2.subtract() 对两幅图像做减法运算，其语法格式为：

```
dst = cv2.subtract(src1,src2)
```

其输入和输出参数为：

- dst：输出图像。
- src1：图像矩阵 1。
- src2：图像矩阵 2。

也可以使用 numpy 数组进行减法运算，即 dst = img1–img2。与加法运算类似，使用 "–" 和 cv2.subtract() 函数进行减法运算时，对于超出范围的处理是不一样的，具体情况如下：

1）运算符为 "–" 时，两个图像的像素相减，当结果大于等于 0 时，取相减的值；当结果小于 0 时，将两幅图像的像素相减的差除以 255 取余后加 1。

2）cv2.subtract() 函数：两个图像的像素相减，当结果大于等于 0 时，取相减的值；当结果小于 0 时，会将其截断，结果取 0。

【例 2.12】使用 numpy 数组生成两个矩阵，观察 "−" 的减法效果。程序如下：

```python
import numpy as np
# 定义两个随机的 4×4 矩阵，范围为 [0,255]
img1=np.random.randint(0, 256, size=[4,4], dtype=np.uint8)
img2=np.random.randint(0, 256, size=[4,4], dtype=np.uint8)
print("img1=\n", img1)
print("img2=\n", img2)
print("result=img1-img2\n", img1-img2)
```

程序运行结果如图 2-11 所示。

【例 2.13】使用 numpy 数组生成两个矩阵，观察 cv2.subtract() 函数的减法效果。程序如下：

```python
import cv2
import numpy as np
# 定义两个随机的 4×4 矩阵，范围为 [0,255]
img1=np.random.randint(0, 256, size=[4,4], dtype=np.uint8)
img2=np.random.randint(0, 256, size=[4,4], dtype=np.uint8)
img3=cv2.subtract(img1, img2)
print("img1=\n", img1)
print("img2=\n", img2)
print("img3=\n", img3)
```

程序运行结果如图 2-12 所示。

```
img1=
 [[177 130  45 153]
 [161 187  96  35]
 [127  36  44 168]
 [190 176 251 140]]
img2=
 [[ 82  57 231 236]
 [207 194 219 102]
 [160 131 245 248]
 [ 31  35  91  55]]
result=img1-img2
 [[ 95  73  70 173]
 [210 249 133 189]
 [223 161  55 176]
 [159 141 160  85]]
```

```
img1=
 [[153  63 109  37]
 [ 72 159  10  75]
 [195 142 153 226]
 [241 155 166  90]]
img2=
 [[184  65 208 163]
 [ 70 104 179  89]
 [ 73  41  63 244]
 [ 79 140 235 194]]
result=cv2.subtract()
 [[  0   0   0   0]
 [  2  55   0   0]
 [122 101  90   0]
 [162  15   0   0]]
```

图 2-11　使用 numpy 相减的运行结果　　图 2-12　使用 cv2.subtract() 函数相减的结果

【例 2.14】两幅图像使用两种减法方式相减，对比它们的效果。程序如下：

```python
import cv2

# 读取两幅图像
img1=cv2.imread('d:/pics/grassland.png')
img2=cv2.imread('d:/pics/sun1.png')

# 使用 cv2.subtract() 函数实现图像的减法运算
```

```
img3=cv2.subtract(img1, img2)
# 使用数学计算方法对图像相减
img4 = img1-img2

cv2.imshow('Image1', img1)
cv2.imshow('Image2', img2)
cv2.imshow('result=cv2.subtract (img1,img2)', img3)
cv2.imshow('result=img1-img2', img4)

cv2.waitKey(0)
cv2.destroyAllWindows()
```

程序运行结果如图 2-13 所示。

a) 第一幅图像　　　　　　　　　　　　　　　　b) 第二幅图像

c) 两幅图像 subtract(img1,img2) 相减的结果　　　　　d) 两幅图像 img1-img2 相减的结果

图 2-13　两幅图像用不同方式相减的结果图

2.4.3　乘法运算

图像乘法运算主要有矩阵乘法和矩阵点乘两种。Numpy 提供了 dot() 函数进行矩阵乘法运算，OpenCV 提供了 cv2.mutiply() 函数进行矩阵的点乘运算。

1）矩阵乘法的语法格式为：

```
result = np.dot(a, b)
```

其中，result 表示计算的结果，a 和 b 表示需要进行矩阵乘法计算的两个像素值矩阵。

2）矩阵点乘运算的语法格式为：

```
result = cv2.multiply(a, b)
```

其中，result 表示计算的结果，a 和 b 表示需要进行矩阵点乘的两个像素值矩阵。

【例 2.15】使用 dot() 函数进行矩阵乘法运算，观察结果。程序如下：

```
import numpy as np
# 定义一个随机的 3×4 矩阵，范围为 [0,255]
img1=np.random.randint(0, 256, size=[3,4], dtype=np.uint8)
img2=np.random.randint(0, 256, size=[4,3], dtype=np.uint8)
result1 = np.dot(img1, img2)                      # 矩阵乘法运算
print("img1=\n", img1)
print("img2=\n", img2)
print("result=\n", result1)
```

程序运行结果如图 2-14 所示。

【例 2.16】使用 multiply() 函数进行矩阵点乘运算，观察结果。程序如下：

```
import cv2
import numpy as np
# 定义一个随机的 4×4 矩阵，范围为 [0, 255]
img1=np.random.randint(0, 256, size=[4,4], dtype=np.uint8)
img2=np.random.randint(0, 256, size=[4,4], dtype=np.uint8)
result =cv2.multiply(img1, img2)                   # 使用 multiply 函数进行点乘
print("img1=\n", img1)
print("img2=\n", img2)
print("result=\n", result)
```

程序运行结果如图 2-15 所示。

```
img1=
 [[ 20 200  44 139]
 [231 100  237 220]
 [204 191  54 158]]
img2=
 [[254 104 251]
 [128 244  71]
 [114 202   7]
 [207 158 187]]
result=
 [[213 66 209]
 [160 242 104]
 [182 12 225]]
```

图 2-14　矩阵乘法运算结果

```
img1=
 [[ 45 114 127 205]
 [219 126   9 102]
 [233  97 233  33]
 [131  56 102  21]]
img2=
 [[ 65 145 136 248]
 [175  36 203 151]
 [190  91 143 104]
 [ 75  66 176 225]]
result=
 [[255 255 255 255]
 [255 255 255 255]
 [255 255 255 255]
 [255 255 255 255]]
```

图 2-15　矩阵点乘运算结果

从运算结果可以看出，矩阵点乘运算的最终结果全是 255，这是由于在结果大于 255 时，类似于加法运算，计算机会截断其数据，取最大值 255。

2.4.4　除法运算

除法运算应用在图像中即为矩阵的点除运算，OpenCV 提供了 cv2.divide() 函数来进行像素矩阵的点除运算。其语法格式如下：

```
result = cv2.divide(a, b)
```

其中，result 表示计算的结果，a 和 b 表示需要进行矩阵点除的两个图像像素值矩阵。

【例 2.17】使用 cv2.divide() 函数进行矩阵点除运算，观察结果。程序如下：

```
import cv2
import numpy as np
# 定义一个随机的 4×4 矩阵，范围为 [0, 255]
img1=np.random.randint(0, 256, size=[4,4], dtype=np.uint8)
img2=np.random.randint(0, 256, size=[4,4], dtype=np.uint8)
result =cv2.divide(img1, img2)              # 使用 divide 函数进行点除
print("img1=\n", img1)
print("img2=\n", img2)
print("result=\n", result)
```

程序运行结果如图 2-16 所示。

矩阵的点除运算的最终结果全是整数，这是因为像素的范围一般是 0~255 且为整数，当定义的随机矩阵是 8 位整数时，将对除法运算的结果自动取整。

【例 2.18】创建一个数值为 2 的三维矩阵，与 lena 图像进行乘除运算。程序如下：

```
import cv2
import numpy as np

img = cv2.imread('d:/pics/lena.jpg')      # 读取图像
 # 创建长宽都为 200 的图像，三通道（BGR），像素大小为 8 位无符号整数
data = 2*np.ones([200, 200, 3], np.uint8)

# 使用 multiply() 函数进行矩阵点乘运算
result1 = cv2.multiply(img, data)

# 使用 divide() 函数进行矩阵点除运算
result2 = cv2.divide(img, data)

cv2.imshow('Image', img)
cv2.imshow('result1', result1)
cv2.imshow('result2', result2)
cv2.waitKey(0)
cv2.destroyAllWindows()
```

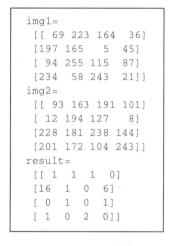

```
img1=
[[ 69 223 164   36]
 [197 165    5   45]
 [ 94 255 115   87]
 [234  58 243   21]]
img2=
[[ 93 163 191 101]
 [ 12 194 127    8]
 [228 181 238 144]
 [201 172 104 243]]
result=
[[ 1  1  1   0]
 [16  1  0   6]
 [ 0  1  0   1]
 [ 1  0  2   0]]
```

图 2-16　点除运算结果

程序运行结果如图 2-17 所示。

a）原图像

b）点乘图像

c）点除图像

图 2-17　两幅图像的点乘和点除运算

2.5 图像的逻辑运算

图像的逻辑运算是将两幅图像的对应像素进行逻辑运算。逻辑运算主要包括与、或、非、异或等。在进行图像处理时经常会遇到按位逻辑运算。本节主要介绍按位与、按位或、按位非、按位异或四种常用的逻辑运算。

2.5.1 按位与运算

按位与运算的真值表如表 2-2 所示。

表 2-2 与运算真值表

输入值 a	输入值 b	输出结果
0	0	0
0	1	0
1	0	0
1	1	1

OpenCV 中的 cv2.bitwise_and() 函数用于进行按位与运算，它的语法格式为：

```
result = cv2.bitwise_and(src1, src2)
```

其输入和输出参数为：

- result：与输入值具有相同大小的输出值。
- src1：图像矩阵 1。
- src2：图像矩阵 2。

【例 2.19】构造一个掩模图像，使用按位与运算保留掩模内的图像。程序如下：

```
import cv2
import numpy as np

img1 = cv2.imread("d:/pics/lena.jpg")          # 读取图像
cv2.imshow("img1", img1)
img2 = np.zeros(img1.shape, dtype=np.uint8)    # 构造掩模图像
img2[50:150,50:150]=255
cv2.imshow("img2", img2)

result = cv2.bitwise_and(img1, img2)           # 进行按位与运算，取出掩模内的图像
cv2.imshow("result", result)
cv2.waitKey()
cv2.destroyAllWindows()
```

程序运行结果如图 2-18 所示，图 a 为原始图像，图 b 为构造的掩模图像，图 c 为进行按位与运算后的图像，可以看到，已经取出了掩模内的图像。

2.5.2 按位或运算

按位或运算的真值表如表 2-3 所示。

a）原始图像

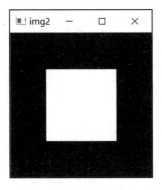
b）掩模图像

c）按位与运算后的图像

图 2-18 图像按位与运算

表 2-3 或运算真值表

输入 a	输入 b	输出结果
0	0	0
0	1	1
1	0	1
1	1	1

按位或运算的规则是参与运算的两个值只要有一个为真，结果就为真。OpenCV 中的 cv2.bitwise_or() 函数用于进行按位或运算，它的语法格式为：

```
result = cv2.bitwise_or(src1, src2)
```

其输入和输出参数为：

- result：与输入值具有相同大小的输出值。
- src1：图像矩阵 1。
- src2：图像矩阵 2。

【例 2.20】构造掩模图像，使用按位或运算去掉掩模内的图像。程序如下：

```
import cv2
import numpy as np

img1 = cv2.imread("d:/pics/lena.jpg")          # 读取图像
cv2.imshow("img1", img1)
img2 = np.zeros(img1.shape, dtype=np.uint8)     # 构造掩模图像
img2[50:150,50:150]=255
cv2.imshow("img2", img2)

result = cv2.bitwise_or(img1, img2)            # 进行按位或运算，删掉掩模内的图像
cv2.imshow("result", result)
cv2.waitKey()
cv2.destroyAllWindows()
```

程序运行结果如图 2-19 所示，图 a 为原始图像，图 b 为构造的掩模图像，图 c 为进行按位或运算后的图像。可以看到，已经删掉了掩模内的图像。

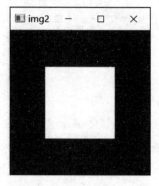

| a) 原始图像 | b) 掩模图像 | c) 按位或运算后的图像 |

图 2-19　图像按位或运算

2.5.3　按位非运算

按位非运算是取反操作，其真值表如表 2-4 所示。

OpenCV 中的 cv2.bitwise_not() 函数用于进行按位非运算，它的语法格式为：

```
result = cv2.bitwise_not(src)
```

其输入和输出参数为：

表 2-4　非运算真值表

输　入	输　出
0	1
1	0

- result：与输入值具有相同大小的输出值。
- src：图像矩阵。

【例 2.21】实现图像的按位非运算。程序如下：

```
import cv2
img = cv2.imread("d:/pics/lena.jpg")          # 读取图像
cv2.imshow("img", img)
result = cv2.bitwise_not(img)                 # 进行按位非运算，对图像取反
cv2.imshow("result", result)
cv2.waitKey()
cv2.destroyAllWindows()
```

程序运行结果如图 2-20 所示，图 a 为原始图像，图 b 为进行按位非运算后的图像。可以看到像素值全部取反后的结果。

| a) 原始图像 | b) 按位非运算后的图像 |

图 2-20　图像按位非运算

2.5.4 按位异或运算

按位异或运算类似于半加运算，它的真值表如表 2-5 所示。

表 2-5 异或运算真值表

输入值 a	输入值 b	输出结果
0	0	0
0	1	1
1	0	1
1	1	0

OpenCV 中的 cv2.bitwise_xor() 函数用于进行按位异或运算，它的语法格式为：

```
result = cv2.bitwise_xor(src1, src2)
```

其输入和输出参数为：

- result：与输入值具有相同大小的输出值。
- src1：图像矩阵 1。
- src2：图像矩阵 2。

【例 2.22】构造掩模图像，实现图像的按位异或运算。程序如下：

```
import cv2
import numpy as np
img1 = cv2.imread("d:/pics/lena.jpg")            # 读取图像
cv2.imshow("img1", img1)
img2 = np.zeros(img1.shape,dtype=np.uint8)       # 构造掩模图像
img2[50:150,0:200]=255
cv2.imshow("img2",img2)
img3 = cv2.bitwise_xor(img1, img2)               # 进行按位异或运算
cv2.imshow("img3", img3)
cv2.waitKey()
cv2.destroyAllWindows()
```

程序运行结果如图 2-21 所示。图 a 为原始图像，图 b 为构造的掩模图像，图 c 为进行按位异或运算后的图像。

 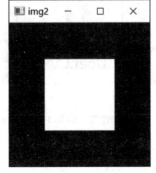 

a）原始图像　　　　　　　　b）掩模图像　　　　　　c）按位异或运算后的图像

图 2-21 图像按位异或运算

2.5.5 综合实例

本节介绍的与、或、非和异或运算在提取图像的某些部分、定义和处理非矩形 ROI 区域等方面非常有用。下面我们通过一个实例（把 OpenCV 的标志放在图像上面）来了解如何改变一个图像的特定区域。

【例 2.23】在图像上添加 OpenCV 的标志。程序如下：

```
import cv2
## 加载两幅图像
img1 = cv2.imread('d:/pics/grassland.png')
img2 = cv2.imread('d:/pics/opencv-logo-white.png')

# 把 logo 放在图像的右上角，创建 ROI
rows1,cols1,channels1 = img1.shape
rows,cols,channels = img2.shape
roi = img1[0:rows, (cols1-cols):cols1]

# 现在创建 logo 的掩码，并同时创建其相反掩码
img2gray = cv2.cvtColor(img2, cv2.COLOR_BGR2GRAY)
ret, mask = cv2.threshold(img2gray, 240, 255, cv2.THRESH_BINARY)
 # mask 背景依然是白色，彩色 logo 是黑色
mask_inv = cv2.bitwise_not(mask)

# 现在将 ROI 中 logo 的区域涂黑
img1_bg = cv2.bitwise_and(roi, roi, mask = mask)

# 仅从 logo 图像中提取 logo 区域
img2_fg = cv2.bitwise_and(img2, img2, mask = mask_inv)

# 将 logo 放入 ROI 并修改主图像
dst = cv2.add(img1_bg, img2_fg)
img1[0:rows, (cols1-cols):cols1 ] = dst

cv2.imshow('Result', img1)
cv2.waitKey(0)
cv2.destroyAllWindows()
```

程序运行结果如图 2-22 所示，在图像上添加了 OpenCV 的标志。

a）原图像　　　　　　b）OpenCV 标志图　　　　　　c）添加标志的图

图 2-22　在图像上添加 OpenCV 标志

2.6　习题

1. 编写程序，对图 2-2 中的图像进行读取、显示和保存。

2. 编写程序，实现对图像的算术运算。
3. 编写程序，实现对图像的逻辑运算。
4. 编写程序，用电脑摄像头捕获一张图片。
5. 编写程序，将图标放置在图像的左上角。

第 3 章　数字图像的几何运算

数字图像的几何运算是指通过平移、缩小、旋转等操作将一幅图像映射为另一幅图像，与点运算不同，几何运算可以改变图像中物体（像素）之间的空间关系，通过一种约束的方式重新排列像素，从而改变一幅图像的几何布局。也就是说，几何运算并不是去改变像素值，而是改变图像中感兴趣的目标或代表特征的像素组之间的相对位置关系。OpenCV 中提供了许多与映射相关的函数，可以用这些函数实现数字图像的几何运算。本章主要介绍图像的平移、缩放、旋转、剪切、镜像变换、透视变换等操作的原理以及实现。

3.1　图像平移

图像平移是将图像的所有像素坐标进行水平或垂直移动，也就是将图像中的所有像素按照指定的平移量在水平方向上沿 x 轴、垂直方向上沿 y 轴移动。图像平移是图像仿射的一种，因此它用到的函数就是仿射变换的函数，其语法格式为：

```
dst = cv2.warpAffine(src,M,dsize[,flags[,borderMode[,borderValue]]])
```

其输入和输出参数如下：

- dst：输出图像。
- src：输入图像。
- M：2×3 的变换矩阵，一般反映平移或旋转的关系。
- dsize：输出图像大小。
- flags：插值方法（int 类型），默认为 cv2.INTER_LINEAR（线性插值），其他插值方法如表 3-1 所示。
- borderMode：边界像素模式（int 类型）。
- borderValue：边界像素填充值，默认值为 0（黑色）。

表 3-1　插值方法以及说明

类　　型	说　　明
cv2.INTER_NEAREST	最近邻插值
cv2.INTER_LINEAR	双线性插值（默认方式）
cv2.INTER_CUBIC	三次样条插值
cv2.INTER_AREA	区域插值，根据当前像素点周边区域的像素实现当前像素点的采样
cv2.INTER_LANCZOS4	一种使用 8×8 近邻的 Lanczos 插值方法
cv2.INTER_LINEAR_EXACT	位精确双线性插值
cv2.INTER_MAX	差值编码掩码
cv2.INTER_WARP_FILL_OUTLIERS	标志，填补目标图像中的所有像素

（续）

类　　型	说　　明
cv2.WARP_INVERSE_MAP	标志，逆变换。例如，极坐标变换： ● 如果 flag 未被设置，则进行转换：dst$(\varnothing, \rho)$=src(x, y) ● 如果 flag 被设置，则进行转换：dst(x, y)=src$(\varnothing, \rho)$

平移是物体位置的移动，如在 (x, y) 方向上位移，移动距离设为 (t_x, t_y)，创建转换矩阵 **M**，如下式所示：

$$M = \begin{bmatrix} 1 & 0 & t_x \\ 0 & 1 & t_y \end{bmatrix}$$

转换矩阵 **M** 由 np.float32() 类型的 Numpy 数组产生，并将其传递给 cv2.warpAffine 函数。

3.1.1　显示窗口改变的图像平移

在原图像大小不变的情况下，只是将图像平移到另一个位置，这时显示窗口尺寸变大。

【例 3.1】使用仿射变换函数 cv2.warpAffine() 实现显示图像窗口大小改变的平移。程序如下：

```
import cv2
import numpy as np
img=cv2.imread('d:/pics/lena.jpg')
# 构造移动矩阵 M，设在 x 轴方向移动 50 像素，在 y 轴方向移动 25 像素
M = np.float32([[1, 0, 50], [0, 1, 25]])
rows, cols = img.shape[0:2]

# 注意 rows 和 cols 需要反置，即先列后行
dst = cv2.warpAffine(img, M, (2*cols, 2*rows))

cv2.imshow('Origin_image', img)
cv2.imshow('New_picture', dst)
cv2.waitKey(0)
cv2.destroyAllWindows()
```

程序运行结果如图 3-1 所示。

　　　a）原图像　　　　　　　　　b）平移后的图像

图 3-1　显示窗口改变的图像平移

图 3-1a 为原始图像，图 3-1b 为平移后的图像。参数 dsize 用于规定输出图像的尺寸，它是先列后行的。这里将输出尺寸扩大了 4 倍，默认的边界像素为 0，所以外围都是黑色。

3.1.2 显示窗口不变的图像平移

在显示窗口不变的情况下，对图像进行平移，这样原图像中会有一部分不在显示窗口中，将会有部分图像丢失。

【例 3.2】使用仿射变换函数 cv2.warpAffine() 实现图像显示窗口大小不改变的平移。程序如下：

```
import cv2
import numpy as np
img=cv2.imread('d:/pics/lena.jpg')
# 构造移动矩阵 M，设定在 x 轴方向移动的距离和在 y 轴方向移动的距离
M = np.float32([[1, 0, 50], [0, 1, 25]])
rows, cols = img.shape[0:2]

# 注意这里 rows 和 cols 需要反置，即先列后行
dst = cv2.warpAffine(img, M, (cols, rows))

cv2.imshow('Origin_image', img)
cv2.imshow('New_image', dst)
cv2.waitKey(0)
cv2.destroyAllWindows()
```

可以看到，只要将例 3.1 的代码改为 dst=cv2.warpAffine(img, M, (cols, rows))，就会实现显示图像窗口不变的平移。程序运行的结果如图 3-2 所示。

a）原始图像

b）平移后的图像

图 3-2 显示窗口不变的图像平移

3.1.3 仿射变换的应用实例

在仿射变换的实际应用中，如果希望原始图像中的所有平行线在输出图像中继续保持平行，我们就需要输入图像中的三个点及其在输出图像中的对应位置，然后通过 cv2.getAffineTransform() 函数创建一个 2×3 变换矩阵，并将该矩阵传递给 cv2.warpAffine()

函数。

函数 cv2.getAffineTransform() 的语法格式为：

```
M = cv2.getAffineTransform(src, dst)
```

其输入和输出参数为：

- src：原始图像中的三个点的坐标。
- dst：变换后三个点对应的坐标。
- M：根据三个对应点求出的仿射变换矩阵。

【例 3.3】在图像中选择合适的点（蓝色点）创建变换矩阵，实现仿射变换。程序如下：

```python
import cv2
import numpy as np
from matplotlib import pyplot as plt

img = cv2.imread('d:/pics/sudoku2.jpg')
rows,cols,ch = img.shape
# 选择合适的数据点
pts1 = np.float32([[50,50],[200,50],[50,200]])
pts2 = np.float32([[10,100],[200,50],[100,250]])
# 创建 M 变换矩阵
M = cv2.getAffineTransform(pts1,pts2)
# 仿射变换
dst = cv2.warpAffine(img,M,(cols,rows))
# 输出显示
plt.subplot(121), plt.imshow(img), plt.title('Input')
plt.subplot(122), plt.imshow(dst), plt.title('Output')
plt.show()
```

程序运行的结果如图 3-3 所示。

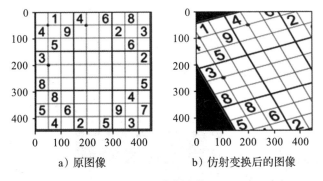

a）原图像　　　　　b）仿射变换后的图像

图 3-3　仿射变换

3.2　图像缩放

图像缩放就是对图像进行放大或缩小，其本质是改变图像的宽度和高度，可以放大宽/高，也可以缩小宽/高。图像缩放算法主要有最近邻插值算法、双线性插值算法、三次样条插值算法和像素关系重采样算法。其中，OpenCV 默认使用双线性插值算法对图像进行缩放。在

OpenCV 中，可以调用 resize 函数对图像进行缩放。其语法格式为：

```
dst = cv2.resize(src,dsize[,fx[,fy[,interpolation]]])
```

其输入参数为：

- src：输入图像。
- dsize：输出图像的尺寸，与下面的比例因子二选一。
- fx：沿水平轴的比例因子。
- fy：沿垂直轴的比例因子。
- interpolation：插值方法，默认为 cv2.INTER_NEAREST（最近邻插值）。一共有四种插值方法，分别是 cv2.INTER_NEAREST（最近邻插值）、cv2.INTER_AREA（区域插值）、cv2.INTER_CUBIC（三次样条插值）和 cv2.INTER_LANCZOS4（Lanczos 插值）。详细的插值方法及说明如表 3-1 所示。

图像缩放有两种方法：一种是通过设置缩放比例对图像进行放大和缩小；另一种是直接设置图像的大小，不需要缩放因子。

【例 3.4】分别通过设置缩放比例的方法和直接设置图像大小的方法，利用仿射变换函数 cv2.warpAffine() 实现对图像的缩放。程序如下：

```
import cv2
img = cv2.imread('d:/pics/lena.jpg')

# 方法一：通过设置缩放比例对图像进行放大或缩小
dst1 = cv2.resize(img,None,fx=1.2,fy=1.2,interpolation=cv2.INTER_CUBIC)

# 方法二：直接设置图像的大小，不需要缩放因子
height, width = 160,160
dst2 = cv2.resize(img, (height, width),interpolation=cv2.INTER_LANCZOS4)

cv2.imshow('Original_image', img)
cv2.imshow('Result1', dst1)
cv2.imshow('Result2', dst2)
cv2.waitKey(0)
cv2.destroyAllWindows()
```

程序运行的结果如图 3-4 所示。

a）原始图像   b）放大的图像   c）缩小的图像

图 3-4   对原始图像进行缩放后的运行结果

在图 3-4 中，图 a 为原始图像；图 b 为通过设置缩放比例进行放大的图像，缩放比例为 1.2；图 c 为通过直接设置图像大小进行缩小的图像。

3.3 图像旋转

图像旋转是指图像在某个位置转动一定角度，旋转中图像仍保持原始尺寸。旋转后，图像的水平对称轴、垂直对称轴及中心坐标原点都可能会发生变化，因此需要对图像旋转中的坐标进行相应转换。旋转后图像的大小一般会改变，即可以把转出显示区域的图像截去，或者扩大图像窗口显示范围来显示全部图像。旋转也是仿射变换的一种，所以操作的函数还是 cv2.warpAffine，但是它的变换矩阵一般不像平移那样简单。OpenCV 提供了一个专门用于图像旋转变换矩阵的函数 cv2.getRotationMatrix2D()，其语法格式为：

```
M = cv2.getRotationMatrix2D(center, angle, scale)
```

其输入参数如下：

- center：图片的旋转中心。
- angle：旋转角度。
- scale：缩放比例，0.5 表示缩小为原来的一半。这个参数还能表示旋转方向，正数表示逆时针，负数表示顺时针旋转。

通过这个函数，可以根据给定中心、角度和缩放比例的值自动求出变换矩阵，然后将这个矩阵作为仿射变换函数的 M 参数，代入 cv2.warpAffine 函数中即可实现旋转操作。

【例 3.5】使用 cv2.getRotationMatrix2D 函数实现图像的顺时针、逆时针旋转。程序如下：

```
import cv2
img = cv2.imread('d:\pics\lena.jpg')
rows, cols = img.shape[:2]
# 旋转 45°
M = cv2.getRotationMatrix2D((cols/2, rows/2), 45, 1)
dst = cv2.warpAffine(img, M, (cols,rows), borderValue=(255,255,255))

cv2.imshow('Image', img)
cv2.imshow('Rotation image', dst)
cv2.waitKey(0)
cv2.destroyAllWindows()
```

逆时针旋转 45° 后，程序的运行结果如图 3-5 所示。

若将 scale 改为 -1，即可进行顺时针旋转：

```
M = cv2.getRotationMatrix2D((cols/2, rows/2), 45, -1)
```

顺时针旋转后，程序运行的结果如图 3-6 所示。

在上述旋转图像中，旋转后的图像边缘被剪切掉一部分。要想实现完整的图像旋转，其变换矩阵 **M** 如下：

$$\boldsymbol{M} = \begin{bmatrix} \alpha & \beta & (1-\alpha)\cdot \text{center.}\,x - \beta\cdot \text{center.}\,y \\ -\beta & \alpha & \beta\cdot \text{center.}\,x + (1-\alpha)\cdot \text{center.}\,y \end{bmatrix}$$

$$\alpha = \text{scale}\cdot \cos\theta$$

$$\beta = \text{scale}\cdot \sin\theta$$

a）原始图像   b）逆时针旋转后的图像

图 3-5   对原始图像逆时针操作的运行结果

a）原始图像   b）顺时针旋转后的图像

图 3-6   对原始图像进行顺时针操作的运行结果

其中，scale 是表示矩阵支持旋转 + 放缩的比率，可以设 scale=1，第三列是图像旋转之后中心位置平移量。

【例 3.6】通过上述 M 变换矩阵实现图像边缘无剪切的旋转。程序如下：

```python
import cv2
import numpy as np

img = cv2.imread("d:/pics/lena.jpg",cv2.IMREAD_COLOR)
h, w, c = img.shape
M = np.zeros((2, 3), dtype=np.float32)
alpha = np.cos(np.pi / 4.0)
beta = np.sin(np.pi / 4.0)

# 初始旋转矩阵
M[0, 0] = alpha
M[1, 1] = alpha
M[0, 1] = beta
M[1, 0] = -beta
cx = w / 2
cy = h / 2
tx = (1-alpha)*cx - beta*cy
ty = beta*cx + (1-alpha)*cy
M[0,2] = tx
M[1,2] = ty
```

```
# 更改为全尺寸
bound_w = int(h * np.abs(beta) + w * np.abs(alpha))
bound_h = int(h * np.abs(alpha) + w * np.abs(beta))

# 添加中心位置迁移
M[0, 2] += bound_w / 2 - cx
M[1, 2] += bound_h / 2 - cy
dst = cv2.warpAffine(img, M, (bound_w, bound_h))
cv2.imshow('Origin image',img)
cv2.imshow("rotate without cropping", dst)

cv2.waitKey(0)
cv2.destroyAllWindows()
```

程序运行的结果如图 3-7 所示。

a）原始图像

b）旋转图像

图 3-7　图像边缘无剪切的旋转

3.4　图像剪切

图像剪切是指将图像中感兴趣的区域（ROI）以外的区域去除。图像剪切分为规则剪切和不规则剪切两种类型。

- 规则剪切：指剪切图像的边界范围是一个矩形，剪切时，只需要通过左上角和右下角两点的坐标就可以确定图像的裁剪位置。
- 不规则剪切：指剪切图像的边界范围是任意多边形，剪切时必须首先生成一个完整的闭合多边形区域。

【例 3.7】*规则剪切。对图像进行规则裁剪。程序如下：*

```
import cv2
img = cv2.imread('d:/pics/lena.jpg')

img1 = img[30:160, 20:180]                    # 剪切区域
cv2.imshow("Original", img)
cv2.imshow("Result", img1)
cv2.waitKey(0)
cv2.destroyAllWindows()
```

程序运行的结果如图 3-8 所示。

a）原始图像

b）裁剪后的图像

图 3-8　裁剪后的运行结果

【例 3.8】不规则剪切。首先通过鼠标左键在图像上选取多个任意点，连接成不规则的形状；然后双击鼠标左键，剪切出图像的掩模区域和图像区域；最后单击鼠标右键将图像上的连线清除。程序如下：

```python
import cv2
import numpy as np

def On_Mouse(event, x, y, flags, param):
    global img, point1, point2, count, pointsMax
    global lsPointsChoose, tpPointsChoose        # 存入选择的点
    global pointsCount                           # 对鼠标按下的点计数
    global img2, ROI_bymouse_flag
    img2 = img.copy()                            # 保证每次都重新在原图画

    if event == cv2.EVENT_LBUTTONDOWN:           # 左键单击
        pointsCount = pointsCount + 1
        print('pointsCount:', pointsCount)
        point1 = (x, y)
        print (x, y)
        cv2.circle(img2, point1, 5, (0, 255, 0), 2)   # 画出单击的点

        # 将选取的点保存到 list 列表里
        lsPointsChoose.append([x, y])            # 用于转化为 darry 提取多边形 ROI
        tpPointsChoose.append((x, y))            # 用于画点
        # 将鼠标选的点用直线连接起来
        print(len(tpPointsChoose))
        for i in range(len(tpPointsChoose) - 1):
            print('i', i)
            cv2.line(img2, tpPointsChoose[i], tpPointsChoose[i + 1], (0, 0, 255), 2)

        cv2.imshow('src', img2)

    # ---- 右键单击, 清除轨迹 ------------
    if event == cv2.EVENT_RBUTTONDOWN:
        print("right-mouse")
        pointsCount = 0
        tpPointsChoose = []
```

```
        lsPointsChoose = []
        print(len(tpPointsChoose))
        for i in range(len(tpPointsChoose) - 1):
            print('i', i)
            cv2.line(img2, tpPointsChoose[i], tpPointsChoose[i + 1], (0, 0, 255), 2)
        cv2.imshow('src', img2)

    # ---- 双击鼠标, 结束选取, 绘制感兴趣区域 ------
    if event == cv2.EVENT_LBUTTONDBLCLK:
        ROI_byMouse()
        ROI_bymouse_flag = 1
        lsPointsChoose = []

def ROI_byMouse():
    global src, ROI, ROI_flag, mask2
    mask = np.zeros(img.shape, np.uint8)
    pts = np.array([lsPointsChoose], np.int32)        # pts 是多边形的顶点列表
    pts = pts.reshape((-1, 1, 2))
    # OpenCV 中需要先将多边形的顶点坐标变成顶点数 ×1×2 维的矩阵, 再进行绘制
    mask = cv2.polylines(mask, [pts], True, (255, 255, 255))  # 画多边形
    mask2 = cv2.fillPoly(mask, [pts], (255, 255, 255))        # 填充多边形
    cv2.imshow('mask', mask2)
    # 掩模图像与原图像进行 " 位与 " 操作
    ROI = cv2.bitwise_and(mask2, img)
    cv2.imshow('ROI', ROI)

if __name__ == '__main__':
    # 选择点设置
    lsPointsChoose = []
    tpPointsChoose = []
    pointsCount = 0
    count = 0
    pointsMax = 6

    img = cv2.imread('d:/pics/lena.jpg')
    ROI = img.copy()
    cv2.namedWindow('src')
    cv2.setMouseCallback('src', On_Mouse)
    cv2.imshow('src', img)
    cv2.waitKey(0)

cv2.destroyAllWindows()
```

程序运行的结果如图 3-9 所示。

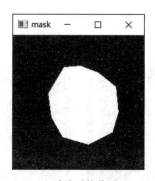

a) 鼠标选取过程   b) 选取后的范围   c) 原图剪切后的图像

图 3-9 任意不规则形状图像的剪切

3.5 图像的镜像变换

图像的镜像变换分为三种：水平镜像、垂直镜像和对角镜像。水平镜像以图像垂直中线为轴，将图像的像素左右进行对换，也就是将图像的左半部分和右半部分对调。垂直镜像是以图像的水平中线为轴，将图像的上半部分和下半部分对调。对角镜像翻转是以图像水平中轴线和垂直中轴线的交点为中心进行镜像对换，也就是以图像对角线为中心进行的镜像变换。

OpenCV 提供了对图像进行镜像变换的函数 flip，其格式为：

```
dst = cv2.flip(src, flipCode)
```

其输入参数如下：

- src：输入图像。
- flipCode：翻转方向。用于指定镜像翻转的类型，其中 0 表示绕 x 轴翻转，即垂直镜像翻转；1 表示绕 y 轴翻转，即水平镜像翻转；-1 表示绕 x 轴、y 轴两个轴翻转，即对角镜像翻转。

【例 3.9】使用 cv2.flip 函数实现图像的水平、垂直以及对角镜像变换。程序如下：

```
import cv2
from matplotlib import pyplot as plt

img = cv2.imread('d:/pics/lena.jpg')
img = cv2.cvtColor(img,cv2.COLOR_BGR2RGB)
img0 = cv2.flip(img,1)
img1 = cv2.flip(img,0)
img2 = cv2.flip(img,-1)

plt.subplot(221), plt.imshow(img)
plt.axis('off'), plt.title('Original')
plt.subplot(222), plt.imshow(img0)
plt.axis('off'), plt.title('Horizontal')
plt.subplot(223), plt.imshow(img1)
plt.axis('off'), plt.title('Vertical')
plt.subplot(224), plt.imshow(img2)
plt.axis('off'), plt.title('Diagonal')
plt.show()
```

程序运行的结果如图 3-10 所示。

a）原始图像　　b）水平镜像变换后的图像　　c）垂直镜像变换后的图像　　d）对角镜像变换后的图像

图 3-10　图像的镜像变换

3.6 图像的透视变换

透视变换是将图片投影到一个新的视平面，也称作投影映射。在透视变换中，原始图像中的所有平行线在输出图像中希望继续保持平行，我们就需要输入图像中的 4 个点及其在输出图像中的对应位置。在这 4 个点中，其中 3 个点不能共线。然后，通过 OpenCV 提供的求透视变换矩阵 cv2.getPerspectiveTransform() 函数创建一个 3×3 变换矩阵，并将该矩阵传递给透视变换函数 cv2.warpPerspective()，实现图像中的平行线在透视变换前后始终保持平行。

透视变换矩阵的函数 cv2.warpPerspective 语法格式如下：

```
M = cv2.getPerspectiveTransform( src, dst[, solveMethod] )
```

其输入参数为：

- src：表示透视变换前的 4 个点的位置。
- dst：表示透视变换后的 4 个对应点的位置。

透视变换函数 cv2.warpPerspectiv 的格式如下：

```
dst = cv2.warpPerspective(src,M,dsize[,flags[,borderMode[, borderValue]]])
```

其输入参数为：

- src：原始图像。
- M：透视变换矩阵。
- dsize：输出图像的尺寸。

【例 3.10】在图像上选择合适的点，创建透视变换矩阵，实现透视变换。程序如下：

```
import cv2
import numpy as np
from matplotlib import pyplot as plt

img = cv2.imread('d:/pics/weiqi1.jpg')
img = cv2.cvtColor(img,cv2.COLOR_BGR2RGB)
rows,cols,ch = img.shape
#选择合适数据点
pts1 = np.float32([[50,60],[560,50],[30,580],
                   [590,590]])
pts2 = np.float32([[0,0],[600,0],[0,600],
                   [600,600]])
#创建 M 透视变换矩阵
M = cv2.getPerspectiveTransform(pts1,pts2)
#透视变换
dst = cv2.warpPerspective(img,M,(640,400))
#显示输入 / 输出图像
plt.subplot(121),plt.imshow(img),plt.title
    ('Input')
plt.subplot(122),plt.imshow(dst),plt.title
    ('Output')
plt.show()
```

程序运行的结果如图 3-11 所示。

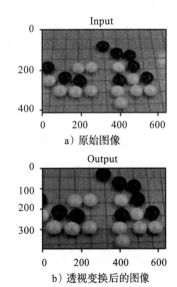

a）原始图像

b）透视变换后的图像

图 3-11　对原始图像透视变换后的运行结果

3.7 图像的极坐标变换

极坐标变换就是将图像在直角坐标系与极坐标系中互相转换，常用于对圆形（如钟表、

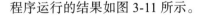

圆盘等）图像进行转换，圆形图案边缘上的文字经过极坐标变换后可以垂直排列在新图像的边缘，便于对文字的识别和检测。

3.7.1　数据点坐标系间的转换

OpenCV 提供了 cv2.cartToPolar() 函数，用于实现由直角坐标系（或称笛卡儿坐标）转换为极坐标系，并提供了 cv2.polarToCart() 函数由极坐标系转换为直角坐标系。

【例 3.11】将数据点由直角坐标系（x, y）转换为极坐标系（$r, theta$），再由极坐标系转换为直角坐标系。程序如下：

```
import math
import cv2
import numpy as np

x,y=3,5
print(' 直角坐标 x=',x,'\n 直角坐标 y=',y)
# math 库函数计算
center=[0,0]                                              # 中心点
r=math.sqrt(math.pow(x-center[0],2)+math.pow(y-center[1],2))
theta=math.atan2(y-center[1],x-center[0])/math.pi*180     # 转换为角度
print('math 库 r=',r)
print('math 库 theta=',theta)

# OpenCV 也提供了极坐标变换的函数
x1=np.array(x,np.float32)
y1=np.array(y,np.float32)
# 变换中心为原点，若想为（2,3）需 x1-2,y1-3
r1,theta1=cv2.cartToPolar(x1,y1,angleInDegrees=True)
# 当 angleInDegrees 是 True 时，返回值为 angle 角度，否则为弧度
print('OpenCV 库函数 r=',r1)
print('OpenCV 库函数 thetar=',theta1)

# 反变换，即将极坐标变为笛卡儿坐标。(r,theta) 变换为 (x,y)
x1,y1=cv2.polarToCart(r1,theta1,angleInDegrees=True)
print(' 极坐标变为笛卡儿坐标 x=',np.round(x1[0]))
print(' 极坐标变为笛卡儿坐标 y=',np.round(y1[0]))
```

程序运行的结果如下：

```
直角坐标 x= 3
直角坐标 y= 5
math 库函数 r= 5.830951894845301
math 库函数 theta= 59.03624346792648
OpenCV 库函数 r= [[5.8309517]]
OpenCV 库函数 thetar= [[59.039936]]
极坐标变为直角坐标 x= [3.]
极坐标变为直角坐标 y= [5.]
```

3.7.2　图像数据坐标系间的转换

OpenCV 直角坐标系转换为极坐标系有 2 个函数：一是 cv2.logPolar 函数，它把数据从直角坐标系转到对数极坐标系；二是 cv2.linearPolar 函数，它把数据从直角坐标系转到线性极坐标系。其中，cv2.logPolar 直角坐标系转换为极坐标系函数的语法格式为：

```
dst = cv2.LogPolar(src , center , M , int flags = CV2_INTER_LINEAR+
                                        CV2_WARP_FILL_OUTLIERS)
```

其输入和输出参数为：

- dst：直角坐标变换后的输出图像，与原图像具有相同的数据类型和通道数。
- src：原图像，可以是灰度图像或者彩色图像。
- center：直角坐标变换时直角坐标的原点坐标。
- M：幅度比例参数。
- flags：插值方法。CV_WARP_FILL_OUTLIERS 表示填充所有目标图像像素。

【例 3.12】图像数据由直角坐标向极坐标的转换。程序如下：

```
import cv2
import math

img = cv2.imread('d:/pics/clock.jpg')
h,w = img.shape[0:2]
maxRadius = math.hypot(w/2,h/2)
m = w / math.log(maxRadius)
log_polar = cv2.logPolar(img, (w/2, h/2), m, cv2.WARP_FILL_OUTLIERS + cv2.INTER_
    LINEAR)
linear_polar = cv2.linearPolar(img,(w/2, h/2),m,cv2.WARP_FILL_OUTLIERS + cv2.
    INTER_LINEAR)

log_dst = cv2.transpose(log_polar)              # 图像转置
log_dst = cv2.flip(log_dst,0)                   # 图像垂直镜像
lin_dst = cv2.transpose(linear_polar)           # 图像转置
lin_dst = cv2.flip(lin_dst,0)                   # 图像垂直镜像

cv2.imshow("Original",img)
cv2.imshow("Log_polar",log_dst)
cv2.imshow("Linear_polar",lin_dst)
cv2.waitKey(0)
cv2.destroyAllWindows()
```

程序运行的结果如图 3-12 所示。

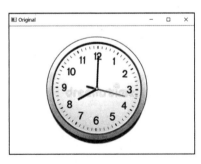 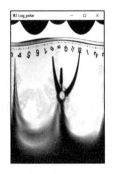 

a）直角坐标系的钟表 b）对数极坐标系钟表 c）线性极坐标系的钟表

图 3-12 直角坐标系钟表转换为极坐标系钟表

3.7.3 视频图像坐标系间的转换

在 OpenCV 库中提供了实现图像极坐标变换的函数 **cv2.warpPolar**，它的语法格式为：

```
dst = cv2.warpPolar(src, dsize, center, maxRadius, flags)
```

其输入和输出参数为：

- dst：极坐标变换后的输出图像，与原图像具有相同的数据类型和通道数。
- src：原图像，可以是灰度图像或者彩色图像。
- dsize：输出图像的尺寸。
- center：极坐标的原点坐标。
- maxRadius：变换时边界圆的半径，它也决定了逆变换时的比例参数。
- flags：插值方法与极坐标映射方法标志，如表 3-2 所示。

表 3-2　warpPolar() 函数极坐标映射方法标志

标志参数	作用
WARP_POLAR_LINEAR	极坐标变换
WARP_POLAR_LOG	半对数极坐标变换
WARP_INVERSE_MAP	逆变换

另外，例程中用到了 argparse 模块。argparse 是 Python 内置的一个用于命令项选项与参数解析的模块，可以用来方便地读取命令行参数。当代码需要频繁地修改参数时，使用这个工具可以将参数和代码分离开来，让代码更简洁，适用范围更广。主要有三个步骤：

1）创建 ArgumentParser() 对象。

2）调用 add_argument() 方法添加参数。

3）使用 parse_args() 解析添加的参数。

【例 3.13】实现视频图像直角坐标系—极坐标系之间的转换。程序如下：

```
import argparse
import copy
import cv2

parser = argparse.ArgumentParser()
parser.add_argument("--width", help='capture width', type=int, default=960)
parser.add_argument("--height", help='capture height', type=int, default=540)
args = parser.parse_args()

cap_width = args.width
cap_height = args.height
cap = cv2.VideoCapture('d:/pics/clock.mp4')
cap.set(cv2.CAP_PROP_FRAME_WIDTH, cap_width)
cap.set(cv2.CAP_PROP_FRAME_HEIGHT, cap_height)

while True:
    ret, frame = cap.read()
    if not ret:
        print('cap.read() error')
        break
    rotate_frame = cv2.rotate(frame, cv2.ROTATE_90_CLOCKWISE)
    lin_polar_image = cv2.warpPolar(rotate_frame, (150, 500), (270, 480), 220,
cv2.INTER_CUBIC + cv2.WARP_FILL_OUTLIERS +cv2.WARP_POLAR_LINEAR)
    lin_polar_crop_image = copy.deepcopy(lin_polar_image[0:500, 15:135])
    lin_polar_crop_image = lin_polar_crop_image.transpose(1, 0, 2)[::-1]
    cv2.imshow('ORIGINAL', frame)
    cv2.imshow('POLAR', lin_polar_crop_image)
```

```
        key = cv2.waitKey(50)
        if key == 27:    # 按下 Esc 键，停止运行
            break

cap.release()
cv2.destroyAllWindows()
```

程序运行结果如图 3-13 所示，图 3-13a 表示时针和分针围绕中心旋转的某一时刻，图 3-13b 表示在极坐标系下时针和分针水平移动的某一时刻。

a）圆形钟表在直角坐标上的显示

b）圆形钟表转换为极坐标系的结果

图 3-13　视频图像直角坐标系—极坐标系的转换

3.8　习题

1. 编写程序，使用 cv2.warpAffine() 函数将一幅图像放大为原来的二倍后，顺时针旋转 90° 再向左平移 20 个单位，向上平移 20 单位，不改变图像大小。

2. 编写程序，将一幅图像剪切为原图像的一半。

3. 编写程序，使用 cv2.flip() 函数对一幅图像分别进行 x 轴镜像变换、y 轴镜像变换以及对角镜像变换。

第 4 章　图像空域增强

图像增强的目的是改善图像的视觉效果或使图像更适合人或机器进行分析处理。通过图像增强可以减少图像噪声，提高目标与背景的对比度，也可以强调或抑制图像中的某些细节。例如，消除照片中的划痕、改善光照不均匀的图像、突出目标的边缘等。

根据处理的空间可以将图像增强分为空域法和频域法，前者直接在图像的空间域（或图像空间）中对像素进行处理，后者在图像的变换域（即频域）内间接处理，然后经逆变换获得增强图像。空域增强可以分为点处理和区域处理，频域增强可以分为低通滤波、高通滤波、带通滤波和同态滤波。

本章主要介绍常用的图像增强处理方式，包括灰度线性变换和非线性变换、直方图均衡化和直方图规定化，以及噪声的产生等。

4.1　灰度线性变换

灰度线性变换是将图像的像素值通过指定的线性函数进行变换，以增强或减弱图像的灰度，目的是改善画质，使图像的显示效果更加清晰。图像的灰度线性变换通过建立灰度映射来调整原始图像的灰度，从而改善图像的质量，凸显图像的细节，提高图像的对比度，达到图像增强的目的。灰度线性变换的计算公式为：

$$g(x, y) = k \cdot f(x, y) + b \qquad (4\text{-}1)$$

式中，$g(x, y)$ 为灰度线性变换后的灰度值；$f(x, y)$ 为变换前输入图像的灰度值；k 和 b 为线性变换方程 $f(x, y)$ 的参数，分别表示斜率和截距。

- 当 $k=1$，$b=0$ 时，保持原始图像。
- 当 $k=1$，$b \neq 0$ 时，图像所有的灰度值增加或降低（通过调整 b，实现对图像亮度的调整）。
- 当 $k=-1$，$b=255$ 时，原始图像的灰度值反转。
- 当 $k>1$ 时，输出图像的对比度增强，图像的像素值在变换后全部增大，整体效果被增强。
- 当 $0<k<1$ 时，输出图像的对比度被削弱。
- 当 $k<0$ 时，原始图像暗区域变亮，亮区域变暗，图像求补。

4.1.1　用 OpenCV 做灰度变换与颜色空间变换

OpenCV 中有多种色彩空间，包括 RGB、HSI、HSL、HSV、HSB、YCrCb、CIE XYZ、CIE LAB，使用中经常遇到色彩空间的转化。在做线性变换之前，需要将彩色图像变成灰度图像。在 OpenCV 中，通常使用 cv2.cvtColor() 函数来进行颜色空间之间的变换。该函数语法格式为：

```
dst = cv2.cvtColor(image, flag)
```

其输入和输出参数为：

- dst：表示变换后的图像。
- image：表示原始图像。
- flag：决定转换的类型，常见的转换类型有以下几种。
  - cv2.COLOR_BGR2GRAY 表示调用灰度模板，将彩色图像变换为灰度图像。
  - cv2.COLOR_BGR2RGB 表示将 BGR 三通道顺序变换 RGB 顺序。
  - cv2.COLOR_BGR2HSV 表示变换至 HSV 空间。
  - cv2.COLOR_BGR2YCrCb 表示变换至 YCrCb 空间。
  - cv2.COLOR_BGE2HLS 表示转换至 HLS 空间。
  - cv2.COLOR_BGR2XYZ 表示转换至 XYZ 空间。
  - cv2.COLOR_BGR2LAB 表示转换至 LAB 空间。
  - cv2.COLOR_BGR2YUV 表示转换至 YUV 空间。

【例 4.1】使用 cv2.cvtColor 进行图像的颜色空间之间的转换。程序如下：

```python
import cv2
import matplotlib.pyplot as plt

# 载入原图像
img = cv2.imread('d:/pics/lena.jpg')
# 利用 plot 函数画出图像并放置在一个窗口中显示
plt.subplot(3, 3, 1), plt.imshow(img)
plt.axis('off'), plt.title('BGR')

#BGR 变换 RGB
img_RGB = cv2.cvtColor(img, cv2.COLOR_BGR2RGB)
plt.subplot(3, 3, 2), plt.imshow(img_RGB)
plt.axis('off'), plt.title('RGB')

# 原图变换灰度图
img_GRAY = cv2.cvtColor(img, cv2.COLOR_BGR2GRAY)
plt.subplot(3, 3, 3), plt.imshow(img_GRAY)
plt.axis('off'), plt.title('GRAY')

# 变换 HSV 空间
img_HSV = cv2.cvtColor(img, cv2.COLOR_BGR2HSV)
plt.subplot(3, 3, 4), plt.imshow(img_HSV)
plt.axis('off'), plt.title('HSV')

# 变换 YCrCb 空间
img_YcrCb = cv2.cvtColor(img, cv2.COLOR_BGR2YCrCb)
plt.subplot(3, 3, 5), plt.imshow(img_YcrCb)
plt.axis('off'), plt.title('YcrCb')

# 变换 HLS 空间
img_HLS = cv2.cvtColor(img, cv2.COLOR_BGR2HLS)
plt.subplot(3, 3, 6), plt.imshow(img_HLS)
plt.axis('off'), plt.title('HLS')

# 变换 XYZ 空间
img_XYZ = cv2.cvtColor(img, cv2.COLOR_BGR2XYZ)
plt.subplot(3, 3, 7), plt.imshow(img_XYZ)
```

```
plt.axis('off'), plt.title('XYZ')

# 变换 LAB 空间
img_LAB = cv2.cvtColor(img, cv2.COLOR_BGR2LAB)
plt.subplot(3, 3, 8), plt.imshow(img_LAB)
plt.axis('off'), plt.title('LAB')

# 变换 YUV 空间
img_YUV = cv2.cvtColor(img, cv2.COLOR_BGR2YUV)
plt.subplot(3, 3, 9), plt.imshow(img_YUV)
plt.axis('off'), plt.title('YUV')
plt.show()
```

程序中调用了 matplotlib.pyplot 模块 plot() 函数，将 cv2.cvtColor() 返回值绘制成图。程序运行结果如图 4-1 所示。注意灰度化后的图像，在 matplotlib 里显示的图像不是灰色的，这里因为通道转换问题，在 OpenCV 中显示则正常。

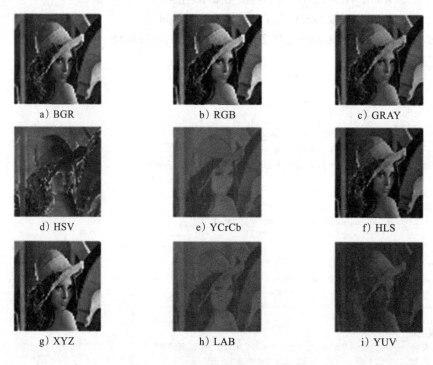

图 4-1   图像颜色空间之间的转换

4.1.2   增加或降低图像亮度

根据式（4-1），当 $k=1$，$b \neq 0$ 时，改变 b 的值可实现图像灰度值的增加或减少，从而提升图像的亮度或降低图像的亮度。

【例 4.2】对图像进行灰度变换，改变图像亮度。程序如下：

```
import cv2
import numpy as np

# 读取原始图像
img = cv2.imread('d:/pics/lena.jpg')
```

```
# 图像灰度转换
img_Gray = cv2.cvtColor(img, cv2.COLOR_BGR2GRAY)
# 获取图像高度和宽度
height,width = img_Gray.shape[0:2]

# 创建一幅图像，新图宽高与原灰度图一致
img_GrayUP = np.zeros((height, width), np.uint8)
img_GrayDown = np.zeros((height, width), np.uint8)

# 图像灰度增强变换
for i in range(height):
    for j in range(width):
        if (int(img_Gray[i, j] + 70) > 255):
            gray_up = 255
        else:
            gray_up = int(img_Gray[i, j] + 70)
        img_GrayUP[i, j] = np.uint8(gray_up)

# 图像灰度减弱变换
for i in range(height):
    for j in range(width):
        if (int(img_Gray[i, j] - 70) < 0):
            gray_down = 0
        else:
            gray_down = int(img_Gray[i, j] - 70)
        img_GrayDown[i, j] = np.uint8(gray_down)

# 显示原图与灰度变换后图像
cv2.imshow("Origin Image", img_Gray)
cv2.imshow("Up Gray", img_GrayUP)
cv2.imshow("Down Gray", img_GrayDown)
cv2.waitKey(0)
cv2.destroyAllWindows()
```

程序运行结果如图 4-2 所示。可以看出，经过灰度增强后的图像明显比原图像亮了许多，而经过灰度降低后的图像明显比原图像暗了许多。

　　　　a）原图像　　　　　　　　　b）图像灰度增加　　　　　　　c）图像灰度降低

图 4-2　图像亮度增强或降低变换

4.1.3　增强或减弱图像对比度

　　图像对比度增强就是增强图像各部分的反差。根据式（4-1），当 $k>1$ 时，输出图像的对比度增强，图像的像素值在变换后全部增大，整体效果被增强；当 $k<1$ 时，输出图像的

对比度减弱，图像的像素值在变换后全部降低，整体效果被减弱。

【例 4.3】图像灰度对比度增强或减弱变换，程序如下：

```python
import cv2
import numpy as np

img = cv2.imread('d:/pics/lena.jpg')                        # 读取原始图像
img_Gray = cv2.cvtColor(img, cv2.COLOR_BGR2GRAY)            # 图像灰度转换
height,width = img_Gray.shape[0:2]                          # 获取图像高度和宽度

Contrast_enhancement = np.zeros((height, width), np.uint8)  # 创建新图像
Contrast_reduction = np.zeros((height, width), np.uint8)

# 图像对比度增强变换，k=1.3
for i in range(height):
    for j in range(width):
        if (int(img_Gray[i, j] * 1.3) > 255):
            gray = 255
        else:
            gray = int(img_Gray[i, j] * 1.3)
            Contrast_enhancement[i, j] = np.uint8(gray)

# 图像对比度减弱变换，k=0.5
for i in range(height):
    for j in range(width):
        if (int(img_Gray[i, j] * 0.5) < 0):
            gray = 0
         else:
            gray = int(img_Gray[i, j] * 0.5)
            Contrast_reduction[i, j] = np.uint8(gray)

cv2.imshow("Gray", img_Gray)                                # 显示图像
cv2.imshow("Enhancement", Contrast_enhancement)
cv2.imshow("Reduction", Contrast_reduction)
cv2.waitKey(0)
cv2.destroyAllWindows()
```

程序运行的结果如图 4-3 所示。

a）灰度图   b）对比度增强   c）对比度减弱

图 4-3   图像对比度增强或减弱

4.1.4   图像反色变换

图像反色变换也称为线性灰度求补变换，根据式（4-1），当 $k=-1$，$b=255$ 时，对原图

像的像素值进行反转，即黑色变为白色、白色变为黑色。

【例 4.4】实现灰度图像的反色变换，程序如下：

```
import cv2
import numpy as np

# 读取原始图像
img = cv2.imread('d:/pics/lena.jpg')
# 图像灰度转换
img_Gray = cv2.cvtColor(img, cv2.COLOR_BGR2GRAY)
# 获取图像高度和宽度
height,width = img_Gray.shape[0:2]

# 创建一幅图像
color_change = np.zeros((height, width), np.uint8)

for i in range(height):          # 图像灰度反色变换
    for j in range(width):
        gray = 255 - img_Gray[i, j]
        color_change[i, j] = np.uint8(gray)

cv2.imshow("Gray", img_Gray)
cv2.imshow("Color_change", color_change)
cv2.waitKey(0)
cv2.destroyAllWindows()
```

程序运行的结果如图 4-4 所示，可以看到由黑变白、由白变黑的图像。反色变换经常用于医疗中，例如 X 射线照片经过反色变换后可以清晰地看到病变的位置。

a）原灰度图   b）反色后图像

图 4-4　灰度反色变换图像

【例 4.5】对彩色 RGB 图像进行反色变换，输出负片。程序如下：

```
import cv2
from matplotlib import pyplot as plt

img = cv2.imread("d:/pics/lena.jpg");
img_RGB = cv2.cvtColor(img, cv2.COLOR_BGR2RGB)
img_out = 255 - img_RGB;

plt.figure(figsize=(15,15))
plt.subplot(1, 2, 1),plt.title('Original Image')
plt.imshow(img_RGB);

plt.subplot(1, 2, 2),plt.title('Negative Image')
```

```
plt.imshow(img_out)
plt.show()
```

程序运行的结果如图 4-5 所示。

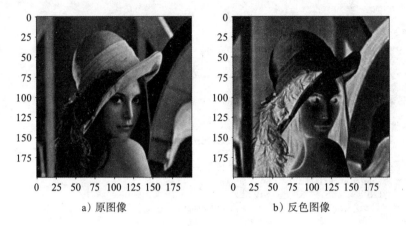

a）原图像   b）反色图像

图 4-5　彩色图像的反色变换

4.2　非线性变换

图像的灰度非线性变换主要包括对数变换、幂次变换、指数变换、分段函数变换，通过非线性关系对图像进行灰度处理。

4.2.1　对数变换

对数曲线在像素值较低的区域斜率大，在像素值高的区域斜率较小，所以图像经过对数变换后，较暗区域的对比度将有所提升。这种变换可用于增强图像的暗部细节，从而扩展被压缩图像中的较暗像素。对数变换实现了扩展低灰度值而压缩高灰度值的效果，已广泛地应用于频谱图像的显示中。

图像灰度的对数变换的一般表示如下：

$$g(x, y)=c*\log(1+f(x, y)) \tag{4-2}$$

式中，c 为尺度比较常数，$f(x, y)$ 为原始图像灰度值，$g(x, y)$ 为变换后的目标灰度值。

【例 4.6】实现灰度图像的非线性对数变换，程序如下：

```
import cv2
import numpy as np
import matplotlib.pyplot as plt

def log_plot(c):                                    # 绘制曲线
    x = np.arange(0, 255, 0.01)
    y = c * np.log(1 + x)
    plt.plot(x, y, 'r', linewidth=1)
    plt.title('logarithmic')
    plt.xlim(0, 255), plt.ylim(0, 255)
    plt.show()

def log(c, img_Gray):                               # 对数变换
    output = c * np.log(1.0 + img_Gray)
```

```
    output = np.uint8(output + 0.5)
    return output

img = cv2.imread('d:/pics/lena.jpg')
img_Gray = cv2.cvtColor(img,cv2.COLOR_BGR2GRAY)
c=45
log_plot(c)                                              # 绘制对数变换曲线
result = log(c, img_Gray)                                # 图像灰度对数变换

cv2.imshow("Origin", img_Gray)
cv2.imshow("Logarithmic transformation", result)
cv2.waitKey(0)
cv2.destroyAllWindows()
```

程序运行的结果如图 4-6 所示。

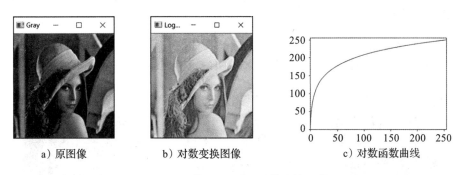

a）原图像　　　　　b）对数变换图像　　　　　c）对数函数曲线

图 4-6　系数 c=45 时的对数变换图像

4.2.2　伽马变换

图像处理中用于调节图像对比度、减少图像光照不均和局部阴影的常用方法是伽马（Gamma）变换。伽马变换又称为指数变换或幂次变换，也是一种常用的灰度非线性变换。图像灰度的伽马变换一般表示如下：

$$g(x, y)=c*f(x, y)^\gamma \qquad (4-3)$$

- 当 $\gamma>1$ 时，拉伸图像中灰度级较高的区域，压缩灰度级较低的部分。
- 当 $\gamma<1$ 时，拉伸图像中灰度级较低的区域，压缩灰度级较高的部分。
- 当 $\gamma=1$ 时，该灰度变换是线性的，此时通过线性方式改变原图像。

【例 4.7】实现灰度图像的伽马变换，程序如下：

```
import cv2
import numpy as np
import matplotlib.pyplot as plt

def gamma_plot(c, gamma):                                # 绘制曲线
    x = np.arange(0, 255, 0.01)
    # y = c * x ** gamma
    y = c * np.power(x, gamma)
    plt.plot(x, y, 'b', linewidth=1)
    plt.xlim([0, 255]), plt.ylim([0, 255])

def gamma_trans(img, c, gamma1):                         # 伽马变换
    output_img = c * np.power(img / float(np.max(img)), gamma1) * 255.0
```

```
        output_img = np.uint8(output_img)
        return output_img

img = cv2.imread('d:/pics/lena.jpg')
img_gray = cv2.cvtColor(img, cv2.COLOR_BGR2GRAY)

plt.figure(1),gamma_plot(1, 0.5),plt.title('gamma=0.5')      # 伽马变换曲线
plt.figure(2),gamma_plot(1, 2),plt.title('gamma=2.0')        # 伽马变换曲线
plt.show()
result = gamma_trans(img_gray, 1,0.5)                         # 图像灰度伽马变换
result1 = gamma_trans(img_gray, 1,2.0)                        # 图像灰度伽马变换

cv2.imshow("Origin", img_gray)
cv2.imshow("Gamma<1", result)
cv2.imshow("Gamma>1", result1)
cv2.waitKey(0)
cv2.destroyAllWindows()
```

程序运行的结果如图 4-7 所示，可以看出经过伽马变换处理后的效果。当 γ<1 时，图像对比度偏低，整体亮度值偏高；当 γ>1 时，图像对比度偏高，整体亮度值偏暗。

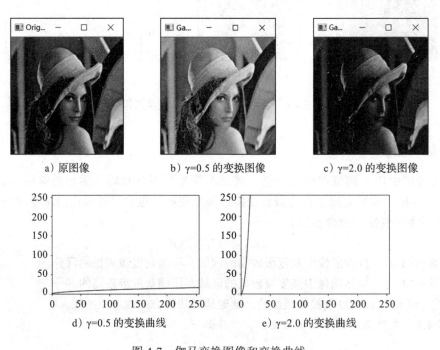

图 4-7　伽马变换图像和变换曲线

4.3　图像噪声

图像噪声是指存在于图像数据中的不必要或多余的干扰信息。噪声在理论上可以定义为"不可预测，只能用概率统计方法来认识的随机误差"，因此可以将图像噪声看作多维随机过程。描述噪声的方法完全可以借用随机过程的描述，即用其概率分布函数和概率密度分布函数来模拟产生噪声。常见的噪声有：高斯噪声、脉冲（椒盐）噪声、随机噪声、泊松噪声、乘性噪声、瑞利噪声、伽马（爱尔兰）噪声、指数分布噪声、均匀分布噪声等，本节使用两

种方法给图像添加噪声，即利用 Numpy 数组库中的随机函数和利用 skimage 库来实现加噪过程。

4.3.1　通过 Numpy 数组库添加噪声

由于 OpenCV 中没有直接添加噪声的函数，所以我们通过下列三个函数在图像上添加噪声。

1）采用 Numpy 中的函数 random.normal() 生成高斯随机分布的随机数，所生成的随机数为正态分布。函数的语法格式为：

```
noise = np.random.normal(loc,scale,size)
```

其中输入参数为：

- loc(float)：正态分布的均值，对应着这个分布的中心。loc=0 说明这是一个以 Y 轴为对称轴的正态分布。
- scale(float)：正态分布的标准差，对应分布的宽度。scale 越大，正态分布的曲线越矮胖；scale 越小，曲线越高瘦。
- size(int 或者整数元组)：输出的值赋在 shape 里，默认为 None。

2）函数 np.clip() 的作用是将数组 a 中的所有数限定到范围 a_min 和 a_max 中，其语法格式为：

```
out = np.clip (a, a_min, a_max)
```

其输入和输出参数为：

- a：输入矩阵。
- a_min：被限定的最小值，所有比 a_min 小的数都会强制变为 a_min。
- a_max：被限定的最大值，所有比 a_max 大的数都会强制变为 a_max。
- out：可以指定输出矩阵的对象，shape 与 a 相同。

3）函数 np.random.randint() 的作用是产生离散均匀分布的整数，其语法格式为：

```
noise = np.random.randint(low, high=None, size=None, dtype='l')
```

其输入参数为：

- low：生成元素的最小值。
- high：生成元素的值一定小于 high 值。
- size：输出的大小，可以是整数，也可以是元组。
- dtype：生成元素的数据类型。

注意：high 不为 None，生成元素的值在 [low,high) 区间中；如果 high=None，生成的区间为 [0, low) 区间。

利用上述三个函数可以产生高斯噪声、椒盐噪声、随机噪声等，下面介绍自定义这些噪声的函数。

1. 高斯噪声

高斯噪声是指概率密度函数服从高斯分布（即正态分布）的一类噪声。如果一个噪声的幅度分布服从高斯分布，而它的功率谱密度又是均匀分布的，则称它为高斯白噪声。这种噪声通常是因为拍摄时视场不够明亮、亮度不够均匀、电路各元器件自身噪声和相互影响，以及图像传感器长期工作、温度过高等引起的图像传感器噪声。通常在 RGB 图像中表现比较明显。添加高斯噪声定义的函数如下：

```python
def gasuss_noise(image, mean=0, var=0.01):
    # 高斯噪声函数，mean: 均值；var: 方差
    image = np.array(image / 255, dtype=float)
    noise = np.random.normal(mean, var ** 0.5, image.shape)
    img_noise = image + noise
    if img_noise.min() < 0:
        low_clip = -1.
    else:
        low_clip = 0.
    img_noise = np.clip(img_noise, low_clip, 1.0)
    img_noise = np.uint8(img_noise * 255)
return img_noise
```

2. 椒盐噪声

椒盐噪声也称为脉冲噪声，它随机改变一些像素值，是由图像传感器、传输信道、解码处理等产生的黑白相间的亮暗点噪声，是图像中经常见到的一种噪声。椒盐噪声分为两类：一类是盐噪声 (salt noise)，另一类是胡椒噪声 (pepper noise)。盐是白色，椒是黑色，前者是高灰度噪声，后者属于低灰度噪声。一般两种噪声同时出现，呈现在图像上就是黑白杂点。添加椒盐噪声定义的函数如下：

```python
def sp_noise(image, prob):
    # 椒盐噪声，image: 原图像；prob: 噪声比例；img_noise: 带噪声图像
    img_noise = np.zeros(img.shape, np.uint8)
    thres = 1 - prob
    for i in range(img.shape[0]):
        for j in range(img.shape[1]):
            rNum = np.random.random()
            # 如果生成的随机数小于噪声比例则将该像素点添加黑点，即胡椒噪声
            if rNum < prob:
                img_noise[i][j] = 0
            # 如果生成的随机数大于（1-噪声比例）则将该像素点添加白点，即盐噪声
            elif rNum > thres:
                img_noise[i][j] = 255
            # 其他情况像素点不变
            else:
                img_noise[i][j] = img[i][j]
    return img_noise
```

3. 随机噪声

随机噪声是一种在任一时刻随机产生的，其幅度、波形、相位都是随机的、无法预测的噪声。添加随机噪声定义的函数如下：

```python
def random_noise(image,noise_num):
# 输入参数 image: 需要加噪的图像；noise_num: 添加的噪声点数目
    img_noise = image
    rows, cols, chn = img_noise.shape
    # 加噪声
    for i in range(noise_num):
    # 随机生成指定范围的整数
        x = np.random.randint(0, rows)
        y = np.random.randint(0, cols)
        img_noise[x, y, :] = 255
```

```
    return img_noise
```

4. 泊松噪声

泊松噪声就是符合泊松分布的噪声模型。泊松分布适合描述单位时间内随机事件发生次数的概率分布，如某一服务设施在一定时间内收到的服务请求次数、电话交换机接到呼叫的次数、汽车站台的等候人数、机器出现的故障数、自然灾害发生的次数、DNA 序列的变异数、放射性原子核的衰变数，等等。添加泊松噪声定义的函数如下：

```
def poisson_noisy(image, vals):
    vals = len(np.unique(image))
    vals = 2 ** np.ceil(np.log2(vals))
    noisy = np.random.poisson(image * vals) / float(vals)
    return noisy
```

5. 乘性噪声

乘性噪声一般是因为信道不理想造成的，它们与信号的关系是相乘，信号在它在，信号不在它也就不在。用公式可描述为 out = image + $n \times$ image，其中 n 是具有指定均值和方差的均匀噪声。添加乘性噪声定义的函数如下：

```
def  speckle_noisy(image, gauss):
    row,col,ch = image.shape
    gauss = np.random.randn(row,col,ch)
    gauss = gauss.reshape(row,col,ch)
    noisy = image + image * gauss
    return noisy
```

6. 瑞利噪声

相比高斯噪声，瑞利噪声的形状是向右歪斜，这对于拟合某些歪斜直方图噪声很有用。瑞利噪声可以借由平均噪声来实现。添加瑞利噪声定义的函数如下：

```
def rayleigh_noisy(image):
    a = -0.2
    b = 0.03
    row,col,ch = image.shape
    n_rayleigh = a + (-b*math.log(1-np.random.randn(row,col)))**0.5
    return n_rayleigh
```

7. 伽马噪声

伽马噪声是服从伽马曲线分布的噪声。伽马噪声需要使用 b 个服从指数分布的噪声叠加而成。指数分布的噪声可以使用均匀分布来实现。当 $b=1$ 时为指数噪声，当 $b>1$ 时通过若干个指数噪声叠加得到伽马噪声。添加伽马噪声定义的函数如下：

```
def Gamma_noise(image,a=25,b=3):
    row,col,ch = image.shape
    n_gamma = np.zeros(row,col)
    for i in range(b):
        n_gamma = n_gamma + (-1/a)*math.log(1-np.random.randn(row,col))
    return n_gamma
```

下面通过实例说明如何在图像上添加噪声。

【例 4.8】使用 np.random.normal() 函数为图像添加高斯噪声、脉冲（椒盐）噪声、随机噪声。程序如下：

```python
import cv2
import numpy as np

def gasuss_noise(image, mean=0, var=0.01):
    # 高斯噪声函数, mean: 均值; var: 方差
    image = np.array(image / 255, dtype=float)
    noise = np.random.normal(mean, var ** 0.5, image.shape)
    img_noise = image + noise
    if img_noise.min() < 0:
        low_clip = -1.
    else:
        low_clip = 0.
    img_noise = np.clip(img_noise, low_clip, 1.0)
    img_noise = np.uint8(img_noise * 255)
    return img_noise

def sp_noise(image, prob):
    # 椒盐噪声, image: 原图像; prob: 噪声比例; img_noise: 加噪声图像
    img_noise = np.zeros(img.shape, np.uint8)
    thres = 1 - prob
    for i in range(img.shape[0]):
        for j in range(img.shape[1]):
            rNum = np.random.random()
            if rNum < prob:                          # 添加胡椒噪声
                img_noise[i][j] = 0
            elif rNum > thres:                       # 添加盐噪声
                img_noise[i][j] = 255
            else:
                img_noise[i][j] = img[i][j]
    return img_noise

def random_noise(image,noise_num):
    # 随机噪声, image: 原图像; noise_num: 添加噪声点数目
    img_noise = image
    rows, cols, chn = img_noise.shape
    # 加噪声
    for i in range(noise_num):
        # 随机生成指定范围的整数
        x = np.random.randint(0, rows)
        y = np.random.randint(0, cols)
        img_noise[x, y, :] = 255
    return img_noise

img = cv2.imread('d:/pics/lena.jpg')                 # 输入原图像
cv2.imshow("Origin", img)
# 添加噪声
img_gasuss = gasuss_noise(img, mean=0, var=0.01)
img_sp_noise = sp_noise(img, 0.06)
img_random_noise = random_noise(img,1000)
# 显示
cv2.imshow("gasuss_noise ", img_gasuss)
cv2.imshow("sp_noise", img_sp_noise)
cv2.imshow("random_noise",img_random_noise)
cv2.waitKey(0)
cv2.destroyAllWindows()
```

程序运行的结果如图 4-8 所示。

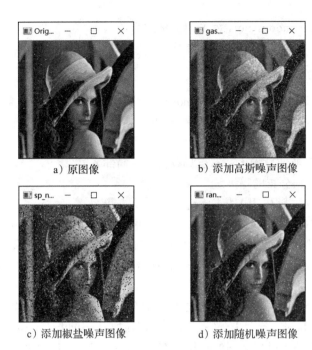

图 4-8　添加噪声后的图像

4.3.2　通过 skimage 库添加噪声

skimage 库的全称是 scikit-image scikit(toolkit for scipy)，它是一个图像处理库，基于 SciPy 开发和扩展而来。skimage 的主要子模块有以下几个。

- io：读取、保存和显示图像或视频。
- data：提供测试图像和样本数据。
- color：颜色空间变换。
- filters：图像增强、边缘检测、排序滤波器、自动阈值。
- draw：操作基于 numpy 的基本图形绘制。
- transform：几何变换操作。
- morphology：形态学操作，如开闭运算、骨架提取等。
- exposure：图像强度调整。
- feature：特征提取。
- measure：图像属性测量，如相似性或者等高线等属性。
- segmentation：图像分割。
- restoration：图像恢复。
- util：通用函数。

skimage 将图像作为 numpy 数组进行处理，可以通过 skimage.util.random_noise() 函数方便地为图像添加各种类型的噪声，如高斯白噪声、椒盐噪声等。在使用 scikit-image 库前必须进行安装，安装命令为 pip install scikit-image，导入格式为：

```
import skimage
from skimage import util
```

函数 skimage.util.random_noise() 的语法格式为：

```
skimage.util.random_noise(image, mode, seed=None, clip=True)
```

其中输入参数为：

- image：输入图像数据，类型应为 ndarray，输入后将转换为浮点数。
- mode：添加噪声的类别，为字符串 str 类型。噪声的类别有以下几种。
  - gaussian：高斯加性噪声。
  - localvar：高斯加性噪声，每点具有特定的局部方差。
  - poisson：泊松分布的噪声。
  - salt：盐噪声，随机用 1 替换像素，属于高灰度噪声。
  - pepper：胡椒噪声，随机用 0 或 −1 替换像素，属于低灰度噪声。
  - s&p：椒盐噪声，两种噪声同时出现，呈现出黑白杂点。
  - speckle：使用 out = image + $n \times$ image 乘性噪声，其中 n 是具有指定均值和方差的均匀噪声。
- seed：类型为 int。将在生成噪声之前设置随机种子，以进行有效的伪随机比较。
- clip：类型为 bool。若为 True(默认值)，则在加入 speckle、poisson 或 gaussian 这三种噪声后进行剪切，以保证图像数据点都在 [0,1] 或 [−1，1] 之间。若为 False，则数据可能超出这个范围。

【例 4.9】使用 skimage 库中的 skimage.util.random_noise 添加噪声。程序如下：

```
from skimage import util
import numpy as np
import matplotlib.pyplot as plt
from PIL import Image

img = Image.open('d:/pics/lena.jpg')
img = np.array(img)

noise_gs_img = util.random_noise(img,mode='gaussian')          # 高斯噪声
noise_salt_img = util.random_noise(img,mode='salt')            # 盐噪声
noise_pepper_img = util.random_noise(img,mode='pepper')        # 胡椒噪声
noise_sp_img = util.random_noise(img,mode='s&p')               # 椒盐噪声
noise_speckle_img = util.random_noise(img,mode='speckle')      # 乘性噪声

plt.subplot(2,3,1), plt.title('original')
plt.axis('off'),plt.imshow(img)
plt.subplot(2,3,2),plt.title('gaussian')
plt.axis('off'),plt.imshow(noise_gs_img)
plt.subplot(2,3,3), plt.title('salt')
plt.axis('off'),plt.imshow(noise_salt_img)
plt.subplot(2,3,4), plt.title('pepper')
plt.axis('off'),plt.imshow(noise_pepper_img)
plt.subplot(2,3,5),plt.title('s&p')
plt.axis('off'),plt.imshow(noise_sp_img)
plt.subplot(2,3,6), plt.title('speckle')
plt.axis('off'),plt.imshow(noise_speckle_img)
plt.show()
```

程序运行的结果如图 4-9 所示。

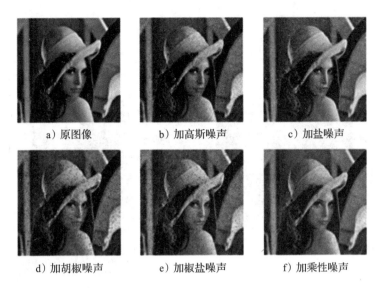

图 4-9 利用 skimage 库添加噪声后的图像

4.4 直方图均衡化

图像直方图（Image Histogram）是用于表示数字图像中亮度分布的图形，描绘了图像中每个亮度值的像素数。在直方图中，横坐标的左侧为纯黑、较暗的区域，右侧为较亮、纯白的区域。因此，如果是一张较暗图像，它的直方图中的数据多集中于左侧和中间部分；而整体明亮、只有少量阴影的图像则相反，多集中在中间和右侧部分。通过查看直方图亮暗分布，就可以了解图像的整体情况，以及确定下一步进行调整的方法。

直方图均衡化就是把原始图像的灰度直方图从比较集中的某个灰度区间变成在全部灰度范围内的均匀分布，它对图像进行非线性拉伸，重新分配图像像素值，使一定灰度范围内的像素数量大致相同，也就是把给定图像的直方图分布改变成"均匀"分布直方图分布。

直方图均衡化可以把原始图像的直方图变换为均匀分布（均衡）的形式，这样就增加了像素之间灰度值差别的动态范围，从而达到增强图像整体对比度的效果。直方图均衡化主要分三步：①计算图像的统计直方图；②计算统计直方图的累加直方图；③对累加直方图进行区间转换。

4.4.1 使用 Matplotlib 库绘制图像直方图

Matplotlib 库带有直方图绘图功能，函数 matplotlib.pyplot.hist() 可以直接找到直方图并对其绘制，而不需要使用函数 calcHist() 或函数 np.histogram() 来查找直方图再绘制。

【例 4.10】使用 Matplotlib 库绘制图像直方图，程序如下：

```
import cv2
from matplotlib import pyplot as plt

img = cv2.imread('d:/pics/lena.jpg')
img_RGB = cv2.cvtColor(img, cv2.COLOR_BGR2RGB)
plt.subplot(121),plt.imshow(img_RGB)
plt.subplot(122),plt.hist(img.ravel(),256,[0,255])
```

```
plt.show()
```

程序运行的结果如图 4-10 所示。

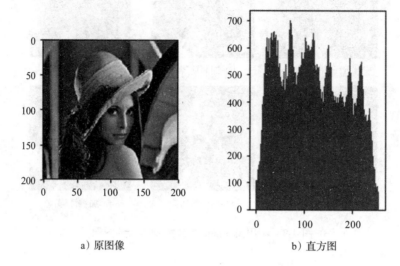

a）原图像   b）直方图

图 4-10   图像的直方图

【例 4.11】绘制彩色图像 RGB 的直方图，程序如下：

```
import cv2
from matplotlib import pyplot as plt

img = cv2.imread('d:/pics/lena.jpg')
color = ('b','g','r')
for i,col in enumerate(color):
    histr = cv2.calcHist([img],[i],None,[256],[0,256])
    plt.plot(histr,color = col)
    plt.xlim([0,256])
plt.show()
```

程序运行结果如图 4-11 所示。

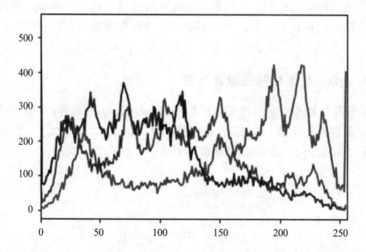

图 4-11   彩色图像的直方图（图中红、绿、蓝曲线分别是 RGB 三色直方图，见彩插）

4.4.2　使用 OpenCV 中的函数绘制直方图

在 OpenCV 中，使用 cv2.calcHist() 函数查找直方图，只需以灰度模式加载图像并找到其完整直方图即可。该函数的语法格式如下：

```
hist = cv2.calcHist(images, channels, mask, histSize, ranges [, accumulate])
```

其输入参数为：

- images：是 Uint8 或 Float32 类型的输入图像。
- channels：直方图的通道的索引。如果输入为灰度图像，则其值为 [0]。如果是彩色图像，可以传递 [0]、[1] 或 [2]，分别计算蓝色、绿色或红色通道的直方图。
- mask：图像掩码。要绘制完整图像的直方图，将其指定为 None；如果要查找图像特定区域的直方图，则创建一个掩码图像并绘制掩码图像内的直方图。
- histSize：BIN 计数，对于全尺寸图像为 [256]。
- ranges：范围，通常为 [0, 256]。

【例 4.12】带有掩码图像的直方图。程序如下：

```
import cv2
from matplotlib import pyplot as plt
import numpy as np

img = cv2.imread('d:/pics/lena.jpg',0)
# 产生掩码图像
mask = np.zeros(img.shape[:2], np.uint8)
mask[50:150, 50:150] = 255
masked_img = cv2.bitwise_and(img,img,mask = mask)
# 计算整个图像和掩码区域的直方图
hist_full = cv2.calcHist([img],[0],None,[256],[0,256])
hist_mask = cv2.calcHist([img],[0],mask,[256],[0,256])

plt.subplot(221), plt.imshow(img,'gray')
plt.subplot(222), plt.imshow(masked_img,'gray')
plt.subplot(223), plt.plot(hist_full),
plt.subplot(224),plt.plot(hist_mask)
plt.xlim([0,256])
plt.show()
```

程序运行的结果如图 4-12 所示。

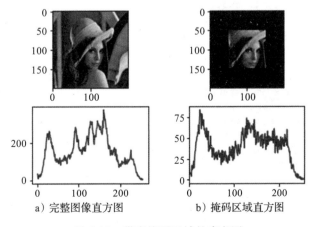

a）完整图像直方图　　　　　　　b）掩码区域直方图

图 4-12　带有掩码区域的直方图

4.4.3 自定义函数实现直方图均衡化

直方图均衡化通常用来增加图像的局部对比度，尤其是当图像的有用数据的对比度相当接近时，进行直方图均衡化以后，亮度可以更好地在直方图上分布，以用于增强局部的对比度而不影响整体的对比度。直方图均衡化通过有效地扩展常用亮度来实现这种功能。

【例 4.13】使用 Python 语言自定义函数来实现直方图均衡化。程序如下：

```python
import cv2
import numpy as np
import matplotlib.pyplot as plt

def Origin_histogram(img):
    # 建立原始图像各灰度级的灰度值与像素个数对应表
    histogram = {}
    for i in range(img.shape[0]):
        for j in range(img.shape[1]):
            k = img[i][j]
            if k in histogram:
                histogram[k] += 1
            else:
                histogram[k] = 1

    sorted_histogram = {}                         # 建立排好序的映射表
    sorted_list = sorted(histogram)               # 根据灰度值从低到高排序
    for j in range(len(sorted_list)):
        sorted_histogram[sorted_list[j]] = histogram[sorted_list[j]]
    return sorted_histogram

def equalization_histogram(histogram, img):       # 直方图均衡化
    pr = {}    # 建立概率分布映射表
    for i in histogram.keys():
        pr[i] = histogram[i] / (img.shape[0] * img.shape[1])
    tmp = 0
    for m in pr.keys():
        tmp += pr[m]
        pr[m] = max(histogram) * tmp
    new_img = np.zeros(shape=(img.shape[0], img.shape[1]), dtype=np.uint8)

    for k in range(img.shape[0]):
        for l in range(img.shape[1]):
            new_img[k][l] = pr[img[k][l]]
    return new_img

def GrayHist(img):                                # 计算灰度直方图
    height, width = img.shape[:2]
    grayHist = np.zeros([256], np.uint64)
    for i in range(height):
        for j in range(width):
            grayHist[img[i][j]] += 1
    return grayHist

if __name__ == '__main__':
    img = cv2.imread('d:/pics/pout.tif', cv2.IMREAD_GRAYSCALE)
    # 计算图像灰度直方图
    origin_histogram = Origin_histogram(img)
```

```
# 直方图均衡化
new_img = equalization_histogram(origin_histogram, img)
origin_grayHist = GrayHist(img)
equaliza_grayHist = GrayHist(new_img)
# 绘制灰度直方图
x = np.arange(256)
plt.figure(num=1)
plt.plot(x, origin_grayHist, 'r', linewidth=1, c='blue')
plt.title("Origin"), plt.ylabel("number of pixels")

plt.figure(num=2)
plt.plot(x, equaliza_grayHist, 'r', linewidth=1, c='blue')
plt.title("Equalization"), plt.ylabel("number of pixels")
plt.show()

cv2.imshow("Origin", img)
cv2.imshow("Equalization", new_img)
cv2.waitKey(0)
cv2.destroyAllWindows()
```

程序运行的结果如图 4-13 所示。

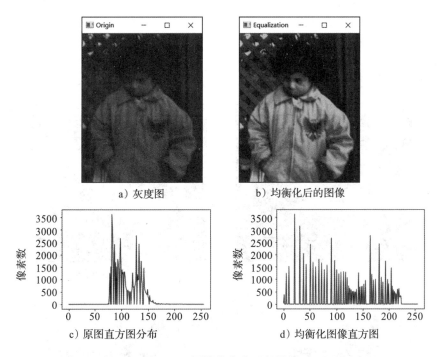

a）灰度图　　　　　　b）均衡化后的图像

c）原图直方图分布　　　d）均衡化图像直方图

图 4-13　图像均衡化运行结果

4.4.4　使用 OpenCV 函数实现直方图均衡化

在 OpenCV 中，提供了 cv2.equalizeHist() 函数用于实现图像的直方图均衡化，它的输入是灰度图像，输出是直方图均衡化后的图像。其语法格式为：

```
dst = cv2.equalizeHist(src)
```

其输入和输出参数为：

- src：表示待处理图像。
- dst：表示直方图均衡化后的图像。

【例 4.14】使用 cv2.equalHist() 函数来实现直方图均衡化。程序如下：

```
import cv2
import matplotlib.pyplot as plt

img = cv2.imread('d:/pics/sukuba1.png')
img_Gray = cv2.cvtColor(img, cv2.COLOR_BGR2GRAY)
equ = cv2.equalizeHist(img_Gray)

plt.figure("原始灰度直方图")
plt.title('Origin')
plt.hist(img_Gray.ravel(),256)

plt.figure("均衡化直方图")
plt.title('Equalization')
plt.hist(equ.ravel(),256)
plt.show()

cv2.imshow("Gray", img_Gray)
cv2.imshow("EqualizeHist", equ)
cv2.waitKey(0)
cv2.destroyAllWindows()
```

程序运行的结果如图 4-14 所示。

a）灰度图   b）均衡化后的图像

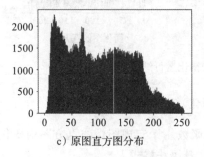
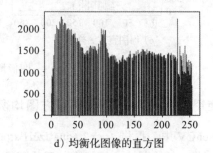

c）原图直方图分布   d）均衡化图像的直方图

图 4-14　直方图均衡化前后图

在图 4-14 中，可以看出图 4-14b 的亮度明显比图 4-14a 强，且比图 4-14a 更加清晰，这与按照直方图均衡化原理设计的程序实现结果基本相同。

4.4.5　自适应直方图均衡化

当图像的直方图限制在某个特定区域时，直方图均衡化效果可能更好。在直方图覆盖较大区域（即同时存在亮像素和暗像素）时，其图像的强度变化也较大，直方图均衡化效果不好。

在图 4-14 中，显示了输入图像及其在全局直方图均衡化后的图像。直方图均衡化后，背景对比度确实得到了改善。但是比较两幅图像中雕像的脸可以看出，均衡化后由于亮度增高，丢失了许多细节信息，这是因为它的直方图没有局限于特定区域。为了解决这个问题，我们使用自适应直方图均衡化 (Adaptive Histgram Equalization，AHE)，在此情况下，图像被分成称为"tiles"的小块（在 OpenCV 中，tileSize 默认为 8×8），对图中的每一块进行直方图均衡处理。

自适应直方图均衡化是用来提升图像对比度的一种图像处理技术，和一般的直方图均衡化算法不同，AHE 算法通过计算图像的局部直方图，然后重新分布亮度来改变图像对比度。因此，该算法更适合改进图像的局部对比度以及获得更多的图像细节。但是，AHE 也有过度放大图像中相同区域噪声的问题，解决这个问题的方法是限制对比度直方图均衡 (CLAHE) 算法，从而有效地限制这种不利的噪声放大。

在 OpenCV 中提供了 cv2.createCLAHE 函数来限制对比度的自适应直方图均衡化，其函数的语法格式为：

```
dst = cv2.createCLAHE(clipLimit, titleGridSize)
```

其输入参数为：

- clipLimit：颜色对比度的阈值，默认设置限制对比度为 40。
- titleGridSize：均衡化的网格大小，即在多少网格下进行直方图的均衡化操作，常用大小是 8×8 的矩阵。

【例 4.15】　使用 cv2.createCLAHE() 函数实现限制对比度的直方图均衡化。程序如下：

```
import cv2
import matplotlib.pyplot as plt

img = cv2.imread('d:\pics\sukuba1.png',0)
# 创建 CLAHE 对象
clahe = cv2.createCLAHE(clipLimit=2.0, tileGridSize=(8, 8))
dst = clahe.apply(img)                    # 限制对比度自适应阈值均衡化

plt.figure(" 原始直方图 ")
plt.hist(img.ravel(),256)
plt.figure(' 自适应直方图均衡化 ')
plt.hist(dst.ravel(),256)
plt.show()

cv2.imshow('Origin', img)
cv2.imshow('CLAHE', dst)
cv2.waitKey(0)
cv2.destroyAllWindows()
```

程序运行结果如图 4-15 所示。仔细观察图 4-15 中均衡化后的图像，并与图 4-14 的结果进行比较，尤其是雕像区域，可以看出雕像的脸部更加清晰明显，且直方图更加丰富。

a）原灰度图   b）限制对比度的直方图均衡化

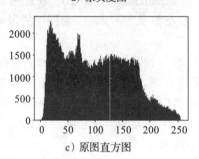
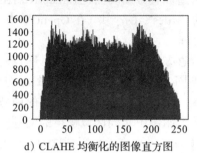

c）原图直方图   d）CLAHE 均衡化的图像直方图

图 4-15　自适应直方图均衡化图像

4.5　直方图规定化

前面介绍的直方图均衡化实现了图像灰度的均衡分布，对提高图像对比度、提升图像亮度具有明显的作用。在实际应用中，有时并不需要图像的直方图具有整体的均匀分布，而是希望直方图与规定要求的直方图一致，这就是直方图规定化。它可以人为地改变原始图像直方图的形状，使其成为某个特定的形状，即增强特定灰度级分布范围内的图像。

直方图规定化就是通过一个灰度映像函数，将原灰度直方图改造成所希望的直方图。直方图修改的关键就是灰度映像函数。通过直方图规定化调节图像的对比度，可使图像的像素点分布在 0～255 之间，使得图像更加清晰。

直方图规定化的目的就是调整原始图像的直方图，使之符合某一规定直方图的要求。根据直方图规定化理论推导，直方图规定化处理的一般步骤如下：

1）根据直方图均衡化原理，对原始图像的直方图进行灰度均衡化处理。

2）按照目标图像的概率密度函数 $P_z(z)$，求解目标图像进行均衡化处理的变换函数 $G(z)$。

3）用原始图像均衡化中得到的灰度级 s 代替 v，求解逆变换 $z = G^{-1}(s)$。

上述变换过程中所包含的两个变换函数 $T(r)$ 和 $G^{-1}(s)$ 形成复合函数，即可表示为：

$$z = G^{-1}(s)=G^{-1}[T(r)] \tag{4-4}$$

通过复合函数关系有效简化了直方图规定化处理过程，求出 $T(r)$ 和 $G^{-1}(s)$ 之间的复合函数关系就可以直接对原始图像进行变换。

4.5.1　自定义映像函数实现直方图规定化

根据直方图规定化的原理和处理步骤，使用 Python 语言编写映像函数，实现 A 图像按照 B 图像的直方图进行变换，获得按照 B 图像的直方图变换后的 A 图像。

【例 4.16】自定义映像函数实现直方图规定化。程序如下：

```python
import cv2
import numpy as np
import matplotlib.pyplot as plt

# 定义计算直方图累积概率函数
def histCalculate(src):
    row, col = np.shape(src)
    hist = np.zeros(256, dtype=np.float32)
    cumhist = np.zeros(256, dtype=np.float32)
    cumProbhist = np.zeros(256, dtype=np.float32)
    # 累积概率直方图，即 Y 轴归一化
    for i in range(row):
        for j in range(col):
            hist[src[i][j]] += 1

    cumhist[0] = hist[0]
    for i in range(1, 256):
        cumhist[i] = cumhist[i-1] + hist[i]
    cumProbhist = cumhist/(row*col)
    return cumProbhist

# 定义实现直方图规定化函数
def histSpecification(specImg, refeImg):
    spechist = histCalculate(specImg)              # 计算待匹配直方图
    refehist = histCalculate(refeImg)              # 计算参考直方图
    corspdValue = np.zeros(256, dtype=np.uint8)    # 对应值
    # 直方图规定化
    for i in range(256):
        diff = np.abs(spechist[i] - refehist[i])
        matchValue = i
        for j in range(256):
            if np.abs(spechist[i] - refehist[j]) < diff:
                diff = np.abs(spechist[i] - refehist[j])
                matchValue = j
        corspdValue[i] = matchValue
    outputImg = cv2.LUT(specImg, corspdValue)
    return outputImg

# 读入原图像
img = cv2.imread('d:/pics/office_2.jpg', cv2.IMREAD_GRAYSCALE)
# 读入参考图像
img1 = cv2.imread('d:/pics/lena.jpg', cv2.IMREAD_GRAYSCALE)
cv2.imshow('Input image', img)
cv2.imshow('Reference image', img1)
imgOutput = histSpecification(img, img1)
cv2.imshow('Output image', imgOutput)
cv2.waitKey(0)
cv2.destroyAllWindows()

plt.figure(1),plt.title(' 原图像直方图 ')
plt.hist(img.ravel(),256)
plt.figure(2),plt.title(' 参考图像直方图 ')
plt.hist(img1.ravel(),256)
```

```
plt.figure(3),plt.title(' 规定化后图像的直方图 ')
plt.hist(imgOutput.ravel(),256)
plt.show()
```

程序运行的结果如图 4-16 所示。

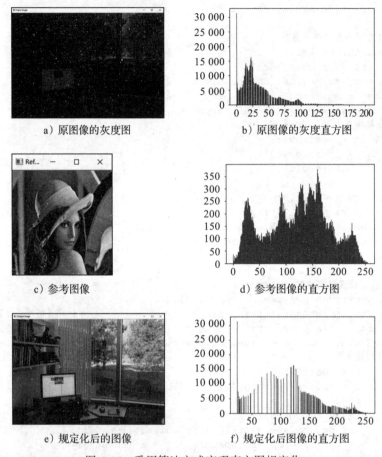

a）原图像的灰度图   b）原图像的灰度直方图

c）参考图像   d）参考图像的直方图

e）规定化后的图像   f）规定化后图像的直方图

图 4-16　采用算法方式实现直方图规定化

【例 4.17】实现彩色图像的直方图规定化。程序如下：

```
import cv2
import numpy as np

img_O = cv2.imread('d:/pics/office_2.jpg')
img_T = cv2.imread('d:/pics/lena.jpg')
cv2.imshow('Origin image', img_O)
cv2.imshow('Target image',img_T)


color = ('r', 'g', 'b')
for i, col in enumerate(color):
    hist1, bins = np.histogram(img_O[:, :, i].ravel(), 256, [0, 256])
    hist2, bins = np.histogram(img_T[:, :, i].ravel(), 256, [0, 256])

    cdf1 = hist1.cumsum()                        # 灰度值 0 ~ 255 的累计值数组
    cdf2 = hist2.cumsum()
    cdf1_hist = hist1.cumsum() / cdf1.max()      # 灰度值的累计值的比率
```

```
        cdf2_hist = hist2.cumsum() / cdf2.max()

        diff_cdf = [[0 for j in range(256)] for k in range(256)]
        # diff_cdf 里是每 2 个灰度值比率间的差值
        for j in range(256):
            for k in range(256):
                diff_cdf[j][k] = abs(cdf1_hist[j] - cdf2_hist[k])

        lut = [0 for j in range(256)]                    # 映射表
        for j in range(256):
            min = diff_cdf[j][0]
            index = 0
            for k in range(256):                         # 直方图规定化的映射原理
                if min > diff_cdf[j][k]:
                    min = diff_cdf[j][k]
                    index = k
            lut[j] = ([j, index])

        h = int(img_O.shape[0])
        w = int(img_O.shape[1])

        for j in range(h):                               # 对原图像进行灰度值的映射
            for k in range(w):
                img_O[j, k, i] = lut[img_O[j, k, i]][1]

## 显示规定化后的图像
img_S = img_O
cv2.imshow('Specification image', img_S)
cv2.waitKey(0)
cv2.destroyAllWindows()
```

程序运行的结果如图 4-17 所示。

a) 原图像

b) 目标图像

c) 直方图规定化后的图像

图 4-17　彩色图像的直方图规定化

4.5.2 直方图反向投影

反向投影用于在输入图像（通常较大）中查找特定图像（通常较小或者仅 1 个像素，以下将其称为模板图像）最匹配的点或者区域，也就是定位模板图像出现在输入图像的位置。查找的方式就是不断地在输入图像中切割与模板图像大小一致的图像块，并用直方图对比的方式与模板图像进行比较。

OpenCV 中提供了 cv2.normalize() 函数来实现图像归一化，其语法格式为：

```
dst = cv2.normalize(src,dst,alpha,beta,norm,dtype)
```

其输入和输出参数为：

- src：输入数组。
- dst：与 src 大小相同的输出数组。
- alpha：①用来规范值；②规范范围，并且是下限。
- beta：只用来规范范围并且是上限；值为 0 时，为值归一化，否则为范围归一化。
- norm：范式 – 规范化类型。它提供了四种归一化类型，如下所示：
  - NORM_MINMAX：数组的数值平移或缩放到一个指定的范围，线性归一化。
  - NORM_INF：归一化数组的（切比雪夫距离）L∞ 范数（绝对值的最大值）。
  - NORM_L1：归一化数组的（曼哈顿距离）L1 范数（绝对值的和）。
  - NORM_L2：归一化数组的（欧几里德距离）L2 范数。
- dtype：当输出为负时，输出数组具有与 src 相同的类型；否则，它具有与 src 相同的信道数和深度。

使用此函数对图像进行直方图归一化时，令 norm= NORM_MINMAX，其计算原理与算法实现与直方图规定化原理相同。

OpenCV 提供了一个内建的函数 cv2.calcBackProject()，它的参数几乎与 cv2.calchist() 函数相同，也就是计算图像的直方图。另外，在传递给 back_project 函数之前，应该对图像直方图进行归一化，返回概率图像，然后用圆盘内核对图像进行卷积，并利用阈值与原图像相与，获得与图像最匹配的区域。cv2.calcBackProject() 函数的语法格式为：

```
dst = cv2.calcBackProject(image, channels, hist, ranges, scale)
```

其输入参数为：

- image：输入图像，注意加中括号。
- channels：信道。
- hist：图像的直方图。
- ranges：直方图的变化范围。
- scale：输出反向投影的可选比例因子。

【例 4.18】利用反向投影在输入图像中查找特定图像（如道路）最匹配的点或者区域。程序如下：

```
import cv2
roi = cv2.imread('d:/pics/flower_roi.png')
hsv = cv2.cvtColor(roi,cv2.COLOR_BGR2HSV)

target = cv2.imread('d:/pics/flower.png')
hsvt = cv2.cvtColor(target,cv2.COLOR_BGR2HSV)
```

```
# 计算对象的直方图
roihist = cv2.calcHist([hsv],[0, 1], None, [180, 256], [0, 180, 0, 256] )

# 直方图归一化并利用反传算法
cv2.normalize(roihist,roihist,0,255,cv2.NORM_MINMAX)
dst = cv2.calcBackProject([hsvt],[0,1],roihist,[0,180,0,256],1)

# 用圆盘进行卷积滤波
disc = cv2.getStructuringElement(cv2.MORPH_ELLIPSE,(5,5))
cv2.filter2D(dst,-1,disc,dst)

# 应用阈值做与操作
ret,thresh = cv2.threshold(dst,50,255,0)
thresh = cv2.merge((thresh,thresh,thresh))
back_projection = cv2.bitwise_and(target,thresh)

cv2.imshow('Origin',roi)
cv2.imshow('Target',target)
cv2.imshow('Thresh',thresh)
cv2.imshow('Back_projection',back_projection)

cv2.waitKey(0)
cv2.destroyAllWindows()
```

程序运行的结果如图 4-18 所示。

a）目标图像上获取的道路图像

b）目标图像

c）阈值化后的二值图像

d）图像最匹配的区域

图 4-18　反向投影获取的图像最匹配的区域

4.6　习题

1. 编写程序，将 BGR 色彩空间变换到 RGB、HIS、YUV 色彩空间。
2. 编写程序，增强或减弱彩色图像的亮度、对比度，并说明当某一像素值超过 255 时如何处理。

3. 编写程序，对彩色图像进行对数变换和伽马变换，说明参数 c 和伽马值对图像变换的影响。

4. 编写程序，给图像添加高斯噪声、椒盐噪声、泊松噪声、瑞利噪声、指数分布噪声和均匀分布噪声。

5. 在早上、中午和晚上拍摄三张照片，分别对它们进行直方图处理，并对它们进行直方图均衡化处理，仔细观察均衡化前后的变化。

6. 找一幅较暗的图像，分别对这幅图像进行自适应直方图均衡化处理和直方图规定化处理，比较它们的处理效果。

第 5 章　图像空域滤波

空域滤波是基于图像空间领域处理的图像增强方法，通过在图像所处的二维空间对邻域内像素进行处理，达到平滑或锐化图像的目的。此外，在图像识别中，通过空域滤波还可以检测出图像的特征作为图像识别的特征模式。

5.1　空域滤波

空域滤波是一种邻域处理方法，通过直接在图像空间中对邻域内像素进行处理，即应用某一卷积模板（也称为卷积核）对每一个像素及其邻域的所有像素进行某种数学运算，得到该像素的灰度值。新的灰度值不仅与该像素的灰度值有关，还与其邻域内像素点的灰度值有关。

空域滤波的作用域是像素及其邻域，通常使用空域模板对邻域内的像素进行处理，从而产生该像素的输出值。

空域滤波主要分为线性滤波和非线性滤波。其中，如果在图像像素上执行的是线性操作，则该滤波器称为线性空域滤波，否则，滤波器就称为非线性空域滤波。

1. 线性空域滤波

线性空域滤波是指像素的输出值是计算该像素邻域内像素值的线性组合，系数矩阵称之为模板。由数字信号处理的原理可知，线性滤波可以用卷积来实现。因此，在数字图像处理中，线性滤波通常是利用滤波模板与图像像素进行卷积来实现的。在线性滤波中，滤波模板也称为卷积模板。

根据卷积的定义可以知道，卷积首先将模板进行反转，也就是将模板绕模板中心旋转180°，但在数字图像处理中，卷积模板通常是关于原点对称的，因此通常不需要考虑反转过程。模板卷积的主要步骤如下：

1）模板在图像中进行遍历，将模板中心和各个像素位置重合。

2）模板中的各个系数与模板对应图像像素值进行相乘。

3）所有的乘积相加并求和，结果赋值给模板中心对应的像素。

对于使用尺寸为 $m \times n$ 的模板，线性滤波在图像中像素点 (x, y) 处的响应 $g(x, y)$ 为：

$$g(x, y) = \sum_{s=-a}^{a} \sum_{t=-b}^{b} w(s, t) f(x+s, y+t) \qquad a = \frac{m-1}{2}, b = \frac{n-1}{2} \tag{5-1}$$

式中，$w(s, t)$ 和 $f(x+s, y+t)$ 分别为模板系数和模板对应的图像像素，假设 $m=2a+1$ 且 $n=2b+1$，其中 a、b 为正整数，这意味着我们关注的是奇数尺寸的滤波器，其最小尺寸是 3×3。x 和 y 是可变的，以便 w 中的每个像素可访问 f 中的每个像素。

2. 非线性空域滤波

在非线性空域滤波中也是采用基于邻域的处理，而且模板滑过一幅图像的机理和线性空域滤波是一致的。非线性滤波处理也取决于模板对应邻域内的像素，因此不能直接利用上面

$g(x, y)$ 的表达式计算乘积求和。例如，非常有用的中值滤波，是将模板对应的邻域内的像素值进行排序，然后查找中间值。利用这种方法可以有效地去除椒盐噪声，但是因为非线性滤波涉及像素值的排序操作，因此它的时间开销比线性滤波大。

使用卷积模板时，常常会碰到边界问题，也就是当处理图像边界像素时，卷积模板与图像使用区域不能匹配，卷积核的中心与边界像素点对应，卷积运算将出现问题。常用的图像边界像素处理方法为：

1）忽略边界像素，即处理后的图像将丢掉这些像素。

2）保留原边界像素，即复制边界像素到处理后的图像。

利用模板进行空域滤波，可使原图像转换为增强图像。模板系数不同，得到不同的增强效果，从处理效果上可以把空域滤波分为平滑空域滤波和锐化空域滤波。

5.2　图像平滑

平滑滤波器实际上就是一个低通滤波器，用于模糊处理和降低噪声，通过将图像与低通滤波器内核进行卷积来实现图像平滑。模糊处理经常用于预处理任务中，如在目标提取之前去除图像中的琐碎细节，以及连接直线或曲线的缝隙，实际上从图像中消除了高频部分（如噪声、边缘）。通过线性滤波和非线性滤波平滑处理，可以降低噪声的影响。OpenCV 主要的图像平滑技术有均值滤波、方框滤波、高斯滤波、中值滤波和双边滤波等。

5.2.1　均值滤波

均值滤波是指用当前像素点周围 $N \times N$ 个像素值的均值来代替当前像素值。使用该方法遍历处理图像内的每一个像素点，即可完成整幅图像的均值滤波。在进行均值滤波时，首先要考虑需要对周围多少个像素点取平均值。通常情况下，我们会以当前像素点为中心，对行数和列数相等的一块区域内的所有像素点的像素值求平均。这种处理结果降低了图像灰度的"尖锐"变化，也就是降低了噪声。

均值滤波是使用模板核算子覆盖区域内所有像素的加权平均，它用一个点邻域内像素的平均灰度值来代替这个点的灰度，常见的核算子有 3×3，此时模板区域内的元素有 9 个，均值滤波就是将当前中心像素点的值用 $(a1+a2+\cdots+a9) \times 1/9$ 来代替。

令 S_{xy} 表示中心在点 (x, y) 处、大小为 $m \times n$ 的矩形子图像窗口（邻域）的一组坐标。算术均值滤波器在 S_{xy} 定义的区域中计算被噪声污染的图像 $g(x, y)$ 的平均值，计算公式如下所示：

$$g(x, y) = \frac{1}{mn} \sum_{(s,t) \in S_{xy}} f(s, t) \tag{5-2}$$

这个计算可以使用大小为 $m \times n$ 的空间滤波器实现，滤波器的所有系数均为其值的 $1/mn$。均值滤波器平滑一幅图像中的局部变化，虽然模糊了结果，但降低了噪声。

在均值滤波器中，首先考虑的是对中心周围的多少像素进行取平均值，通常会选择行列相同的卷积核进行均值滤波。另外，在均值滤波中，卷积核中的权重是相等的，如图 5-1 所示的 3×3 的卷积核。

在 OpenCV 中，提供了 cv2.blur() 函数来实现图像的均值滤波，其语法格式为：

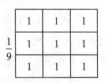

图 5-1　均值滤波器模板

```
dst = cv2.blur ( src, ksize, anchor = None, borderType =None)
```

其输入和输出参数为：

- dst：表示返回的均值滤波处理结果。
- src：表示原始的图像。
- ksize：表示滤波卷积核的大小。
- anchor：表示图像处理的锚点，默认为（-1，-1），表示位于卷积核中心点。
- borderType：处理边界方式。OpenCV 提供了多种边界处理方式，我们可以根据实际需要选用不同的边界处理模式。

一般情况下，使用均值滤波时，后面两个参数直接使用默认值即可。通过下面的实例来观察均值滤波的效果。

【例 5.1】使用大小不同的卷积核对图像进行均值滤波，观察滤波效果。程序如下：

```
import cv2
img = cv2.imread("d:/pics/lenasp.jpg")          # 读入带有椒盐噪声的图像
# 定义不同大小的卷积核
img1 = cv2.blur(img,(3,3))                      # 卷积核为 3×3，实现均值滤波
img2 = cv2.blur(img,(7,7))                      # 卷积核为 7×7，实现均值滤波
img3 = cv2.blur(img,(15,15))                    # 卷积核为 15×15，实现均值滤波
cv2.imshow("Origin image",img)                  # 显示原始图像
# 显示滤波后的图像
cv2.imshow("N=3 image",img1)
cv2.imshow("N=7 image",img2)
cv2.imshow("N=15 image",img3)
cv2.waitKey()
cv2.destroyAllWindows()
```

程序运行的结果如图 5-2 所示。

   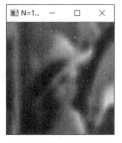

a）带有椒盐噪声的图像　　b）卷积核为 3×3 时的均值滤波　　c）卷积核为 7×7 时的均值滤波　　d）卷积核为 15×15 时的均值滤波

图 5-2　不同卷积核的均值滤波图像

从图 5-2 可以看出，核越大降噪效果越好，但图像会越模糊。均值滤波处理比较简单，计算速度比较快，但是均值滤波本身存在固有的缺陷（振铃效应明显），因此不能很好地保护图像的细节。在图像去噪的同时破坏了图像的细节部分，从而使得图像变得模糊，导致不能很好地去除噪声点。

5.2.2　方框滤波

与均值滤波不同，方框滤波不会计算像素均值。在均值滤波中，滤波结果的像素值是

任意一个点的邻域平均值，等于各邻域像素值之和除以邻域面积。在方框滤波中，可以自由选择是否对均值滤波的结果进行归一化，即可以自由选择滤波结果是邻域像素值之和的平均值，还是邻域像素值之和。

在 OpenCV 中，实现方框滤波的函数是 cv2.boxFilter()，其语法格式为：

```
dst = cv2.boxFilter( src, ddepth, ksize, anchor, normalize, borderType )
```

其输入和输出参数为：

- dst 是返回值，表示进行方框滤波后得到的处理结果。
- src 是需要处理的图像，即原始图像。它能够有任意数量的通道，并能对各个通道独立处理。图像深度应该是 CV_8U、CV_16U、CV_16S、CV_32F 或者 CV_64F 中的一种。
- ddepth 是处理结果图像的图像深度，一般使用 –1 表示与原始图像使用相同的图像深度。
- ksize 是滤波核的大小。滤波核大小是指在滤波处理过程中选择的邻域图像的高度和宽度。
- anchor 是锚点，其默认值是 (–1, –1)，表示当前计算均值的点位于核的中心点位置。该值使用默认值即可，在特殊情况下可以指定不同的点作为锚点。
- normalize 表示在滤波时是否进行归一化处理，该参数是一个逻辑值，可以为真（值为 1）或假（值为 0）。当参数 normalize=1（默认值）时，表示要进行归一化处理，要用邻域像素值的和除以面积。当参数 normalize=0 时，表示不需要进行归一化处理，直接使用邻域像素值的和。

【例 5.2】针对噪声图像，对其进行方框滤波，显示滤波结果。程序如下：

```
import cv2
img = cv2.imread("d:/pics/lenasp.jpg")              # 读入带有椒盐噪声的图像
#定义不同大小的卷积核
dst1=cv2.boxFilter(img, -1, (3,3), normalize=1)     # 进行归一化处理
dst2=cv2.boxFilter(img,-1,(2,2),normalize=0)        # 无归一化处理

cv2.imshow("Origin image",img)                      # 显示原始图像
cv2.imshow("n=1 image",dst1)                        # 归一化处理滤波后的图像
cv2.imshow("n=0 image",dst2)                        # 无归一化处理滤波后的图像
cv2.waitKey()
cv2.destroyAllWindows()
```

程序运行的结果如图 5-3 所示。在程序中，方框滤波函数对参数 normalize 进行设置，当 normalize=1，即使用了默认值，表示要进行归一化处理，此时它和函数 cv2.blur() 的滤波结果是完全相同的，如图 5-3b 所示。当参数 normalize=0，没有对图像进行归一化处理，在进行滤波时，计算 3×3 邻域的像素值之和，这时像素值大于 255 的图像显示纯白色，小于 255 的部分有颜色，这部分有颜色是因为这些点邻域的像素值均较小，邻域像素值在相加后仍然小于 255，图像滤波结果如图 5-3c 所示。

5.2.3 高斯滤波

高斯滤波是一种线性平滑滤波，适用于消除高斯噪声，广泛应用于图像处理的减噪过程。高斯滤波是对整幅图像进行加权平均的过程，每一个像素点的值都由其本身和邻域内的

其他像素值经过加权平均后得到。

　　　a）带有噪声图像　　　　b）normalize =1 时的方框滤波　　　c）normalize =0 时的方框滤波

图 5-3　方框滤波图像

　　在高斯滤波中，按照与中心点的距离不同，赋予像素点不同的权重，靠近中心点的权重值较大，远离中心点的权重值较小，在此基础上计算邻域内各个像素值不同的权重和。

　　高斯滤波是非常有用的滤波器，它具有下面的性质：

　　1）高斯滤波是单值函数，它使用像素邻域加权均值来代替该点的像素值，像素权重会随着距离的变化而单调递减，以此来减少失真现象。

　　2）高斯滤波具有旋转对称性，它在各个方向上的平滑程度是相同的，对于存在的噪声很难估计其方向性，保证平滑性能不会偏向任何方向。

　　3）傅里叶频谱是单瓣的，使得平滑图像不会被不需要的高频信号所影响，同时保留了大部分需要的信号。

　　4）平滑程度是由方差 σ 决定的，σ 越大，频带就越宽，平滑的程度也就越大。对于图像中的噪声由可以控制的参数进行设置。

　　5）高斯滤波具有可分离性。二维高斯函数卷积可以分两步来进行，首先将图像和一维高斯函数（水平方向）进行卷积运算，然后将卷积结果和相同一维高斯函数（垂直方向）进行卷积。

　　在高斯滤波中，卷积核中的值按照距离中心点的远近赋予不同的权重，如图 5-4 所示的 3×3 的卷积核。

$$\frac{1}{16} \times \begin{array}{|c|c|c|} \hline 1 & 2 & 1 \\ \hline 2 & 4 & 2 \\ \hline 1 & 2 & 1 \\ \hline \end{array}$$

图 5-4　高斯滤波卷积核

　　在 OpenCV 中，提供了 cv2.GassianBlur() 函数来实现图像的均值滤波。其语法格式为：

```
dst = cv2.GaussianBlur ( src, ksize, sigmaX, sigmaY, borderType=None)
```

其输入和输出参数如下：

- dst：表示返回的高斯滤波结果。
- src：表示原始图像。
- ksize：表示滤波卷积核的大小，卷积核必须为奇数。
- sigmaX：表示卷积核在水平方向上的权重值。
- sigmaY：表示卷积核在垂直方向上的权重值。
- borderType：处理边界方式。

【例 5.3】对图像使用高斯滤波，观察滤波效果。程序如下：

```
import cv2
img = cv2.imread("d:/pics/lenasp.jpg")              # 读入带有椒盐噪声的图像
# 高斯滤波
image3 = cv2.GaussianBlur(img,(3,3),0,0)            # 卷积核为 3×3
image7 = cv2.GaussianBlur(img,(7,7),0,0)            # 卷积核为 7×7
image15 = cv2.GaussianBlur(img,(15,15),0,0)         # 卷积核为 15×15

cv2.imshow("Origin image",img)                      # 显示原图像
cv2.imshow("N=3 Gauss image",image3)                # 显示 3×3 滤波后的图像
cv2.imshow("N=7 Gauss image",image7)                # 显示 7×7 滤波后的图像
cv2.imshow("N=15 Gauss image",image15)              # 显示 15×15 滤波后的图像
cv2.waitKey()
cv2.destroyAllWindows()
```

程序运行的结果如图 5-5 所示。

a）带有椒盐噪声图像   b）卷积核为 3×3 时的高斯滤波图像

c）卷积核为 7×7 时的高斯滤波图像   d）卷积核为 15×15 时的高斯滤波图像

图 5-5　不同卷积核的高斯滤波图像

可以看到，高斯滤波器产生的模糊效果比平均滤波器要自然。另外，高斯滤波器增加模板尺寸所造成的影响没有均值滤波器那么突出。

5.2.4　中值滤波

中值滤波是典型的非线性滤波技术，它是排序滤波器的一种。这种滤波器的响应以滤波器包围的图像区域中包含的像素排序为基础，然后使用统计排序结果决定的值代替中心像素的值。对于一定类型的随机噪声，它提供了优秀的降噪能力，而且比相同尺寸的线性平滑滤波器的模糊程度更低。

中值滤波器用像素邻域内灰度的中值（在中值计算中包括原像素值）代替该像素的值。

$$g(x, y) = \underset{(s,t) \in S_{xy}}{\mathrm{median}}\{f(s,t)\}$$ （5-3）

在 (x, y) 处的像素值是计算的中值。中值滤波器对在一个邻域中的像素值排序，找到中值，将原始像素值用邻域中的中值来替代，其实现如图 5-6 和图 5-7 所示。

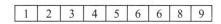

图 5-6　像素点与邻域像素值　　　　　　　　图 5-7　排序后的结果

在 OpenCV 中，提供了 cv2.medianBlur() 函数来实现图像的均值滤波。其语法格式为：

```
dst = cv2.medianBlur ( src, ksize )
```

其输入和输出参数为：

- dst 表示返回的中值滤波处理结果。
- src 表示输入图像。
- ksize 表示滤波卷积核的大小，卷积核必须为奇数。

【例 5.4】对图像使用中值滤波，观察滤波效果。程序如下：

```
import cv2
img = cv2.imread("d:/pics/lenasp.jpg")          # 读入带有椒盐噪声的图像

image3 = cv2.medianBlur(img,3)                  # 使用卷积核为 3×3 的中值滤波
image7 = cv2.medianBlur(img,7)                  # 使用卷积核为 7×7 的中值滤波
image15 = cv2.medianBlur(img,15)                # 使用卷积核为 15×15 的中值滤波

cv2.imshow("Origin image",img)                  # 显示原始图像
cv2.imshow("N=3 median image",image3)           # 显示 3×3 滤波后的图像
cv2.imshow("N=7 median image",image3)           # 显示 7×7 滤波后的图像
cv2.imshow("N=15 median image",image3)          # 显示 15×15 滤波后的图像
cv2.waitKey()
cv2.destroyAllWindows()
```

程序运行的结果如图 5-8 所示。

对比前面几种滤波效果，中值滤波器对减少椒盐噪声非常有效。中值滤波的结果优于线性滤波，线性平滑滤波具有低通滤波的特性，在降噪的同时会模糊图像的边缘细节。但是，中值滤波不会改变信号中的阶跃变化，因此能够平滑信号中的噪声，同时不会模糊信号的边缘信息，这个性质使得它非常适合图像空域滤波的相关应用。

5.2.5　双边滤波

双边滤波在计算某个像素点时不仅考虑距离信息，还会考虑色差信息，这种计算方式可以在有效去除噪声的同时保护边缘信息。在通过双边滤波处理边缘的像素点时，与当前像素点色差较小的像素点会被赋予较大的权重。相反，色差较大的像素点会被赋予较小的权重，双边滤波正是通过这种方式来保护边缘信息。

a）带有椒盐噪声的图像

b）卷积核为 3×3 的中值滤波后的图像

c）卷积核为 7×7 的中值滤波后的图像

d）卷积核为 15×15 的中值滤波后的图像

图 5-8　不同卷积核的中值滤波图像

在通过双边滤波计算边缘像素时，对于白色像素点赋予的权重较大，而对于黑色像素点赋予的权重很小，甚至是 0。这样计算后，白色仍然是白色，黑色仍然是黑色，边缘信息得到了保护。

OpenCV 中提供了 cv2.bilateralFilter() 函数来实现图像的双边滤波。其语法格式为：

```
dst = cv2.bilateralFilter(src,d,sigmaColor,sigmaSpace,borderType)
```

其输入和输出参数为：

- dst：表示返回的双边滤波处理结果。
- src：表示原始图像。
- d：表示在滤波时选取的空间距离参数，即以当前像素点为中心点的半径。
- sigmaColor：表示双边滤波时选取的色差范围。
- sigmaSpace：表示坐标空间的 sigma 值，值越大，表示参与滤波的点越多。
- borderType：表示以何种方式处理图像边界。

【例 5.5】对图像使用双边滤波，观察滤波效果。程序如下：

```
import cv2
img = cv2.imread("d:/pics/lenasp.jpg")                        # 读入带有椒盐噪声的图像

image1 = cv2.bilateralFilter(img,30,50,100)                   # 滤波半径 30
image2 = cv2.bilateralFilter(img,70,50,100)                   # 滤波半径 70
image3 = cv2.bilateralFilter(img,150,50,100)                  # 滤波半径 150

cv2.imshow("Origin image",img)                                # 带有椒盐噪声的图像
```

```
cv2.imshow("BF1 image",image1)        # 滤波半径 30 的图像
cv2.imshow("BF2 image",image2)        # 滤波半径 70 的图像
cv2.imshow("BF3 image",image3)        # 滤波半径 150 的图像
cv2.waitKey()
cv2.destroyAllWindows()
```

　　程序运行的结果如图 5-9 所示。可以看出，在滤除原图像中平整部分噪声的同时，也较好地保留了原图像中的边缘信息。

a）带有椒盐噪声的图像

b）滤波半径为 30 的双边滤波图像

c）滤波半径为 70 的双边滤波图像

d）滤波半径为 150 的双边滤波图像

图 5-9　不同滤波半径的双边滤波图像

5.3　图像锐化

　　图像锐化处理的目的是使模糊的图像变得更加清晰。图像模糊实质上是对图像做平均或积分运算造成的，因此可以对图像进行还原运算（如微分运算）来使图像变得清晰。从频谱角度来分析，图像模糊的实质是其高频分量被衰减，因而可以通过高通滤波操作来清晰图像。本节将讨论由数字微分定义和实现锐化算子的各种方法。图像微分会增强边缘和其他突变（如噪声），削弱图像变化缓慢的区域。

　　图像锐化滤波能减弱或消除图像中的低频分量，但不影响高频分量。因为低频分量对应图像中灰度值缓慢变化区域，因而与图像的整体特性（如整体对比度和平均灰度值）有关。锐化滤波能使图像反差增加、边缘明显，可用于增强图像中被模糊的细节或景物边缘。

5.3.1　拉普拉斯滤波

　　拉普拉斯滤波是利用拉普拉斯算子在图像邻域内进行像素灰度差分计算，通过二阶微分

推导出的一种图像邻域增强算法。其基本思想是当邻域的中心像素灰度低于它所在邻域内的其他像素的平均灰度时，此中心像素的灰度应该进一步降低；当高于时平均灰度时，进一步提高中心像素的灰度，从而实现图像锐化处理。

在算法实现过程中，通过对邻域中心像素的 4 方向或 8 方向求梯度，将梯度和相加来判断中心像素灰度与邻域内其他像素灰度的关系，并用梯度运算的结果对像素灰度进行调整。

拉普拉斯算子是最简单的各向同性微分算子，它具有旋转不变性。二维图像的拉普拉斯变换是各向同性的二阶导数，其定义为：

$$\nabla^2 f(x, y) = \frac{\partial^2 f(x, y)}{\partial x^2} + \frac{\partial^2 f(x, y)}{\partial y^2} \tag{5-4}$$

在 x 方向上：

$$\frac{\partial^2 f}{\partial x^2} = f(x+1, y) + f(x-1, y) - 2f(x, y) \tag{5-5}$$

在 y 方向上：

$$\frac{\partial^2 f}{\partial y^2} = f(x, y+1) + f(x, y-1) - 2f(x, y) \tag{5-6}$$

所以，拉普拉斯算子的差分近似为：

$$\nabla^2 f(x, y) = f(x+1, y) + f(x-1, y) + f(x, y-1) + f(x, y+1) - 4f(x, y) \tag{5-7}$$

常用的两个卷积模板如图 5-10 所示。

0	1	0
1	-4	1
0	1	0

0	1	0
1	-8	1
0	1	0

图 5-10　常用的两个模板

拉普拉斯算子是二阶微分算子，因此它强调的是图像中灰度的突变。将原图像和拉普拉斯图像叠加，可以复原背景特性并保持拉普拉斯锐化处理的效果。如果模板的中心系数为负，那么必须将原图像减去拉普拉斯变换后的图像，从而得到锐化效果。所以，拉普拉斯对图像增强的基本方法可表示为：

$$g(x, y) = f(x, y) + c[\nabla^2(x, y)] \tag{5-8}$$

式中，$f(x, y)$ 和 $g(x, y)$ 分别是输入图像和锐化后的图像。其中，c 是一个用来满足对拉普拉斯算子模板的特殊实现中符号约定的常数：如果中心系数为正，则 $c=1$；如果中心系数为负，则 $c=-1$。将原始图像加到拉普拉斯算子运算结果上的目的是恢复在拉普拉斯算子计算中丢失的灰度级色调。

OpenCV 中的拉普拉斯算子的函数语法格式如下：

```
dst = cv2.Laplacian(src, ddepth[,ksize[, scale[, delta[, borderType]]]])
```

其输入参数为：

- src：需要处理的图像。
- ddepth：图像的深度，–1 表示采用的是与原图像相同的深度。图像深度应该是 CV_8U、CV_16U、CV_16S、CV_32F 或者 CV_64F 中的一种。
- ksize：算子的大小，必须为 1，3，5，7。默认为 1。
- scale：缩放导数的比例常数，默认情况下没有伸缩系数。
- delta：一个可选的增量，将会加到最终的 dst 中，默认情况下没有额外的值加到 dst 中。
- borderType：判断图像边界的模式。参数默认值为 cv2.BORDER_DEFAULT。

在经过拉普拉斯处理后，需要用 cv2.convertScaleAbs() 函数将其转回原来的 Uint8 形式，否则将无法显示图像，而只是一个灰色的窗口。该函数的语法格式如下：

```
dst = cv2.convertScaleAbs(src[, alpha[, beta]])
```

其中，可选参数 alpha 是伸缩系数，beta 是加到结果上的一个值，结果返回 Uint8 类型的图像。

【例 5.6】使用拉普拉斯算子锐化图像，观察效果。程序如下：

```
import cv2
img = cv2.imread('d:/pics/onion.png')          # 读入一幅彩色图像
# 进行拉普拉斯算子运算
lap = cv2.Laplacian(img,cv2.CV_16S,ksize=3)
# 求绝对值并转为 8 比特图像
laplacian = cv2.convertScaleAbs(lap)

cv2.imshow("Original",img)                      # 原图像
cv2.imshow("Laplacian",laplacian)               # 经拉普拉斯算子后的图像
cv2.waitKey()
cv2.destroyAllWindows()
```

程序运行的结果如图 5-11 所示。

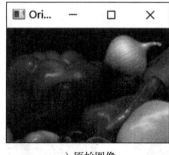 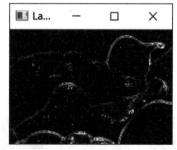

a）原始图像　　　　　　　　　　　　b）拉普拉斯锐化图像

图 5-11　拉普拉斯锐化图像

5.3.2　自定义卷积核滤波

OpenCV 提供了多种滤波方式来实现图像的平滑、锐化效果，大多数滤波方式所使用的卷积核都具有一定的灵活性，能够方便地设置卷积核的大小和数值。但是，我们有时希望使用特定的卷积核实现卷积操作，这时前面介绍过的滤波函数都无法将卷积核确定为特定形

式，这时要使用 OpenCV 的自定义卷积函数。

在 OpenCV 中，允许用户自定义卷积核实现卷积操作，使用自定义卷积核实现卷积操作的函数是 cv2.filter2D()，其语法格式为：

```
dst =cv2. filter2D (src, ddepth, kernel [, anchor [, delta [, borderType ] ] ] )
```

其输入和输出参数为：

- dst：表示输出图像。
- src：输入原图像，图像深度应该是 CV_8U、CV_16U、CV_16S、CV_32F 或者 CV_64F 中的一种。
- ddepth：输出图像的深度，一般使用 –1 表示使用与原始图像相同的图像深度。
- kernel：表示卷积核，一个单通道数组矩阵。如果想在处理彩色图像时让每个通道使用不同的核，则必须将彩色图像分解后使用不同的核完成操作。
- anchor：表示内核的基准点，其默认值为 (–1，–1)，位于中心位置。
- delta：修正值，可选项，默认值为 0。
- borderType：表示边界处理方式，通常使用默认值即可。

【例 5.7】使用自定义卷积核滤波器对图像进行滤波处理。程序如下：

```python
import cv2
import numpy as np

img = cv2.imread('d:/pics/lena.jpg')
img_gray = cv2.cvtColor(img,cv2.COLOR_BGR2GRAY)

# 使用自定义的卷积函数
kernel3=np.array([[-1,-1,0], [-1,0,1],[0,1,1]])
kernel5=np.array([[-1,-1,-1,-1,0],[-1,-1,-1,0,1],[-1,-1,0,1,1], [-1,0,1,1,1],
    [0,1,1,1,1]])

image3=cv2.filter2D(img_gray,-1,kernel3)
image5=cv2.filter2D(img_gray,-1,kernel5)

cv2.imshow("Origin image",img_gray)                #原始图像
cv2.imshow("k3 image",image3)                      #卷积核 k3 图像
cv2.imshow("k5 image",image5)                      #卷积核 k5 图像
cv2.waitKey()
cv2.destroyAllWindows()
```

程序运行的结果如图 5-12 所示。

　　　　a）原图像　　　　　　　b）k=3 的滤波图像　　　　　c）k=5 的滤波图像

图 5-12　自定义卷积核的滤波图像

5.3.3　非锐化掩模和高频提升滤波

在数字图像处理中，图像增强算法常用的两种技术是非锐化掩模和高频提升滤波。

非锐化掩模，顾名思义，就是减去平滑后的图像，其流程如下：

1）平滑原图像。

2）从原图像中减去平滑后的模糊图像，产生的差值图像称为模板：$m = f - s$。

3）将模板加到原图像中。

高频提升滤波是指在基于锐化的图像增强中，希望在增强边缘和细节的同时仍然保留原图像中的信息，而非将平滑区域的灰度信息丢失，因此可以把原图像加上锐化后的图像，从而得到比较理想的结果。其流程如下：

1）图像锐化。

2）将原图像与锐化图像按比例混合。

3）调整混合后的灰度（归一化至 [0, 255]）。

令 $\overline{f}(x, y)$ 表示模糊图像，非锐化掩模以公式形式描述如下。首先，我们得到模板：

$$g_{\text{mask}}(x, y) = f(x, y) - \overline{f}(x, y) \tag{5-9}$$

然后，在原图像上加上该模板的一个权重部分：

$$g(x, y) = f(x, y) + k * g_{\text{mask}}(x, y) \tag{5-10}$$

上式中的权重系数 $k(k \geqslant 0)$。当 $k=1$ 时，为非锐化掩模；当 $k>1$ 时，为高频提升滤波，系数越大对细节的增强越明显。

【例 5.8】对图像使用非锐化掩模和高频提升滤波，观察两者的区别。程序如下：

```python
import cv2
import numpy as np

def fun_uh(img, k):
    imgBlur = cv2.GaussianBlur(img, (3,3), 0)
    imgMask = img - imgBlur
    res = img + np.uint8(k * imgMask)
    return res

img = cv2.imread('d:/pics/chessboard.jpg',0)
# 非锐化掩模，系数 k=1
mask_img = fun_uh(img, 1)
# 高频提升滤波，系数 k=3
high_img = fun_uh(img, 3)

# 显示图像
cv2.imshow('Origin',img)
cv2.imshow("Unsharp mask image", mask_img)        # 非锐化掩模
cv2.imshow("High frequency", high_img)            # 高频提升滤波
cv2.waitKey(0)
cv2.destroyAllWindows()
```

程序运行的结果如图 5-13 所示。

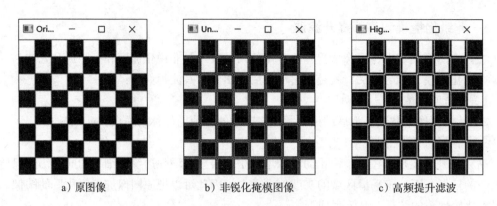

a）原图像   b）非锐化掩模图像   c）高频提升滤波

图 5-13   非锐化掩模和高频提升滤波图像

滤波器主要的作用是消去噪声、消除图像中不合理的像素点，它是根据原有图像中某个像素的周围像素来确定新的像素值。滤波器主要包括线性滤波器和非线性滤波器，其中线性滤波器包括均值滤波、方框滤波和高斯滤波；非线性滤波器主要是中值滤波；图像锐化主要是利用拉普拉斯算子进行滤波。

5.4   习题

1. 熟悉图像空域滤波的原理，掌握常用的滤波方法。
2. 编写程序，使用不同的卷积核对带有高斯噪声的图像进行均值滤波、方框滤波和高斯滤波，仔细观察它们的滤波效果。
3. 编写程序，使用不同的卷积核分别对带有椒盐噪声、高斯噪声的图像进行中值滤波和双边滤波，观察滤波效果，并了解它们的应用。
4. 编写程序，使用不同的卷积核对图像进行拉普拉斯滤波、自定义卷积核滤波，比较两种滤波效果，说明哪种滤波对提升边缘锐化效果更好。
5. 编写程序，对图像进行非锐化掩模和高频提升滤波，观察并比较它们的滤波效果。

第6章 图像频域滤波

频率域是指从函数的频率角度出发分析函数，和频率域相对的是时间域。简单来说，如果从时间域分析信号，时间是横坐标，振幅是纵坐标；在频率域分析时，频率是横坐标，振幅是纵坐标。之所以在频率域对图像进行滤波处理，一方面是因为滤波在频率域更为直观，它可以解释空间域滤波的某些性质；另一方面是因为在频率域可以指定滤波器进行滤波，然后在空间域使用频域滤波的结果进行逆滤波，得到在空间域的图像，这时的图像就是已经滤掉噪声杂波的干净图像。

相比于图像的空间域处理，频域图像处理有许多优点，它可以通过频域成分的特殊性质完成一些空间域无法完成的任务，而且频域图像处理更利于信号处理的解释，对于滤波过程产生的某些效果的解释更直观。本章主要介绍傅里叶变换的基本概念及性质，并对图像的频域滤波进行介绍。

6.1 傅里叶变换

傅里叶是 18 世纪法国的一位伟大的数学家，他最大的贡献在于指出了任何周期函数都可以表示为不同频率的正弦或余弦之和的形式。无论函数有多复杂，只要它是周期性的，并且满足一定的数学条件，就一定可以用这样的正弦或余弦和的形式来表示。甚至在有些情况下，非周期函数也可以用正弦或余弦和的形式来表示。用傅里叶变换表示的函数特征可以完全通过傅里叶逆变换来重建，而不会丢失任何信息。傅里叶变换的核心贡献在于如何求出每种正弦波和余弦波的频率，以及在给定每种正弦波和余弦波的比例系数时可以恢复出原始信号。

6.1.1 Numpy 中的傅里叶变换

图像二维傅里叶变换公式为：

$$F(u, v) = \sum_{x=0}^{M-1} \sum_{y=0}^{N-1} f(x, y) \mathrm{e}^{-\mathrm{j}2\pi(ux/M + vy/N)} \tag{6-1}$$

图像二维傅里叶逆变换公式为：

$$f(x, y) = \sum_{u=0}^{M-1} \sum_{v=0}^{N-1} F(u, v) \mathrm{e}^{-\mathrm{j}2\pi(ux/M + vy/N)} \tag{6-2}$$

其中，图像长为 M、宽为 N。$f(x, y)$ 表示时域图像，$F(u, v)$ 表示频域图像。x 的范围为 $[0, M-1]$，y 的范围为 $[0, N-1]$。

在 Numpy 库中，有 FFT（快速傅里叶变换）函数来实现傅里叶变换。二维傅里叶变换函数的语法格式为：

```
np.fft.fft2(src, n=None, axis=-1, norm=None)
```

　　其中，第一个参数 src 是输入图像，即灰度图像；第二个参数 n 是可选的，它决定输出数组的大小。如果它大于输入图像的尺寸，则在计算 FFT 之前用零填充输入图像；如果它小于输入图像，将裁切输入图像。如果未传递任何参数，则输出数组的大小将与输入的大小相同。其余参数选择默认值即可。

　　对于计算出来的 FFT，零频率分量（DC 分量）将位于左上角。要使其居中，则需要在两个方向上将输出结果都移动 N/2，可通过 np.fft.fftshift() 函数实现。

【例 6.1】利用 Python 的 Numpy 库实现图像傅里叶变换及逆变换。程序如下：

```python
import cv2
import numpy as np
from matplotlib import pyplot as plt

# 读取图像
img = cv2.imread('d:/pics/lena.jpg', 0)
# 傅里叶变换
fft_img = np.fft.fft2(img)
fft_shift = np.fft.fftshift(fft_img)
fft_res = np.log(np.abs(fft_shift))

# 傅里叶逆变换
ifft_shift = np.fft.ifftshift(fft_shift)
ifft_img = np.fft.ifft2(ifft_shift)
ifft_img = np.abs(ifft_img)

# 显示图像
plt.subplot(131), plt.imshow(img, 'gray')
plt.title('Original Image'),plt.axis('off')
plt.subplot(132), plt.imshow(fft_res, 'gray')
plt.title('Fourier Image'),plt.axis('off')
plt.subplot(133), plt.imshow(ifft_img, 'gray')
plt.title('Inverse Fourier Image'),plt.axis('off')
plt.show()
```

程序运行的结果如图 6-1 所示。

　　　　a）原图像　　　　　　　　b）傅里叶变换图像　　　　　　c）傅里叶逆变换图像

图 6-1　Numpy 的 FFT 变换与逆变换图像

6.1.2　OpenCV 中的傅里叶变换

OpenCV 提供了离散傅里叶变换函数 cv2.dft() 和离散傅里叶逆变换函数 cv2.idft ()。

1）离散傅里叶变换函数的语法格式为：

```python
dft = cv2.dft(src, flags, nonzeroRows=0)
```

其输入和输出参数为：

- src：输入图像，应转换为 np.float32 格式。
- dft：输出参数 dft 有两个通道，一个通道是实部，另一个通道是虚部。
- flags：转换的标识符，默认值为 0。具体转换的标识符如表 6-1 所示。

表 6-1　flags 说明

标识符名称	意　　义
DFT_INVERSE	用一维或二维逆变换代替默认的正向变换
DFT_SCALE	缩放比例标识符，输出的结果都会以 1/N 进行缩放，通常会结合 DFT_INVERSE 一起使用
DFT_ROWS	对输入矩阵的每行进行正向或反向的变换，此标识符可以在处理多种矢量时用于减小资源开销，这些处理常常是三维或高维变换等复杂操作
DFT_COMPLEX_OUTPUT	进行一维或二维实数数组正变换。这样的结果虽然是复数阵列，但拥有复数的共轭对称性，所以可以被写成一个拥有同样尺寸的实数阵列
DFT_REAL_OUTPUT	进行一维或二维复数数组反变换。这样的结果通常是一个大小相同的复矩阵。如果输入的矩阵有复数的共轭对称性（比如是一个带有 DFT_COMPLEX_OUTPUT 标识符的正变换结果），便会输出实矩阵

- nonzeroRows：默认值为 0。当此参数设为非零时，函数会假设只有输入矩阵的第一个非零行包含非零元素，或只有输出矩阵的一个非零行包含非零元素。

2）傅里叶逆变换函数 cv2.idft () 的语法格式为：

```
iimg = cv2.idft(dft)
```

3）求傅里叶逆变换后二维图像的幅值函数 cv2.magnitude() 的语法格式为：

```
res2 = cv2.magnitude(x, y)
```

其输入和输出参数为：

- x：表示矢量的浮点型 X 坐标值，也就是实部，即 X=iimg[:,:,0]。
- y：表示矢量的浮点型 Y 坐标值，也就是虚部，即 Y=iimg[:,:,1]。
- res2：输出的幅值，它和第一个参数 X 的尺寸和类型相同。

【例 6.2】利用 OpenCV 提供的函数 cv2.dft() 和函数 cv2.idft 实现傅里叶变换和逆变换。
程序如下：

```
import cv2
import numpy as np
from matplotlib import pyplot as plt

# 读取图像
img = cv2.imread('d:/pics/lena.jpg', 0)
# 傅里叶变换
dft = cv2.dft(np.float32(img), flags = cv2.DFT_COMPLEX_OUTPUT)
dftshift = np.fft.fftshift(dft)
res1 = 20*np.log(cv2.magnitude(dftshift[:,:,0], dftshift[:,:,1]))

# 傅里叶逆变换
ishift = np.fft.ifftshift(dftshift)
iimg = cv2.idft(ishift)
res2 = cv2.magnitude(iimg[:,:,0], iimg[:,:,1])

# 显示图像
plt.subplot(131), plt.imshow(img, 'gray')
plt.title('Original Image'),plt.axis('off')
```

```
plt.subplot(132), plt.imshow(res1, 'gray')
plt.title('Fourier Image'),plt.axis('off')
plt.subplot(133), plt.imshow(res2, 'gray')
plt.title('Inverse Fourier Image'),plt.axis('off')
plt.show()
```

程序运行的结果如图 6-2 所示。

a）原图像　　　　　　　　　　b）傅里叶变换　　　　　　　　c）傅里叶逆变换

图 6-2　OpenCV 中的 FFT 变换与逆变换图像

6.2　低通滤波

低通滤波是指将频域图像中的高频部分滤除而让低频部分通过。图像的边缘和噪声对应于频域图像中的高频部分，而低通滤波的作用是减弱这部分的能量，从而达到图像平滑去噪的目的。对一幅图像使用低通滤波器，可以减少原始图像中尖锐的细节部分而突出平滑过渡部分，典型效果就是有效控制图像的模糊程度。常用的低通滤波器有理想低通滤波器、巴特沃斯低通滤波器和高斯低通滤波器。

6.2.1　理想低通滤波

最简单的低通滤波器是理想低通滤波器，其基本思想是给定一个频率阈值，将高于该阈值的所有部分设置为 0，而低于该频率的部分保持不变。理想低通滤波器的传递函数为：

$$H(u, v) = \begin{cases} 1 & D(u, v) \leqslant D_0 \\ 0 & D(u, v) > D_0 \end{cases} \quad (6\text{-}3)$$

式中，D_0 为通带的半径；$D(u, v)$ 为频域点 (u, v) 到频域图像原点的距离，称为截止频率。

可以使用 OpenCV 库中的函数 cv2.dft、cv2.idft 和 cv2.magnitude 在频域上对图像进行处理，即进行低通滤波。

【例 6.3】基于 OpenCV 傅里叶变换的低通滤波，对一幅图像进行不同范围频域的理想低通滤波，并观察效果。程序如下：

```
import cv2
import numpy as np
from matplotlib import pyplot as plt

# 第一步：读入图像
img = cv2.imread('d:/pics/lena.jpg', 0)
# 第二步：进行数据类型转换
img_float = np.float32(img)
# 第三步：使用cv2.dft进行傅里叶变换
```

```
dft = cv2.dft(img_float, flags=cv2.DFT_COMPLEX_OUTPUT)
# 第四步: 使用 np.fft.fftshift 将低频转到图像中心
dft_center = np.fft.fftshift(dft)
# 第五步: 定义掩模, 生成的掩模中间为 1, 周围为 0
# 求得图像的中心点位置
crow, ccol = int(img.shape[0] / 2), int(img.shape[1] / 2)
# 设置掩模区域为 40*40 的正方形
mask = np.zeros((img.shape[0], img.shape[1], 2), np.uint8)
mask[crow-20:crow+20, ccol-20:ccol+20] = 1
# 设置掩模区域为 100*100 的正方形
mask1 = np.zeros((img.shape[0], img.shape[1], 2), np.uint8)
mask1[crow-50:crow+50, ccol-50:ccol+50] = 1

# 第六步: 将掩模与傅里叶变化后图像相乘, 保留中间部分
mask_img = dft_center * mask
mask1_img = dft_center * mask1

# 第七步: 使用 np.fft.ifftshift 将低频移动到原来的位置
img_idf = np.fft.ifftshift(mask_img)
img1_idf = np.fft.ifftshift(mask1_img)

# 第八步: 使用 cv2.idft 进行傅里叶的逆变换
img_idf = cv2.idft(img_idf)
img1_idf = cv2.idft(img1_idf)

# 第九步: 使用 cv2.magnitude 转换为空间域
img_idf = cv2.magnitude(img_idf[:, :, 0], img_idf[:, :, 1])
img1_idf = cv2.magnitude(img1_idf[:, :, 0], img1_idf[:, :, 1])

# 第十步: 输出图像
plt.subplot(131),plt.title('Origin Image')
plt.imshow(img, cmap='gray'),plt.axis('off')
plt.subplot(132),plt.title('Lowpass mask=20')
plt.imshow(img_idf, cmap='gray'),plt.axis('off')
plt.subplot(133),plt.title('Lowpass mask=50')
plt.imshow(img1_idf, cmap='gray'),plt.axis('off')
plt.show()
```

　　程序运行的结果如图 6-3 所示。图 6-3a 为原图像；图 6-3b 为在傅里叶变换频域上截取 40×40 的低通区域经逆变换后得到的图像，可以看出，图像变得模糊，丢失了许多细节、有振铃现象，这也是理想低通滤波的特点；图 6-3c 为在傅里叶变换频域上截取 100×100 的低通区域经逆变换后得到的图像，这时图像看起来与原图像差不多，这也是对图像进行有损压缩的原理。

　　　　a）原图像　　　　　　b）傅里叶逆变换（40×40 低通区域）　　c）傅里叶逆变换（100×100 低通区域）

图 6-3　不同掩模下的低通滤波图像

6.2.2　巴特沃斯低通滤波

在实际中经常使用的是巴特沃斯低通滤波器（Butterworth Filter）。巴特沃斯低通滤波器对应的转移函数表达式为：

$$H(u, v) = \frac{1}{1 + (D(u, v) / D_0)^{2n}} \qquad (6\text{-}4)$$

式中，n 称为巴特沃斯低通滤波器的阶数；D_0 为通带的半径；$D(u, v)$ 为频域点 (u, v) 到频域图像原点的距离，称为截止频率。当 $D(u, v)=D_0$ 时，$H(u, v)=0.5$，即对应的频域能量为原来的一半。从函数表达式可知，巴特沃斯低通滤波没有理想低通滤波器那么剧烈。在巴特沃斯低通滤波中，阶数越高，滤波器过渡越剧烈，振铃现象越明显。

【**例 6.4**】对一幅图像进行巴特沃斯低通滤波，观察结果。程序如下：

```python
import cv2
import numpy as np

def combine_images(images):                          # 滤波后的图像与频域图组合在一起
    shapes = np.array([mat.shape for mat in images])
    rows = np.max(shapes[:, 0])
    copy_imgs = [cv2.copyMakeBorder(img, 0, rows-img.shape[0], 0, 0,
                    cv2.BORDER_CONSTANT, (0, 0, 0)) for img in images]
    return np.hstack(copy_imgs)

def fft(img):                                        # 傅里叶变换
    rows, cols = img.shape[:2]
    nrows = cv2.getOptimalDFTSize(rows)              # 得到傅里叶最优尺寸
    ncols = cv2.getOptimalDFTSize(cols)
    nimg = np.zeros((nrows, ncols))
    nimg[:rows, :cols] = img
    fft_mat = cv2.dft(np.float32(nimg), flags=cv2.DFT_COMPLEX_OUTPUT)
    return np.fft.fftshift(fft_mat)

def fft_image(fft_mat):
    log_mat = cv2.log(1 + cv2.magnitude(fft_mat[:, :, 0], fft_mat[:, :, 1]))
    cv2.normalize(log_mat, log_mat, 0, 255, cv2.NORM_MINMAX)
    return np.uint8(np.around(log_mat))

def ifft(fft_mat):                                   # 傅里叶逆变换
    f_ishift_mat = np.fft.ifftshift(fft_mat)
    img_back = cv2.idft(f_ishift_mat)
    img_back = cv2.magnitude(*cv2.split(img_back))
    cv2.normalize(img_back, img_back, 0, 255, cv2.NORM_MINMAX)
    return np.uint8(np.around(img_back))

def fft_distances(m, n):
    u = np.array([i if i <= m / 2 else m - i for i in range(m)],dtype=np.float32)
    v = np.array([i if i <= m / 2 else m - i for i in range(m)],dtype=np.float32)
    v.shape = n, 1
    ret = np.sqrt(u * u + v * v)
    return np.fft.fftshift(ret)

def BWfilter(rows, cols, d0, n):                     # 巴特沃斯低通滤波
    duv = fft_distances(*fft_mat.shape[:2])
    filter_mat = 1 / (1 + np.power(duv / d0, 2 * n))
    filter_mat = cv2.merge((filter_mat, filter_mat))
    return filter_mat
```

```
def do_filter(_=None):
    d0 = cv2.getTrackbarPos('D0', filter_win)
    n = cv2.getTrackbarPos('n', filter_win)
    filter_mat = BWfilter(fft_mat.shape[0], fft_mat.shape[1], d0, n)
    filtered_mat = filter_mat * fft_mat
    img_back = ifft(filtered_mat)
    cv2.imshow(image_win, combine_images([img_back, fft_image(filter_mat)]))

if __name__ == '__main__':
    img = cv2.imread('d:/pics/lena.jpg', 0)
    rows, cols = img.shape[:2]
    filter_win = 'Filter Parameters'
    image_win = 'Butterworth Low Pass Filtered Image'
    cv2.namedWindow(filter_win)
    cv2.namedWindow(image_win)
    cv2.createTrackbar('D0', filter_win, 20, min(rows, cols)//4, do_filter)
    cv2.createTrackbar('n', filter_win, 1, 5, do_filter)
    fft_mat = fft(img)
    do_filter()
    cv2.resizeWindow(filter_win, 512, 20)
    cv2.waitKey(0)
    cv2.destroyAllWindows()
```

当 D_0=30、n=2 时，程序运行的结果如图 6-4 所示。通过调整滤波器参数 D_0 和 n，可以看到 D_0 和 n 的变化对图像滤波的影响。滤波半径 D_0 越大，滤波效果越好，图像越清晰；滤波器阶数越大，图像变得越模糊。因为巴特沃斯低通滤波器在高、低频间的过渡平滑，因此没有出现明显的振铃效应。

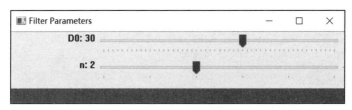

a）调整巴特沃斯低通滤波器参数 D_0、n

b）巴特沃斯低通滤波后的结果   c）巴特沃斯低通滤波器

图 6-4 巴特沃斯低通滤波图像

6.2.3　高斯低通滤波

高斯低通滤波器（Gaussian Low Pass Filter）的函数表达式为：

$$H(u, v) = e^{\frac{-D^2(u, v)}{2D_0^2}} \qquad (6\text{-}5)$$

式中，D_0 为通带的半径，$D(u, v)$ 为频域点 (u, v) 到频域图像原点的距离。由于高斯低通滤波器的过渡非常平坦，因此并不会产生振铃现象。

【例 6.5】对一幅图像进行高斯低通滤波，观察结果。程序如下：

```python
import cv2
import numpy as np

def combine_images(images):
    shapes = np.array([mat.shape for mat in images])
    rows = np.max(shapes[:, 0])
    copy_imgs = [cv2.copyMakeBorder(img, 0, rows-img.shape[0], 0, 0,
                    cv2.BORDER_CONSTANT, (0, 0, 0)) for img in images]
    return np.hstack(copy_imgs)

def fft(img):
    rows, cols = img.shape[:2]
    nrows = cv2.getOptimalDFTSize(rows)
    ncols = cv2.getOptimalDFTSize(cols)
    nimg = np.zeros((nrows, ncols))
    nimg[:rows, :cols] = img
    fft_mat = cv2.dft(np.float32(nimg), flags=cv2.DFT_COMPLEX_OUTPUT)
    return np.fft.fftshift(fft_mat)

def fft_image(fft_mat):
    log_mat = cv2.log(1+cv2.magnitude(fft_mat[:,:,0],fft_mat[:,:,1]))
    cv2.normalize(log_mat, log_mat, 0, 255, cv2.NORM_MINMAX)
    return np.uint8(np.around(log_mat))

def ifft(fft_mat):
    f_ishift_mat = np.fft.ifftshift(fft_mat)
    img_back = cv2.idft(f_ishift_mat)
    img_back = cv2.magnitude(*cv2.split(img_back))
    cv2.normalize(img_back, img_back, 0, 255, cv2.NORM_MINMAX)
    return np.uint8(np.around(img_back))

def fft_distances(m, n):
    u = np.array([i if i<=m/2 else m-i for i in range(m)],dtype=np.float32)
    v = np.array([i if i<=m/2 else m-i for i in range(m)],dtype=np.float32)
    v.shape = n, 1
    ret = np.sqrt(u * u + v * v)
    return np.fft.fftshift(ret)

def glpfilter(rows, cols, d0, n):                        # 高斯低通滤波
    duv = fft_distances(*fft_mat.shape[:2])
    filter_mat = np.exp(-(duv * duv) / (2 * d0 * d0))
    filter_mat = cv2.merge((filter_mat, filter_mat))
    return filter_mat

def do_filter(_=None):
    d0 = cv2.getTrackbarPos('D0', filter_win)
    n = cv2.getTrackbarPos('n', filter_win)
```

```
    filter_mat = glpfilter(fft_mat.shape[0], fft_mat.shape[1], d0, n)
    filtered_mat = filter_mat * fft_mat
    img_back = ifft(filtered_mat)
    cv2.imshow(image_win, combine_images([img_back, fft_image(filter_mat)]))

if __name__ == '__main__':
    img = cv2.imread('d:/pics/lena.jpg', 0)
    rows, cols = img.shape[:2]
    filter_win = 'Filter Parameters'
    image_win = 'Gaussian Low Pass Filtered Image'
    cv2.namedWindow(filter_win)
    cv2.namedWindow(image_win)
    cv2.createTrackbar('D0', filter_win, 20, min(rows, cols)//4, do_filter)
    cv2.createTrackbar('n', filter_win, 1, 5, do_filter)
    fft_mat = fft(img)
    do_filter()
    cv2.resizeWindow(filter_win, 512, 20)
    cv2.waitKey(0)
    cv2.destroyAllWindows()
```

当 D_0=30、n=3 时，程序运行的结果如图 6-5 所示。可以通过调整滤波器参数 D_0、n，看到 D_0、n 的变化对图像的影响。

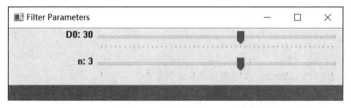

a）调整高斯低通滤波器参数 D_0、n

b）高斯低通滤波后的结果　　　　c）高斯低通滤波器

图 6-5　高斯低通滤波图像

6.3　高通滤波

高通滤波是使高频通过而使低频衰减的滤波。高通滤波器能削弱一幅图像的傅里叶变换里的低频分量，而增强高频分量（或保持它们不变）。相比原始图像，经过高通滤波的图像减少了灰度级的平滑过渡，突出了边缘等细节部分。

6.3.1　理想高通滤波

理想高通滤波只保留图像的高频部分，滤波过程与理想低通滤波一样。构造的掩模中间为 0，边缘为 1，然后与傅里叶变换后的图像结合，保留高频部分，去除低频部分，如式（6-6）所示：

$$H(u, v) = \begin{cases} 0 & D(u, v) \leqslant D_0 \\ 1 & D(u, v) > D_0 \end{cases} \qquad （6\text{-}6）$$

式中，D_0 为通带的半径；$D(u, v)$ 为频域点 (u, v) 到频域图像原点的距离，称为截止频率。

【例 6.6】对一幅图像进行范围不同的频域高通滤波，使用掩模只保留高通部分，并观察效果。程序如下：

```python
import cv2
import numpy as np
from matplotlib import pyplot as plt

# 第一步：读入图像
img = cv2.imread('d:/pics/lena.jpg', 0)
# 第二步：进行数据类型转换
img_float = np.float32(img)
# 第三步：使用 cv2.dft 进行傅里叶变换
dft = cv2.dft(img_float, flags=cv2.DFT_COMPLEX_OUTPUT)
# 第四步：使用 np.fft.fftshift 将低频转移到图像中心
dft_center = np.fft.fftshift(dft)
# 第五步：定义掩模：生成的掩模中间为 0，周围为 1
# 求得图像的中心点位置
crow, ccol = int(img.shape[0] / 2), int(img.shape[1] / 2)
# 设置掩模区域为 10*10 的正方形
mask = np.ones((img.shape[0], img.shape[1], 2), np.uint8)
mask[crow-5:crow+5, ccol-5:ccol+5] = 0
# 设置掩模区域为 60*60 的正方形
mask1 = np.ones((img.shape[0], img.shape[1], 2), np.uint8)
mask1[crow-30:crow+30, ccol-30:ccol+30] = 0

# 第六步：将掩模与傅里叶变换后图像相乘，保留中间部分
mask_img = dft_center * mask
mask1_img = dft_center * mask1

# 第七步：使用 np.fft.ifftshift 将低频移动到原来的位置
img_idf = np.fft.ifftshift(mask_img)
img1_idf = np.fft.ifftshift(mask1_img)

# 第八步：使用 cv2.idft 进行傅里叶的逆变换
img_idf = cv2.idft(img_idf)
img1_idf = cv2.idft(img1_idf)

# 第九步：使用 cv2.magnitude 转换为空间域
img_idf = cv2.magnitude(img_idf[:, :, 0], img_idf[:, :, 1])
img1_idf = cv2.magnitude(img1_idf[:, :, 0], img1_idf[:, :, 1])

# 第十步：显示结果图像
```

```
plt.subplot(131),plt.title('Origin Image')
plt.imshow(img, cmap='gray'),plt.axis('off')
plt.subplot(132),plt.title('Highpass mask=5')
plt.imshow(img_idf, cmap='gray'),plt.axis('off')
plt.subplot(133),plt.title('Highpass mask=30')
plt.imshow(img1_idf, cmap='gray'),plt.axis('off')
plt.show()
```

程序运行的结果如图 6-6 所示。图 6-6a 为原始图像，图 6-6b 为 10×10 像素的频域高通滤波后的图像，图 6-6c 为 60×60 像素的频域高通滤波后的图像。从图中可以看出高频部分对图像的重要性，减少高频部分后，图像的边缘变得模糊，图像不清晰。

　　a）原始图像　　　　b）10×10 像素的高通滤波后的图像　　c）60×60 像素的高通滤波后的图像

图 6-6　理想高通滤波后的图像

6.3.2　巴特沃斯高通滤波

巴特沃斯高通滤波的函数表达式为：

$$H(u,v)=1-\frac{1}{1+(D(u,v)/D_0)^{2n}} \tag{6-7}$$

式中，n 称为巴特沃斯高通滤波器的阶数。从函数表达式可知，巴特沃斯高通滤波没有理想高通滤波器那么剧烈。在巴特沃斯高通滤波中，阶数越高，滤波器过渡越剧烈，振铃现象越明显。

【例 6.7】对一幅图像进行巴特沃斯高通滤波，调节滤波半径和阶数，并观察效果。程序如下：

```
import cv2
import numpy as np

def combine_images(images):
    shapes = np.array([mat.shape for mat in images])
    rows = np.max(shapes[:, 0])
    copy_imgs = [cv2.copyMakeBorder(img, 0, rows - img.shape[0], 0, 0,
                cv2.BORDER_CONSTANT, (0, 0, 0)) for img in images]
    return np.hstack(copy_imgs)

def fft(img):
    rows, cols = img.shape[:2]
    nrows = cv2.getOptimalDFTSize(rows)
    ncols = cv2.getOptimalDFTSize(cols)
    nimg = np.zeros((nrows, ncols))
```

```python
        nimg[:rows, :cols] = img
        fft_mat = cv2.dft(np.float32(nimg), flags=cv2.DFT_COMPLEX_OUTPUT)
        return np.fft.fftshift(fft_mat)

    def fft_image(fft_mat):
        log_mat = cv2.log(1 + cv2.magnitude(fft_mat[:, :, 0], fft_mat[:, :, 1]))
        cv2.normalize(log_mat, log_mat, 0, 255, cv2.NORM_MINMAX)
        return np.uint8(np.around(log_mat))

    def ifft(fft_mat):
        f_ishift_mat = np.fft.ifftshift(fft_mat)
        img_back = cv2.idft(f_ishift_mat)
        img_back = cv2.magnitude(*cv2.split(img_back))
        cv2.normalize(img_back, img_back, 0, 255, cv2.NORM_MINMAX)
        return np.uint8(np.around(img_back))

    def fft_distances(m, n):
        u = np.array([i if i <= m / 2 else m - i for i in range(m)],dtype=np.float32)
        v = np.array([i if i <= m / 2 else m - i for i in range(m)],dtype=np.float32)
        v.shape = n, 1
        ret = np.sqrt(u * u + v * v)
        return np.fft.fftshift(ret)

    def Bhpfilter(rows, cols, d0, n):
        duv = fft_distances(rows, cols)
        duv[rows // 2, cols // 2] = 0.000001
        filter_mat = 1 / (1 + np.power(d0 / duv, 2 * n))
        filter_mat = cv2.merge((filter_mat, filter_mat))
        return filter_mat

    def do_filter(_=None):
        d0 = cv2.getTrackbarPos('D0', filter_win)
        n = cv2.getTrackbarPos('n', filter_win)
        filter_mat = Bhpfilter(fft_mat.shape[0], fft_mat.shape[1], d0, n)
        filtered_mat = filter_mat * fft_mat
        img_back = ifft(filtered_mat)
        cv2.imshow(image_win, combine_images([img_back, fft_image(filter_mat)]))

    if __name__ == '__main__':
        img = cv2.imread('d:/pics/lena.jpg', 0)
        rows, cols = img.shape[:2]
        filter_win = 'Filter Parameters'
        image_win = 'Butterworth High Pass Filtered Image'
        cv2.namedWindow(filter_win)
        cv2.namedWindow(image_win)
        cv2.createTrackbar('D0', filter_win, 20, min(rows, cols) // 4, do_filter)
        cv2.createTrackbar('n', filter_win, 1, 5, do_filter)
        fft_mat = fft(img)
        do_filter()
        cv2.resizeWindow(filter_win, 512, 20)
        cv2.waitKey(0)
        cv2.destroyAllWindows()
```

当 D_0=20、n=2 时，程序运行的结果如图 6-7 所示。

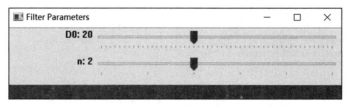

a）调整巴特沃斯高通滤波器参数 D_0、n

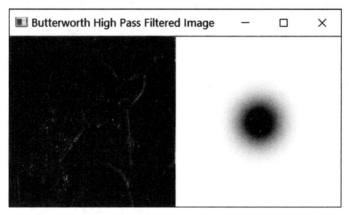

b）巴特沃斯高通滤波后的图像   c）巴特沃斯高通滤波器

图 6-7 巴特沃斯高通滤波图像

6.3.3 高斯高通滤波

高斯高通滤波的函数表达式为：

$$H(u, v) = 1 - e^{\frac{-D^2(u, v)}{2D_0^2}} \qquad (6\text{-}8)$$

式中，D_0 为通带的半径；$D(u, v)$ 为频域点 (u, v) 到频域图像原点的距离。高斯高通滤波器的过渡是非常平坦的，不会产生振铃现象。

【例 6.8】对一幅图像进行高斯高通滤波，调节 D_0 和 n，并观察效果。程序如下：

```
import cv2
import numpy as np

def combine_images(images):
    shapes = np.array([mat.shape for mat in images])
    rows = np.max(shapes[:, 0])
    copy_imgs = [cv2.copyMakeBorder(img, 0, rows - img.shape[0], 0, 0,
            cv2.BORDER_CONSTANT, (0, 0, 0)) for img in images]
    return np.hstack(copy_imgs)

def fft(img):
    rows, cols = img.shape[:2]
    nrows = cv2.getOptimalDFTSize(rows)
    ncols = cv2.getOptimalDFTSize(cols)
    nimg = np.zeros((nrows, ncols))
    nimg[:rows, :cols] = img
    fft_mat = cv2.dft(np.float32(nimg), flags=cv2.DFT_COMPLEX_OUTPUT)
    return np.fft.fftshift(fft_mat)
```

```python
def fft_image(fft_mat):
    log_mat = cv2.log(1 + cv2.magnitude(fft_mat[:, :, 0], fft_mat[:, :, 1]))
    cv2.normalize(log_mat, log_mat, 0, 255, cv2.NORM_MINMAX)
    return np.uint8(np.around(log_mat))

def ifft(fft_mat):
    f_ishift_mat = np.fft.ifftshift(fft_mat)
    img_back = cv2.idft(f_ishift_mat)
    img_back = cv2.magnitude(*cv2.split(img_back))
    cv2.normalize(img_back, img_back, 0, 255, cv2.NORM_MINMAX)
    return np.uint8(np.around(img_back))

def fft_distances(m, n):
    u = np.array([i if i <= m / 2 else m - i for i in range(m)], dtype=np.float32)
    v = np.array([i if i <= m / 2 else m - i for i in range(m)], dtype=np.float32)
    v.shape = n, 1
    ret = np.sqrt(u * u + v * v)
    return np.fft.fftshift(ret)

def ghpfilter(rows, cols, d0, n):
    duv = fft_distances(*fft_mat.shape[:2])
    filter_mat = 1 - np.exp(-(duv * duv) / (2 * d0 * d0))
    filter_mat = cv2.merge((filter_mat, filter_mat))
    return filter_mat

def do_filter(_=None):
    d0 = cv2.getTrackbarPos('D0', filter_win)
    n = cv2.getTrackbarPos('n', filter_win)
    filter_mat = ghpfilter(fft_mat.shape[0], fft_mat.shape[1], d0, n)
    filtered_mat = filter_mat * fft_mat
    img_back = ifft(filtered_mat)
    cv2.imshow(image_win, combine_images([img_back, fft_image(filter_mat)]))

if __name__ == '__main__':
    img = cv2.imread('d:/pics/lena.jpg', 0)
    rows, cols = img.shape[:2]
    filter_win = 'Filter Parameters'
    image_win = 'Gaussian High Pass Filtered Image'
    cv2.namedWindow(filter_win)
    cv2.namedWindow(image_win)
    cv2.createTrackbar('D0', filter_win, 20, min(rows, cols) // 4, do_filter)
    cv2.createTrackbar('n', filter_win, 1, 5, do_filter)
    fft_mat = fft(img)
    do_filter()
    cv2.resizeWindow(filter_win, 512, 20)
    cv2.waitKey(0)
    cv2.destroyAllWindows()
```

当 D_0=10、n=2 时，程序运行的结果如图 6-8 所示。

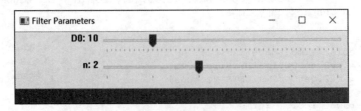

a）调整高斯高通滤波器参数 D_0、n

图 6-8　高斯高通滤波图像

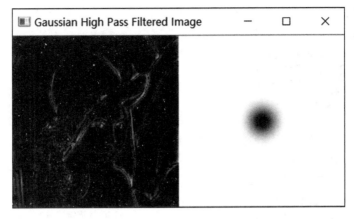

b）高斯高通滤波后的图像   c）高斯高通滤波器

图 6-8 （续）

6.4 带通和带阻滤波

在频域内进行滤波时，可能遇到某一范围的频域受到杂波干扰的情况，需要将其滤除，这时就用到了带通或带阻滤波。

6.4.1 带通滤波

带通滤波器只保留某一范围的频率，将频率范围外的信息过滤掉，选择图像的部分信息。常用的带通滤波器包括理想带通滤波器、巴特沃斯带通滤波器和高斯带通滤波器。假设 BW 代表带宽，D_0 代表带宽的径向中心，则三种带通滤波器表示如下。

- 理想带通滤波器

$$\text{ibpFilter}_{(r,c)} = \begin{cases} 1 & D_0 - \dfrac{\text{BW}}{2} \leqslant D_{(r,c)} \leqslant D_0 + \dfrac{\text{BW}}{2} \\ 0 & \text{其他} \end{cases} \tag{6-9}$$

- 巴特沃斯带通滤波器

$$\text{bbpFilter}_{(r,c)} = 1 - \frac{1}{1 + \left(\dfrac{D_{(r,c)} * \text{BW}}{D_{(r,c)} - D_0^2}\right)^{2n}}，\text{其中} n \text{代表阶数} \tag{6-10}$$

- 高斯带通滤波器

$$\text{gbpFilter}_{(r,c)} = \text{e}^{-\left(\frac{D_{(r,c)} - D_0^2}{D_{(r,c)} * \text{BW}}\right)^2} \tag{6-11}$$

【例 6.9】对一幅图像分别进行理想带通滤波、巴特沃斯带通滤波、高斯带通滤波，调整参数，并观察效果。程序如下：

```python
import cv2
import numpy as np

def createBPFilter(shape, center, bandCenter, bandWidth, lpType, n=2):
    rows, cols = shape[:2]
    r, c = np.mgrid[0:rows:1, 0:cols:1]
    c -= center[0]
    r -= center[1]
    d = np.sqrt(np.power(c, 2.0) + np.power(r, 2.0))
    lpFilter_matrix = np.zeros(shape, np.float32)
    if lpType == 0:                                    # 理想带通滤波
        lpFilter = np.copy(d)
        lpFilter[:, :] = 1
        lpFilter[d > (bandCenter+bandWidth/2)] = 0
        lpFilter[d < (bandCenter-bandWidth/2)] = 0
    elif lpType == 1:                                  # 巴特沃斯带通滤波
        lpFilter = 1.0 - 1.0 / (1 + np.power(d*bandWidth/(d - pow(bandCenter,2)),
                                2*n))
    elif lpType == 2:                                  # 高斯带通滤波
        lpFilter = np.exp(-pow((d-pow(bandCenter,2))/(d*bandWidth), 2))
    lpFilter_matrix[:, :, 0] = lpFilter
    lpFilter_matrix[:, :, 1] = lpFilter
    return lpFilter_matrix

def stdFftImage(img_gray, rows, cols):
    fimg = np.copy(img_gray)
    fimg = fimg.astype(np.float32)
    # 1.图像矩阵乘以 (-1)^(r+c)，中心化
    for r in range(rows):
        for c in range(cols):
            if (r+c) % 2:
                fimg[r][c] = -1 * img_gray[r][c]
    img_fft = fftImage(fimg, rows, cols)
    return img_fft

def fftImage(img_gray, rows, cols):                    # 离散傅里叶变换
    rPadded = cv2.getOptimalDFTSize(rows)
    cPadded = cv2.getOptimalDFTSize(cols)
    imgPadded = np.zeros((rPadded, cPadded), dtype=np.float32)
    imgPadded[:rows, :cols] = img_gray
    img_fft = cv2.dft(imgPadded, flags=cv2.DFT_COMPLEX_OUTPUT)
    return img_fft
def graySpectrum(fft_img):                             # 幅度、频谱
    real = np.power(fft_img[:, :, 0], 2.0)
    imaginary = np.power(fft_img[:, :, 1], 2.0)
    amplitude = np.sqrt(real+imaginary)
    spectrum = np.log(amplitude+1.0)
    spectrum = cv2.normalize(spectrum, 0, 1, norm_type=cv2.NORM_MINMAX,\
                             dtype=cv2.CV_32F)
    spectrum *= 255
    return amplitude, spectrum

def nothing(args):
    pass

if __name__ == "__main__":
    img_file = r"d:/pics/lena.jpg"
    img_gray = cv2.imread(img_file, 0)
    # 1.快速傅里叶变换
    rows, cols = img_gray.shape[:2]
    img_fft = stdFftImage(img_gray, rows, cols)
```

```
amplitude, _ = graySpectrum(img_fft)
minValue, maxValue, minLoc, maxLoc = cv2.minMaxLoc(amplitude)
# 中心化后频谱的最大值在图像中心位置处

cv2.namedWindow("tracks")
max_radius = np.sqrt(pow(rows, 2) + pow(cols, 2))
cv2.createTrackbar("BandCenter", "tracks", 0, int(max_radius), nothing)
cv2.createTrackbar("BandWidth", "tracks", 0, int(max_radius), nothing)
cv2.createTrackbar("Filter type", "tracks", 0, 2, nothing)

while True:
    # 2.构建带通滤波器
    bandCenter = cv2.getTrackbarPos("BandCenter", "tracks")
    bandWidth = cv2.getTrackbarPos("BandWidth", "tracks")
    lpType = cv2.getTrackbarPos("Filter type", "tracks")
    nrows, ncols = img_fft.shape[:2]
    ilpFilter = createBPFilter(img_fft.shape, maxLoc, bandCenter, bandWidth,
        lpType)

    # 3.带通滤波器滤波
    img_filter = ilpFilter * img_fft
    _, gray_spectrum = graySpectrum(img_filter)          # 观察滤波器的变化

    # 4.傅里叶逆变换,取实部进行裁剪,并去除中心化
    img_ift = cv2.dft(img_filter, flags=cv2.DFT_INVERSE +
                    cv2.DFT_REAL_OUTPUT + cv2.DFT_SCALE)
    ori_img = np.copy(img_ift[:rows, :cols])
    for r in range(rows):
        for c in range(cols):
            if (r + c) % 2:
                ori_img[r][c] = -1 * ori_img[r][c]
            # 截断高低值
            if ori_img[r][c] < 0:
                ori_img[r][c] = 0
            if ori_img[r][c] > 255:
                ori_img[r][c] = 255
    ori_img = ori_img.astype(np.uint8)

    # 5.带通滤波器的输出
    cv2.imshow("Origin_img", img_gray)
    cv2.imshow("Filter_spectrum", gray_spectrum)
    cv2.imshow("BWF_image", ori_img)
    key = cv2.waitKey(1)
    if key == 27:
        break
cv2.destroyAllWindows()
```

程序运行的结果如图 6-9 所示。

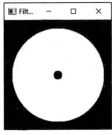

　　a）理想滤波参数　　　　　b）理想带通滤波器　　　c）理想带通滤波后的图像

图 6-9　频域带通滤波图像

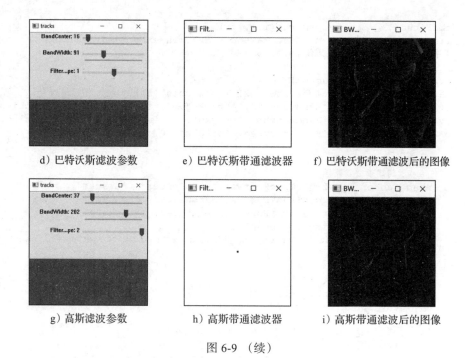

d）巴特沃斯滤波参数　　　　e）巴特沃斯带通滤波器　　　f）巴特沃斯带通滤波后的图像

g）高斯滤波参数　　　　　　h）高斯带通滤波器　　　　　i）高斯带通滤波后的图像

图 6-9 （续）

6.4.2 带阻滤波

与带通滤波器相反，带阻滤波器指过滤或者削弱指定范围区域的频率带。常用的带阻滤波器包括理想带阻滤波器、巴特沃斯带阻滤波器、高斯带阻滤波器。

- 理想带阻滤波器

$$\text{ibrFilter}_{(r,c)} = \begin{cases} 0 & D_0 - \dfrac{\text{BW}}{2} \leq D_{(r,c)} \leq D_0 + \dfrac{\text{BW}}{2} \\ 1 & \text{其他} \end{cases} \tag{6-12}$$

- 巴特沃斯带阻滤波器

$$\text{bbrFilter}_{(r,c)} = \dfrac{1}{1 + \left(\dfrac{D_{(r,c)} * \text{BW}}{D_{(r,c)} - D_0^2}\right)^{2n}}，\text{其中} n \text{代表阶数} \tag{6-13}$$

- 高斯带阻滤波器

$$\text{gbpFilter}_{(r,c)} = 1 - e^{-\left(\frac{D_{(r,c)} - D_0^2}{D_{(r,c)} * \text{BW}}\right)^2} \tag{6-14}$$

【例 6.10】对一幅图像分别进行理想带阻滤波器、巴特沃斯带阻滤波器、高斯带阻滤波器频域的带阻滤波，调整参数，并观察效果。程序如下：

```python
import cv2
import numpy as np

def createBRFilter(shape, center, bandCenter, bandWidth, lpType, n=2):
    rows, cols = shape[:2]
    r, c = np.mgrid[0:rows:1, 0:cols:1]
```

```
        c -= center[0]
        r -= center[1]
        d = np.sqrt(np.power(c, 2.0) + np.power(r, 2.0))
        lpFilter_matrix = np.zeros(shape, np.float32)
        if lpType == 0:                              # 理想带阻滤波器
            lpFilter = np.copy(d)
            lpFilter[:, :] = 0
            lpFilter[d > (bandCenter+bandWidth/2)] = 1
            lpFilter[d < (bandCenter-bandWidth/2)] = 1
        elif lpType == 1:                            # 巴特沃斯带阻滤波器
            lpFilter = 1.0 / (1 + np.power(d*bandWidth/(d - pow(bandCenter,2)), 2*n))
        elif lpType == 2:                            # 高斯带阻滤波器
            lpFilter = 1 - np.exp(-pow((d-pow(bandCenter,2))/(d*bandWidth), 2))
        lpFilter_matrix[:, :, 0] = lpFilter
        lpFilter_matrix[:, :, 1] = lpFilter
        return lpFilter_matrix

    def stdFftImage(img_gray, rows, cols):
        fimg = np.copy(img_gray)
        fimg = fimg.astype(np.float32)
        # 图像矩阵乘以(-1)^(r+c)，中心化
        for r in range(rows):
            for c in range(cols):
                if (r+c) % 2:
                    fimg[r][c] = -1 * img_gray[r][c]
        img_fft = fftImage(fimg, rows, cols)
        return img_fft

    def fftImage(img_gray, rows, cols):
        rPadded = cv2.getOptimalDFTSize(rows)
        cPadded = cv2.getOptimalDFTSize(cols)
        imgPadded = np.zeros((rPadded, cPadded), dtype=np.float32)
        imgPadded[:rows, :cols] = img_gray
        img_fft = cv2.dft(imgPadded, flags=cv2.DFT_COMPLEX_OUTPUT)
        return img_fft

    def graySpectrum(fft_img):
        real = np.power(fft_img[:, :, 0], 2.0)
        imaginary = np.power(fft_img[:, :, 1], 2.0)
        amplitude = np.sqrt(real+imaginary)
        spectrum = np.log(amplitude+1.0)
        spectrum = cv2.normalize(spectrum, 0, 1, norm_type=cv2.NORM_MINMAX,
                                 dtype=cv2.CV_32F)
        spectrum *= 255
        return amplitude, spectrum

    def nothing(args):
        pass

    if __name__ == "__main__":
        img_file = r"d:/pics/lena.jpg"
        img_gray = cv2.imread(img_file, 0)
        # 1.快速傅里叶变换
        rows, cols = img_gray.shape[:2]
        img_fft = stdFftImage(img_gray, rows, cols)
        amplitude, _ = graySpectrum(img_fft)
        minValue, maxValue, minLoc, maxLoc = cv2.minMaxLoc(amplitude)
        # 中心化后频谱的最大值在图片中心位置处

        cv2.namedWindow("tracks")
        max_radius = np.sqrt(pow(rows, 2) + pow(cols, 2))
        cv2.createTrackbar("BandCenter", "tracks", 0, int(max_radius), nothing)
```

```
cv2.createTrackbar("BandWidth", "tracks", 0, int(max_radius), nothing)
cv2.createTrackbar("Filter type", "tracks", 0, 2, nothing)

while True:
    # 2.构建带阻滤波器
    bandCenter = cv2.getTrackbarPos("BandCenter", "tracks")
    bandWidth = cv2.getTrackbarPos("BandWidth", "tracks")
    lpType = cv2.getTrackbarPos("Filter type", "tracks")
    nrows, ncols = img_fft.shape[:2]
    ilpFilter = createBRFilter(img_fft.shape, maxLoc, bandCenter, bandWidth,
                               lpType)

    # 3.带阻滤波器滤波
    img_filter = ilpFilter * img_fft
    _, gray_spectrum = graySpectrum(img_filter)     # 观察滤波器的变化

    # 4.傅里叶逆变换，取实部进行裁剪，并去中心化
    img_ift = cv2.dft(img_filter, flags=cv2.DFT_INVERSE + \
                      cv2.DFT_REAL_OUTPUT + cv2.DFT_SCALE)
    ori_img = np.copy(img_ift[:rows, :cols])
    ori_img[ori_img < 0] = 0
    ori_img[ori_img > 255] = 255
    ori_img = ori_img.astype(np.uint8)

    # 5.带阻滤波器的输出
    cv2.imshow("origin_img", img_gray)
    cv2.imshow("filter_spectrum", gray_spectrum)
    cv2.imshow("bwfiltered_img", ori_img)
    key = cv2.waitKey(1)
    if key == 27:
        break
cv2.destroyAllWindows()
```

程序运行的结果如图 6-10 所示。图中为三种滤波器的带阻滤波，可通过调整滤波器类型（Filter Type）、滤波器带宽（Band Width）和滤波器中心（Band Center）等参数，观察不同的图像滤波效果。

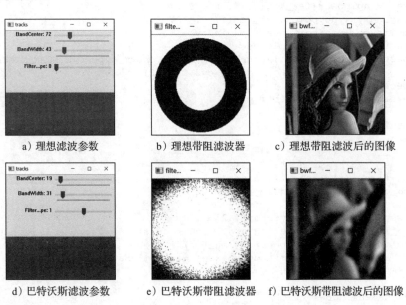

a）理想滤波参数　　　　b）理想带阻滤波器　　c）理想带阻滤波后的图像

d）巴特沃斯滤波参数　　e）巴特沃斯带阻滤波器　f）巴特沃斯带阻滤波后的图像

图 6-10　频域带阻滤波图像

g）高斯滤波参数

h）高斯带阻滤波器

i）高斯带阻滤波后的图像

图 6-10　（续）

6.5　同态滤波

同态变换是指将非线性组合信号通过某种变换，使其变成线性组合信号，从而更方便地运用线性操作对信号进行处理。所谓非线性组合信号，以 $z(t) = x(t) \cdot y(t)$ 为例，两个信号相乘得到组合信号，由于时域相乘等价于频率域卷积，因此无法在频率域将其分开。但是我们可以用一个 log 算子，两边取对数，则有：$\log(z(t)) = \log(x(t)) + \log(y(t))$，这样一来，就变成了线性组合的信号。$\log(x(t))$ 和 $\log(y(t))$ 时域相加，频域也是相加的关系，如果它们的频谱位置不同，就可以利用傅里叶变换把它们较好地分开，以便进行后续处理。

同态滤波器属于频域滤波器范畴，在图像处理中，常常遇到动态范围很大但是暗区的细节不清楚的现象，我们希望在增强暗区细节的同时不损失亮区细节。这时，可以利用同态滤波过滤低频信息，放大高频信息，达到压缩图像的灰度空间并扩展对比度的目的。

【例 6.11】对一幅图像进行同态滤波，观察效果。程序如下：

```
import cv2
import numpy as np
import matplotlib.pyplot as plt

def homomorphic_filter(src, d0=10, r1=0.5, rh=2, c=4, h=2.0, l=0.5):
    gray = src.copy()
    if len(src.shape) > 2:
        gray = cv2.cvtColor(src, cv2.COLOR_BGR2GRAY)
    gray = np.float64(gray)
    rows, cols = gray.shape
    gray_fft = np.fft.fft2(gray)
    gray_fftshift = np.fft.fftshift(gray_fft)
    dst_fftshift = np.zeros_like(gray_fftshift)
    M, N = np.meshgrid(np.arange(-cols // 2, cols // 2), np.arange(-rows//2,
        rows//2))
    D = np.sqrt(M ** 2 + N ** 2)
    Z = (rh - r1) * (1 - np.exp(-c * (D ** 2 / d0 ** 2))) + r1
    image_filtering_fftshift = Z * gray_fftshift
    image_filtering_fftshift = (h - l) * image_filtering_fftshift + 1
    image_filtering_ifftshift = np.fft.ifftshift(image_filtering_fftshift)
    image_filtering_ifft = np.fft.ifft2(image_filtering_ifftshift)
    image_filtering = np.real(image_filtering_ifft)
    image_filtering = np.uint8(np.clip(image_filtering, 0, 255))
    return image_filtering

if __name__ == "__main__":
    image = cv2.imread("d:/pics/lena.jpg", 0)
```

```
image_homomorphic_filter = homomorphic_filter(image)
plt.subplot(221),plt.axis('off')
plt.imshow(image,'gray'), plt.title("Origin image")
plt.subplot(222),plt.imshow(image_homomorphic_filter,'gray')
plt.title("Homomorphic image"), plt.axis('off')
plt.show()
```

程序运行的结果如图 6-11 所示。

a) 原始图像　　　　　　　　　　　b) 频域同态滤波后的图像

图 6-11　频域同态滤波图像

6.6　习题

1. 编写程序，在频域对一幅图像进行理想低通滤波处理，调整滤波半径，观察滤波效果，并加以解释。
2. 编写程序，分别利用巴特沃斯、高斯低通滤波器对一幅图像进行处理，调整滤波半径和阶数，观察滤波效果，并加以解释。
3. 编写程序，在频域对一幅图像进行理想高通滤波处理，调整滤波半径，观察滤波效果，并加以解释。
4. 编写程序，分别利用巴特沃斯、高斯高通滤波器对一幅图像进行处理，调整滤波半径和阶数，观察滤波效果，并加以解释。
5. 编写程序，在频域对一幅图像进行带通或带阻滤波处理，观察滤波效果，并加以解释。

第 7 章　图像退化和复原

图像的退化是指图像在形成、传输和记录过程中，由于成像系统、传输介质和设备的不完善，导致图像质量下降。针对这些问题，我们需要对退化后的图像进行复原。图像复原就是尽可能恢复已退化图像的本来面目，它是沿图像退化的逆过程进行处理。也就是说，如果我们知道图像经历了什么样的退化过程，就可以按其逆过程来复原图像。

7.1　图像退化与复原的机理

1. 图像退化

图像退化是指图像因为某种原因从正常变得不正常，典型的表现有模糊、失真、有噪声等。

● 图像退化模型

输入图像 $f(x, y)$ 经过某个退化系统 $H(x, y)$，再叠加噪声 $n(x, y)$，形成退化后的图像 $g(x, y)$，模型如下所示。

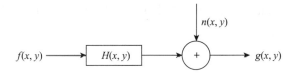

● 图像退化公式

$$g(x, y) = H[f(x, y)] + n(x, y) \tag{7-1}$$

2. 图像复原

图像复原是指根据图像退化的先验知识，建立退化的数学模型，再根据模型进行反向的推演运算，最终达到复原图像的目的。因此，图像复原的关键是知道图像退化的过程并依此建立退化模型。

由于退化的过程被建模为卷积的结果，因此，图像复原需要找到可以实现相反过程的卷积核。想要进行图像复原，需要完成两个工作：一是消除图像的噪声干扰，即图像去噪；二是找到复原函数。

退化后的图像 $g(x, y)$ 经过复原函数得到复原后的图像 $\hat{f}(x, y)$。

图像复原模型如下所示：

$$g(x, y) \longrightarrow \boxed{\text{复原函数}} \longrightarrow \hat{f}(x, y)$$

图像增强不用考虑图像是如何退化的，只是通过采用各种技术增强图像来达到某种视觉效果。图像增强不考虑增强后图像与原始真实图像的差异，只要达到想要的视觉效果即可。相比之下，图像复原需要考虑图像的退化过程，并找到相应的逆处理方法来复原图像，使复原后的图像尽可能地接近图像的原本面貌。对于退化后的图像，应该先进行复原处理，再进行增强处理，两者都是为了改善图像的质量。

图像复原的步骤如下：

1）确定参考图像，作为图像退化 / 复原模型的评估标准。

2）设计图像退化算法，引入运动模糊和白噪声。

3）传统算法的原理及编程实现。

4）评价函数的设计及编程实现。

5）过程评估和结果分析。

7.2　图像的运动模糊

运动模糊图像是由同一图像在产生距离延迟后与原图像叠加而成。令 $x_0(t)$ 和 $y_0(t)$ 分别代表位移的 x 分量和 y 分量，那么在相机快门开启的时间 T 内，图像传感器上某点的总曝光量是图像在移动过程中一系列像素的亮度对该点作用的总和，即如果快门开启与关闭的时间忽略不计，则有：

$$g(x,y)=\int_0^T f[(x-x_0(t)),(y-y_0(t))]\mathrm{d}t \tag{7-2}$$

实现运动模糊的模型函数为 motion_process(image_size,motion_angle)，它包含两个参数：图像的尺寸 image_size 以及运动的角度 motion_angle。当运动位移为 degree、运动角度为 angle 时，该模型函数的构建过程如下：首先，创建与图像同等大小的全 0 矩阵，然后找到全 0 矩阵的中心行数 center_position，再计算出运动角度的正切（tan）值与余切（cot）值，算出运动的偏移量 offset。

$\alpha \leqslant 45°$ 时，有

```
PSF[int(center_position+offset), int(center_position-offset)]=1
```

$\alpha > 45°$ 时，有

```
PSF[int(center_position-offset), int(center_position+offset)]=1
```

其中，PSF 为点扩散函数。

【例 7.1】根据运动模糊的模型函数生成任意角度的运动模糊图像。程序如下：

```
import cv2
import math
import numpy as np
import matplotlib.pyplot as plt

# 仿真运动模糊
def motion_process(image_size,motion_angle):
    PSF = np.zeros(image_size)
    center_position=(image_size[0]-1)/2

    slope_tan=math.tan(motion_angle*math.pi/180)
    slope_cot=1/slope_tan
    if slope_tan<=1:
        for i in range(15):
            offset=round(i*slope_tan)
```

```
                PSF[int(center_position+offset),int(center_position-offset)]=1
        return PSF / PSF.sum()                              # 对点扩散函数进行归一化亮度
    else:
        for i in range(15):
            offset=round(i*slope_cot)
            PSF[int(center_position-offset),int(center_position+offset)]=1
        return PSF / PSF.sum()

# 对图像进行运动模糊
def make_blurred(input, PSF, eps):
    input_fft = np.fft.fft2(input)                          # 进行二维数组的傅里叶变换
    PSF_fft = np.fft.fft2(PSF)+ eps
    blurred = np.fft.ifft2(input_fft * PSF_fft)
    blurred = np.abs(np.fft.fftshift(blurred))
    return blurred

img = cv2.imread('d:/pics/lena.jpg')
img_gray = cv2.cvtColor(img,cv2.COLOR_BGR2GRAY)
plt.subplot(121),plt.axis('off')
plt.title("Origin image"),plt.imshow(img_gray)

# 进行运动模糊处理
img_h,img_w = img.shape[0:2]
PSF = motion_process((img_h,img_w), 60)
blurred = np.abs(make_blurred(img_gray, PSF, 1e-3))
plt.subplot(122),plt.axis('off')
plt.title("Motion blurred")
plt.imshow(blurred)
```

程序运行的结果如图 7-1 所示。

 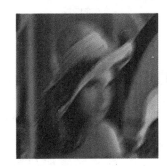

　　a) 原图像　　　　　　　　　　　b) 运动模糊后的图像

图 7-1　运动模糊图像

【例 7.2】根据运动模糊核（kernel）矩阵生成运动模糊图像。程序如下：

```
import cv2
import numpy as np

def  motion_blur(image, degree=12, angle=45):
    image = np.array(image)
    #生成任意角度的运动模糊 kernel 的矩阵，degree 越大，模糊程度越高
    #函数需要三个参数：旋转中心、旋转角度、旋转后图像的缩放比例
    M = cv2.getRotationMatrix2D((degree / 2, degree / 2), angle, 1)
    motion_blur_kernel = np.diag(np.ones(degree))           # 输出矩阵的对角线元素
    #放射变换函数
```

```
    motion_blur_kernel = cv2.warpAffine(motion_blur_kernel, M, (degree,
        degree))

    motion_blur_kernel = motion_blur_kernel / degree
    blurred = cv2.filter2D(image, -1, motion_blur_kernel)
    cv2.normalize(blurred, blurred, 0, 255, cv2.NORM_MINMAX)    # 归一化函数
    blurred = np.array(blurred, dtype=np.uint8)
    return blurred

img = cv2.imread('d:/pics/lena.jpg')
img_blurred = motion_blur(img)
cv2.imshow('Origin image',img)
cv2.imshow('Blurred image',img_blurred)
cv2.waitKey(0)
cv2.destroyAllWindows()
```

程序运行的结果如图 7-2 所示。

　　　　a）原图像　　　　　　　　　　　b）运动模糊后的图像

图 7-2　运动模糊图像

7.3　图像的逆滤波

逆滤波是一种无约束的图像复原算法，其目标是找到最优估计图像，即最小化，如式（7-3）所示：

$$J(\hat{f}) = \|n\|^2 = \|g - H\hat{f}\|^2 \tag{7-3}$$

如果已知退化图像的傅里叶变换和系统冲激响应函数（滤波传递函数），则可以求得原图像的傅里叶变换，经傅里叶逆变换就可以求得原始图像 $f(x, y)$。其中，退化图像的傅里叶变换 $G(u, v)$ 除以点扩散函数（PSF）的傅里叶变换 $H(u, v)$，结果 $H(u, v)$ 起到了反向滤波的作用。

$$f(x,y) = F^{-1}[\hat{F}(u,v)] = F^{-1}\left[\frac{G(u,v)}{H(u,v)}\right] \tag{7-4}$$

由式（7-4）可得，当 $H(u, v)$ 很小时，$\hat{F}(u,v)$ 极大，出现病态性质。因此在分母引入修正项 k，使其不会趋近于 0。但是仍对噪声具有放大作用，因此无约束复原方法不适合复原含有噪声的图像。

【例 7.3】使用逆滤波算法对运动模糊图像进行滤波。程序如下：

```
import cv2
import math
import numpy as np
import matplotlib.pyplot as plt

# 仿真运动模糊
def motion_process(image_size,motion_angle):
    PSF = np.zeros(image_size)
    center_position=(image_size[0]-1)/2

    slope_tan=math.tan(motion_angle*math.pi/180)
    slope_cot=1/slope_tan
    if slope_tan<=1:
        for i in range(15):
            offset=round(i*slope_tan)
            PSF[int(center_position+offset),int(center_position-offset)]=1
        return PSF / PSF.sum()                      # 对点扩散函数进行归一化亮度
    else:
        for i in range(15):
            offset=round(i*slope_cot)
            PSF[int(center_position-offset),int(center_position+offset)]=1
        return PSF / PSF.sum()

# 对图像进行运动模糊
def make_blurred(input, PSF, eps):
    input_fft = np.fft.fft2(input)              # 进行二维数组的傅里叶变换
    PSF_fft = np.fft.fft2(PSF)+ eps
    blurred = np.fft.ifft2(input_fft * PSF_fft)
    blurred = np.abs(np.fft.fftshift(blurred))
    return blurred

def inverse(input, PSF, eps):                   # 逆滤波
    input_fft = np.fft.fft2(input)
    PSF_fft = np.fft.fft2(PSF) + eps            # 噪声功率，这是已知的，考虑 epsilon
    result = np.fft.ifft2(input_fft / PSF_fft)  # 计算 F(u,v) 的傅里叶逆变换
    result = np.abs(np.fft.fftshift(result))
    return result

if __name__ == '__main__':
    image = cv2.imread('d:/pics/lena.jpg')
    image = cv2.cvtColor(image,cv2.COLOR_BGR2GRAY)
    # 进行运动模糊处理
    img_h,img_w = image.shape[0:2]
    PSF = motion_process((img_h,img_w), 60)
    blurred = np.abs(make_blurred(image, PSF, 1e-3))
    plt.subplot(221),plt.axis('off')
    plt.title("Motion blurred")
    plt.imshow(blurred)

    result_inv = inverse(blurred, PSF, 1e-3)    # 逆滤波
    plt.subplot(222),plt.axis('off')
    plt.title("inverse deblurred")
    plt.imsave('d:\pics\lenaInv.jpg',result_inv)
    plt.imshow(result_inv)
```

```
# 添加噪声,standard_normal 产生随机的函数
blurred_noisy=blurred + 0.1 * blurred.std() *
                        np.random.standard_normal(blurred.shape)
plt.subplot(223),plt.axis('off')
plt.title("motion & noisy blurred")
plt.imshow(blurred_noisy)                    # 显示添加噪声且运动模糊的图像

# 对添加噪声的图像进行逆滤波
result_invn = inverse(blurred_noisy, PSF, 0.1+1e-3)
plt.subplot(224),plt.axis('off')
plt.title("Niose inverse deblurred")
plt.imsave('d:\pics\lenaInvn.jpg',result_invn)
plt.imshow(result_invn)
plt.show()
```

程序运行的结果如图 7-3 所示。图 a 为运动模糊图像,图 b 为对图 a 逆滤波后的图像;图 c 为运动模糊 + 噪声图像,图 d 为对图 c 逆滤波后的图像。

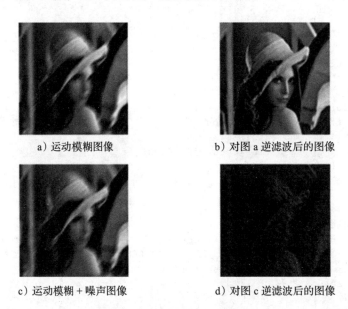

a) 运动模糊图像   b) 对图 a 逆滤波后的图像

c) 运动模糊 + 噪声图像   d) 对图 c 逆滤波后的图像

图 7-3   运动模糊逆滤波图像

7.4   图像的维纳滤波

维纳滤波是基于最小均方误差准则提出的最佳线性滤波方法。这种滤波器的输出与期望输出之间的均方误差为最小,因此,它是一个最佳滤波系统,可用于提取被平稳噪声污染的信号。

维纳滤波也称为最小均方误差滤波,它能处理被退化函数退化和被噪声污染的图像。该滤波方法建立在图像和噪声都是随机变量的基础之上,目标是找到未污染图像 $f(x, y)$ 的一个估计 $\hat{f}$,使它们之间的均方误差最小,即 $e^2 = E\{(f - \hat{f})^2\}$,其中 $E\{\cdot\}$ 是参数期望值。在假设噪声和图像不相关,其中一个或另一个有零均值且估计中的灰度级是退化图像中灰度级的线性函数的条件下,均方误差函数的最小值在频率域为:

$$\hat{F}(u,v)=\left[\frac{H^*(u,v)S_f(u,v)}{S_f(u,v)\,|H(u,v)|^2+S_\eta(u,v)}\right]G(u,v)=\left[\frac{H^*(u,v)}{|H(u,v)|^2+\dfrac{S_\eta(u,v)}{S_f(u,v)}}\right]G(u,v)$$

$$=\left[\frac{1}{H(u,v)}\frac{|H(u,v)|^2}{|H(u,v)|^2+\dfrac{S_\eta(u,v)}{S_f(u,v)}}\right]G(u,v) \tag{7-5}$$

式中，$H(u,v)$ 为退化函数；$H^*(u,v)$ 为 $H(u,v)$ 的复共轭；$|H(u,v)|^2=H(u,v)H^*(u,v)$；$S_\eta(u,v)=|N(u,v)|^2=$ 噪声的功率谱；$S_f(u,v)=|F(u,v)|^2=$ 未退化图像的功率谱；$H(u,v)$ 为退化函数的傅里叶变换；$G(u,v)$ 为退化后图像的傅里叶变换。

从上面的公式可以发现，如果没有噪声，即 $S_\eta(u,v)=0$，此时维纳滤波变为直接逆滤波；如果有噪声，那么 $S_\eta(u,v)$ 如何估计将成为问题，同时 $S_f(u,v)$ 的估计也成为问题。在实际应用中假设退化函数已知，如果噪声为高斯白噪声，则 $S_\eta(u,v)$ 为常数，但 $S_f(u,v)$ 通常难以估计。一种近似的解决办法是用一个系数 K 代替 $S_\eta(u,v)/S_f(u,v)$，因此式（7-5）变为：

$$\hat{F}(u,v)=\left[\frac{1}{H(u,v)}\frac{|H(u,v)|^2}{|H(u,v)|^2+K}\right]G(u,v) \tag{7-6}$$

在实际应用中，根据处理的效果选取合适的 K 值。

【例 7.4】使用维纳滤波对运动模糊图像进行滤波处理。程序如下：

```python
import cv2
import math
import numpy as np
import matplotlib.pyplot as plt

# 仿真运动模糊
def motion_process(image_size,motion_angle):
    PSF = np.zeros(image_size)
    center_position=(image_size[0]-1)/2
    slope_tan=math.tan(motion_angle*math.pi/180)
    slope_cot=1/slope_tan
    if slope_tan<=1:
        for i in range(15):
            offset=round(i*slope_tan)
            PSF[int(center_position+offset),int(center_position-offset)]=1
        return PSF / PSF.sum()                # 对点扩散函数进行归一化
    else:
        for i in range(15):
            offset=round(i*slope_cot)
            PSF[int(center_position-offset),int(center_position+offset)]=1
        return PSF / PSF.sum()

# 对图像进行运动模糊
def make_blurred(input, PSF, eps):
    input_fft = np.fft.fft2(input)       # 二维数组的傅里叶变换
    PSF_fft = np.fft.fft2(PSF)+ eps
    blurred = np.fft.ifft2(input_fft * PSF_fft)
```

```python
    blurred = np.abs(np.fft.fftshift(blurred))
    return blurred

def wiener(input,PSF,eps,K=0.01):                    # 维纳滤波，K=0.01
    input_fft=np.fft.fft2(input)
    PSF_fft=np.fft.fft2(PSF) +eps
    PSF_fft_1=np.conj(PSF_fft) /(np.abs(PSF_fft)**2 + K)
    result=np.fft.ifft2(input_fft * PSF_fft_1)
    result=np.abs(np.fft.fftshift(result))
    return result

if __name__ == '__main__':
    image = cv2.imread('d:/pics/lena.jpg')
    image = cv2.cvtColor(image,cv2.COLOR_BGR2GRAY)
    img_h,img_w = image.shape[0:2]
    PSF = motion_process((img_h,img_w), 60)
    blurred = np.abs(make_blurred(image, PSF, 1e-3))
    plt.subplot(221),plt.axis('off')
    plt.title("Motion blurred")
    plt.imshow(blurred)
    plt.imsave('d:\pics\lenaMb.jpg',blurred)

    resultwd=wiener(blurred,PSF,1e-3)
    plt.subplot(222),plt.axis('off')
    plt.title("wiener deblurred(k=0.01)")
    plt.imshow(resultwd)
    plt.imsave('d:\pics\lenaWd.jpg',resultwd)

    # 添加噪声，standard_normal 产生随机的函数
    blurred_noisy=blurred + 0.1 * blurred.std() *
                            np.random.standard_normal(blurred.shape)
    plt.subplot(223),plt.axis('off')
    plt.title("motion & noisy blurred")
    plt.imshow(blurred_noisy)               # 显示添加噪声且运动模糊的图像

    # 对添加噪声的图像进行维纳滤波
    resultwdn=wiener(blurred_noisy,PSF,0.1+1e-3)
    plt.subplot(224),plt.axis('off')
    plt.title("wiener deblurred(k=0.01)")
    plt.imshow(resultwdn)
    plt.show()
```

程序运行结果如图 7-4 所示。图 a 为运动模糊图像，图 b 为对图 a 进行维纳滤波后的图像；图 c 为运动模糊 + 噪声图像，图 d 为对图 c 进行维纳滤波后的图像。

a）运动模糊图像   b）对图 a 进行维纳滤波后的图像

图 7-4   运动模糊维纳滤波图像

c) 运动模糊 + 噪声图像   d) 对图 c 进行维纳滤波后的图像

图 7-4 （续）

在程序中可以修改运动模糊的角度，观察不同的角度取值情况下的模糊效果。对比图 7-3 的逆滤波和图 7-4 的维纳滤波，从效果来看，维纳滤波对图像去运动模糊效果较好。

7.5　图像质量的评价

图像修复模型的好坏取决于对修复结果的评价，衡量图像修复结果的指标主要有以下三种。

1. 主观评价方法

由观测者对图像质量进行主观评估，在实际生产中一般会采用此法。主观评价方法是评价图像质量最具代表性的方法，它通过观测者的评价判断图像质量。主观评价方法与人的主观感受相符，但费时、复杂，还会受观测者专业背景、心理和动机等主观因素的影响，并且不能结合到其他算法中使用。

2. 客观评价方法

图像质量的客观评价方法是根据人眼的主观视觉系统建立数学模型，并通过公式计算图像的质量。客观评价方法方便、快捷，容易实现，并能结合到应用系统中，但它和人的主观感受有出入。通常提到的图像质量评价方法是指客观评价方法，其目标是获得与主观评价结果一致的客观评价值。传统的图像质量客观评价方法主要包括均方误差（Mean Squared Error，MSE）和峰值信噪比（Peak Signal to Noise Rate，PSNR）。

MSE 首先计算原始图像和失真图像像素差值的均值，然后通过均方值的大小来确定失真图像的失真程度。

基于 Python 定义的 MSE 函数为：

```
def mse(img1, img2):
    mse = np.mean( (img1/255. - img2/255.) ** 2)
    return mse
```

PSNR 是峰值信号的能量与噪声的平均能量之比，其定义为：

$$PSNR = 10\log_{10}\frac{MaxValue^2}{MSE} \qquad (7-7)$$

式中，$MaxValue^2$ 表示存储的最大位数 $2^{bit}-1$，对图像而言 bit=8，MaxValue=255。PSNR 指标越高，说明图像质量越好。

基于 Python 定义的 PSNR 函数为：

```
def psnr(img1, img2):
    mse = np.mean((img1/1.0 - img2/1.0) ** 2 )
    if mse < 1.0e-10:
```

```
            return 100
    return 10 * math.log10(255.0**2/mse)
```

3. 结构相似性评价方法（Structural Similarity，SSIM）

该评价方法是在 2001 年提出的，是一种衡量电视、电影或者其他数字图像、视频的主观感受质量的一种方法。SSIM 算法用来测试两幅图像的相似性，其测量或者预测图像的质量时是以未压缩的或者无失真的图像作为参考的。传统检测图像质量的方法 MSE、PSNR 与人眼的实际视觉感知是不一致的，结构相似性理论认为，自然图像信号是高度结构化的，即像素间有很强的相关性，特别是空域中最接近的像素，这种相关性蕴含着视觉场景中物体结构的重要信息。SSIM 算法在设计上考虑了人眼的视觉特性，比传统方式更符合人眼视觉感知，它从自然图像高度结构化的特征出发，通过亮度（luminance）、对比度（contrast）和结构（structure）三个方面估计感知结构信息的变化。结构信息是指像素之间有内部的依赖性，尤其是空间上靠近的像素点，这些依赖性携带着目标对象视觉感知上的重要信息。

SSIM 可以基于不同的窗口做计算，假设窗口 x、y 的大小是 $N \times N$（通常取 8×8）。SSIM 定义式为：

$$SSIM(x, y) = \frac{2(\mu_x\mu_y + c_1)(2\sigma_{xy} + c_2)}{(\mu_x^2 + \mu_y^2 + c_1)(\sigma_x^2 + \sigma_y^2 + c_2)} \tag{7-8}$$

式中，μ_x 为 x 的平均值；μ_y 为 y 的平均值；σ_x^2 为 x 的方差；σ_y^2 为 y 的方差；σ_{xy} 为 x 和 y 的协方差；$c_1 = (k_1L)^2$，$c_2 = (k_2L)^2$ 为维持稳定的两个变量；L 为像素的动态范围，即 $2^{bits\ per\ pixel} - 1$，（彩色图像 24bit，bits per pixel = 8）；$k_1 = 0.01$ 和 $k_2 = 0.03$ 是默认值。

SSIM 计算复杂，其值可以较好地反映人眼主观感受，计算结果为一个小数且在 $-1 \sim 1$ 之间，数值越大，表示两幅图越相似，图片质量越好。若结果为 1，说明对比的两幅图像在数据上是一致的。结构相似度指数从图像组成的角度将结构信息定义为独立于亮度、对比度的，反映场景中物体结构的属性，并将失真建模为亮度、对比度和结构三个不同因素的组合。用均值作为亮度的估计，标准差作为对比度的估计，协方差作为结构相似程度的度量。

结构相似性指标也是一种用于衡量两张数字图像相似程度的指标。当两张图像中一张为无失真图像，另一张为失真后的图像时，二者的结构相似性可以看作失真图像的图像品质衡量指标。相较于传统所使用的图像品质衡量指标（如 MSE、PSNR），结构相似性在图像品质的衡量上更符合人眼对图像品质的判断。

Scipy 库中的两个二维数组卷积函数的语法格式为：

```
scipy.signal.convolve2d(in1, in2, mode='full', boundary='fill', fillvalue=0)
```

该函数对 in1 和 in2 进行卷积，输出大小由 mode 确定，边界条件由 boundary 和 fillvalue 确定。

【例 7.5】使用 Numpy 库函数对维纳滤波图像求解 MSE、PSNR 和 SSIM 评价参数。程序如下：

```
import cv2
import math
import numpy as np
from scipy.signal import convolve2d
```

```python
def compute_mse(img1, img2):
    mse = np.mean( (img1/255. - img2/255.) ** 2)
    return mse

def compute_psnr(img1, img2):
    mse = np.mean((img1/1.0 - img2/1.0) ** 2 )
    if mse < 1.0e-10:
        return 100
    return 10 * math.log10(255.0**2/mse)

def matlab_style_gauss2D(shape=(3,3),sigma=0.5):
    m,n = [(ss-1.)/2. for ss in shape]
    y,x = np.ogrid[-m:m+1,-n:n+1]
    h = np.exp( -(x*x + y*y) / (2.*sigma*sigma) )
    h[ h < np.finfo(h.dtype).eps*h.max() ] = 0
    sumh = h.sum()
    if sumh != 0:
        h /= sumh
    return h

def filter2(x, kernel, mode='same'):
    return convolve2d(x, np.rot90(kernel, 2), mode=mode)

def compute_ssim(im1, im2, k1=0.01, k2=0.03, win_size=11, L=255):
    if not im1.shape == im2.shape:
        raise ValueError("Input Imagees must have the same dimensions")
    if len(im1.shape) > 2:
        raise ValueError("Please input the images with 1 channel")
    M, N = im1.shape
    C1 = (k1*L)**2
    C2 = (k2*L)**2
    window = matlab_style_gauss2D(shape=(win_size,win_size), sigma=1.5)
    window = window/np.sum(np.sum(window))

    if im1.dtype == np.uint8:
        im1 = np.double(im1)
    if im2.dtype == np.uint8:
        im2 = np.double(im2)

    mu1 = filter2(im1, window, 'valid')
    mu2 = filter2(im2, window, 'valid')
    mu1_sq = mu1 * mu1
    mu2_sq = mu2 * mu2
    mu1_mu2 = mu1 * mu2
    sigma1_sq = filter2(im1*im1, window, 'valid') - mu1_sq
    sigma2_sq = filter2(im2*im2, window, 'valid') - mu2_sq
    sigma12 = filter2(im1*im2, window, 'valid') - mu1_mu2

    ssim_map = ((2*mu1_mu2+C1) * (2*sigma12+C2)) / ((mu1_sq+mu2_sq+C1) *
        (sigma1_sq+sigma2_sq+C2))
    return np.mean(np.mean(ssim_map))

if __name__ == '__main__':
    img_origin = cv2.imread('d:/pics/lenaorig.jpg',0)
    cv2.imshow('Origin image',img_origin)
    img_Mb = cv2.imread('d:/pics/lenaMb.jpg',0)
    cv2.imshow('Move blur image',img_Mb)
    img_wd = cv2.imread('d:/pics/lenaWd.jpg',0)
    cv2.imshow('Winer filter image',img_wd)
    img_wdn = cv2.imread('d:/pics/lenaWdn.jpg',0)
```

```
cv2.imshow('nWiner noise filter image',img_wdn)

### 原图像与运动模糊后的维纳滤波图像之间的评价参数
mse = compute_mse(img_origin,img_wd)
print('MSE:{}'.format(mse))
psnr = compute_psnr(img_origin,img_wd)
print('PSNR:{}'.format(psnr))
ssim = compute_ssim(img_origin,img_wd)
print('SSIM:{}'.format(ssim))

### 原图像与运动模糊 + 噪声后的维纳滤波图像之间的评价参数
mse = compute_mse(img_origin,img_wdn)
print('MSE:{}'.format(mse))
psnr = compute_psnr(img_origin,img_wdn)
print('PSNR:{}'.format(psnr))
ssim = compute_ssim(img_origin,img_wdn)
print('SSIM:{}'.format(ssim))

cv2.waitKey(0)
cv2.destroyAllWindows()
```

程序运行的结果如图 7-5 所示，其输出的图像评价参数如下。

● 基于运动模糊图像的维纳滤波后的参数为：

```
MSE:0.001349162245290273
PSNR:28.69935820530212
SSIM:0.8315891237838533
```

● 运动模糊 + 噪声图像的维纳滤波后的参数为：

```
MSE:0.010067537870049981
PSNR:19.970767280753556
SSIM:0.5047339796956921
```

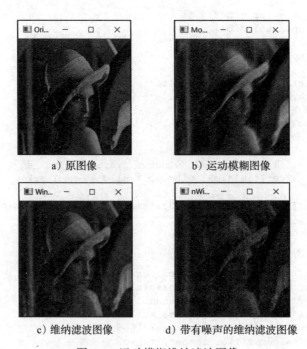

a）原图像   b）运动模糊图像

c）维纳滤波图像   d）带有噪声的维纳滤波图像

图 7-5   运动模糊维纳滤波图像

【例 7.6】使用 Numpy 库函数对逆滤波图像求解 MSE、PSNR 和 SSIM 评价参数。程序如下：

```python
import cv2
import math
import numpy as np
from scipy.signal import convolve2d

def compute_mse(img1, img2):
    mse = np.mean( (img1/255. - img2/255.) ** 2)
    return mse

def compute_psnr(img1, img2):
    mse = np.mean((img1/1.0 - img2/1.0) ** 2 )
    if mse < 1.0e-10:
        return 100
    return 10 * math.log10(255.0**2/mse)

def matlab_style_gauss2D(shape=(3,3),sigma=0.5):
    m,n = [(ss-1.)/2. for ss in shape]
    y,x = np.ogrid[-m:m+1,-n:n+1]
    h = np.exp( -(x*x + y*y) / (2.*sigma*sigma) )
    h[ h < np.finfo(h.dtype).eps*h.max() ] = 0
    sumh = h.sum()
    if sumh != 0:
        h /= sumh
    return h

def filter2(x, kernel, mode='same'):
    return convolve2d(x, np.rot90(kernel, 2), mode=mode)

def compute_ssim(im1, im2, k1=0.01, k2=0.03, win_size=11, L=255):
    if not im1.shape == im2.shape:
        raise ValueError("Input Imagees must have the same dimensions")
    if len(im1.shape) > 2:
        raise ValueError("Please input the images with 1 channel")
    M, N = im1.shape
    C1 = (k1*L)**2
    C2 = (k2*L)**2
    window = matlab_style_gauss2D(shape=(win_size,win_size), sigma=1.5)
    window = window/np.sum(np.sum(window))

    if im1.dtype == np.uint8:
        im1 = np.double(im1)
    if im2.dtype == np.uint8:
        im2 = np.double(im2)

    mu1 = filter2(im1, window, 'valid')
    mu2 = filter2(im2, window, 'valid')
    mu1_sq = mu1 * mu1
    mu2_sq = mu2 * mu2
    mu1_mu2 = mu1 * mu2
    sigma1_sq = filter2(im1*im1, window, 'valid') - mu1_sq
    sigma2_sq = filter2(im2*im2, window, 'valid') - mu2_sq
    sigma12 = filter2(im1*im2, window, 'valid') - mu1_mu2
    ssim_map = ((2*mu1_mu2+C1) * (2*sigma12+C2)) / ((mu1_sq+mu2_sq+C1) *
        (sigma1_sq+sigma2_sq+C2))
    return np.mean(np.mean(ssim_map))
```

```
if __name__ == '__main__':
    img_origin = cv2.imread('d:/pics/lenaorig.jpg',0)
    cv2.imshow('Origin image',img_origin)
    img_Mb = cv2.imread('d:/pics/lenaMb.jpg',0)
    cv2.imshow('Move blur image',img_Mb)

    img_inv = cv2.imread('d:/pics/lenainv.jpg',0)
    cv2.imshow('Inverse filter image',img_inv)
    img_invn = cv2.imread('d:/pics/lenainvn.jpg',0)
    cv2.imshow('Noise inverse  filter image',img_invn)

    ### 原图像与运动模糊后的逆滤波图像之间的评价参数
    mse = compute_mse(img_origin,img_inv)
    print('MSE:{}'.format(mse))
    psnr = compute_psnr(img_origin,img_inv)
    print('PSNR:{}'.format(psnr))
    ssim = compute_ssim(img_origin,img_inv)
    print('SSIM:{}'.format(ssim))

    ### 原图像与运动模糊 + 噪声后的逆滤波图像之间的评价参数
    mse = compute_mse(img_origin,img_invn)
    print('MSE:{}'.format(mse))
    psnr = compute_psnr(img_origin,img_invn)
    print('PSNR:{}'.format(psnr))
    ssim = compute_ssim(img_origin,img_invn)
    print('SSIM:{}'.format(ssim))

    cv2.waitKey(0)
    cv2.destroyAllWindows()
```

程序运行的结果如图 7-6 所示，其输出的图像评价参数如下。

● 基于运动模糊图像的逆滤波后的参数为：

```
MSE:1.2172241445597847e-06
PSNR:59.146294416695355
SSIM:0.9995992013825972。
```

● 运动模糊 + 噪声图像的逆滤波后的参数为：

```
MSE:0.04287537024221453
PSNR:13.677921166644737
SSIM:0.18683314611701046
```

a）原图像

b）运动模糊图像

图 7-6　运动模糊逆滤波图像

c）逆滤波图像　　　　　　　　　d）带有噪声的逆滤波图像

图 7-6　（续）

【例 7.7】使用 skimage 库函数对维纳滤波图像求解 MSE、PSNR 和 SSIM 评价参数。程
序如下：

```
import cv2
from skimage.measure import compare_mse
from skimage.measure import compare_psnr
from skimage.measure import compare_ssim

img_origin = cv2.imread('d:/pics/lenaorig.jpg',0)
cv2.imshow('Origin image',img_origin)

img_Mb = cv2.imread('d:/pics/lenaMb.jpg',0)
cv2.imshow('Move blur image',img_Mb)

img_wd = cv2.imread('d:/pics/lenaWd.jpg',0)
cv2.imshow('Winer filter image',img_wd)

img_wdn = cv2.imread('d:/pics/lenaWdn.jpg',0)
cv2.imshow('nWiner noise filter image',img_wdn)

### 原图像与运动模糊后的维纳滤波图像之间的评价参数
mse = compare_mse(img_origin,img_wd)
print('MSE:{}'.format(mse))
psnr = compare_psnr(img_origin,img_wd)
print('PSNR:{}'.format(psnr))
ssim = compare_ssim(img_origin,img_wd)
print('SSIM:{}'.format(ssim))

### 原图像与运动模糊 + 噪声后的维纳滤波图像之间的评价参数
mse = compare_mse(img_origin,img_wdn)
print('MSE:{}'.format(mse))
psnr = compare_psnr(img_origin,img_wdn)
print('PSNR:{}'.format(psnr))
ssim = compare_ssim(img_origin,img_wdn)
print('SSIM:{}'.format(ssim))

cv2.waitKey(0)
cv2.destroyAllWindows()
```

程序运行结果如图 7-5 所示，其输出的图像评价参数如下。

● 基于运动模糊图像的维纳滤波后的参数为：

```
MSE:87.729275
PSNR:28.69935820530212
SSIM:0.8349283273258075
```

- 运动模糊 + 噪声图像的维纳滤波后的参数为:

```
MSE:654.64165
PSNR:19.970767280753556
SSIM:0.5262104290863492
```

【例 7.8】使用 skimage 库函数对逆滤波图像求解 MSE、PSNR 和 SSIM 评价参数。程序如下:

```
import cv2
from skimage.measure import compare_mse
from skimage.measure import compare_psnr
from skimage.measure import compare_ssim

img_origin = cv2.imread('d:/pics/lenaorig.jpg',0)
cv2.imshow('Origin image',img_origin)

img_Mb = cv2.imread('d:/pics/lenaMb.jpg',0)
cv2.imshow('Move blur image',img_Mb)

img_inv = cv2.imread('d:/pics/lenainv.jpg',0)
cv2.imshow('Inverse filter image',img_inv)

img_invn = cv2.imread('d:/pics/lenainvn.jpg',0)
cv2.imshow('Noise inverse  filter image',img_invn)

### 原图像与运动模糊后的逆滤波图像之间的评价参数
mse = compare_mse(img_origin,img_inv)
print('MSE:{}'.format(mse))
psnr = compare_psnr(img_origin,img_inv)
print('PSNR:{}'.format(psnr))
ssim = compare_ssim(img_origin,img_inv)
print('SSIM:{}'.format(ssim))

### 原图像与运动模糊 + 噪声后的逆滤波图像之间的评价参数
mse = compare_mse(img_origin,img_invn)
print('MSE:{}'.format(mse))
psnr = compare_psnr(img_origin,img_invn)
print('PSNR:{}'.format(psnr))
ssim = compare_ssim(img_origin,img_invn)
print('SSIM:{}'.format(ssim))

cv2.waitKey(0)
cv2.destroyAllWindows()
```

程序运行的结果如图 7-6 所示, 其输出的图像评价参数如下。
- 基于运动模糊图像的逆滤波后的参数为:

```
MSE:0.07915
PSNR:59.146294416695355
SSIM:0.9996175769566426。
```

- 运动模糊 + 噪声图像的逆滤波后的参数为:

```
MSE:2787.97095
PSNR:13.677921166644737
SSIM:0.19679849973120392
```

将例 7.7 和例 7.8 获得的三个图像评价参数进行比较，如表 7-1 所示。

表 7-1　图像评价参数表

方法	MSE	PSNR	SSIM
逆滤波	0.07915	59.146294416695355	0.9996175769566426
带噪声的逆滤波	2787.97095	13.677921166644737	0.19679849973120392
维纳滤波	87.729275	28.69935820530212	0.8349283273258075
带噪声的维纳滤波	654.64165	19.970767280753556	0.5262104290863492

从表 7-1 可以看出，对比 PSNR 和 SSIM 参数，对于无噪声干扰的运动模糊图像，逆滤波的效果要比维纳滤波的效果好；对于带有噪声干扰的运动模糊图像，维纳滤波的滤波效果要比逆滤波的滤波效果好。

7.6　习题

1. 了解图像退化与复原的机理，根据运动模糊的模型函数生成任意角度（如 50°）的运动模糊图像。
2. 编写程序，创建运动模糊核矩阵，利用该核矩阵生成运动模糊图像。
3. 编写程序，使用逆滤波算法对高斯噪声图像进行滤波。
4. 编写程序，分别使用逆滤波和维纳滤波对乘性噪声图像进行滤波处理，比较它们的滤波效果。
5. 编写程序，分别使用 Numpy 库函数对逆滤波和维纳滤波图像求解 MSE、PSNR 和 SSIM 评价参数。
6. 编写程序，使用 Skimage 库函数对维纳滤波图像求解 MSE、PSNR 和 SSIM 评价参数。

第 8 章　图像数学形态学

数学形态学（Mathematical Morphology）诞生于 1964 年，其基本思想是用具有一定形态的结构元素（Structural Element，SE）或内核去量度和提取数字图像中的对应形状，以实现分析和识别图像的目的。形态学分析是一门建立在集合论基础上的学科，它是几何形态分析和描述的有力工具，是一种新的图像处理与分析方法。数学形态学的基本思想也适用于图像处理的很多方面，包括图像增强、边缘检测、图像分割、特征提取、图像复原、文字识别、医学图像处理、图像压缩，以及机器视觉等领域。在工农业生产的视觉零部件检测、产品质量检测、食品安全检测、生物医学图像分析和纹理分析等方面，数学形态学得到了非常成功的应用，创造了良好的经济效益和社会效益。

数学形态学是基于图像形状的操作，主要针对的是二值图像，基本的操作是腐蚀和膨胀，其他如开运算、闭运算、高帽运算、黑帽运算等都是在腐蚀和膨胀操作的基础上进行的。膨胀是对图像中的高亮部分进行膨胀，类似于领域扩张，结果拥有比原图更大的高亮区域；腐蚀是对原图的高亮部分腐蚀，类似于领域被蚕食，结果拥有比原图更小的高亮区域。从数学的角度来说，膨胀和腐蚀操作就是将图像与核进行卷积，核可以是任意形状和大小的。核大则周围对其影响大，变化大；核小则周围对其影响小，变化小。

在本章中，我们将学习不同的形态学操作，例如腐蚀、膨胀、开运算、闭运算等。通过 cv2.erode()、cv2.dilate()、cv2.morphologyEx() 等函数实现不同形态学操作。

8.1　结构元素

数学形态学处理的核心就是定义结构元素（卷积核）。在 OpenCV 中，可以使用其自带的函数 getStructuringElement() 创建结构元素，也可以直接使用 Numpy 库的 ndarray 来定义一个结构元素。在 Numpy 的帮助下，我们可以手动创建矩形、椭圆、圆等形状的结构元素。

8.1.1　使用 OpenCV 生成结构元素

OpenCV 提供了 cv2.getStructuringElement() 函数用于获得结构元素内核的形状和大小。函数语法格式为：

```
kernel = cv2.getStructuringElement(shape, ksize[, anchor] )
```

其输入参数如下：
- shape：内核的形状，有三种形状可以选择。
  - MORPH_RECT：产生矩形的结构元素。
  - MORPH_ELLIPSEM：产生椭圆的结构元素。
  - MORPH_CROSS：产生十字交叉形的结构元素。
- ksize：内核的尺寸。

● anchor：内核锚点的位置。对于锚点的位置，有默认值 Point（-1，-1），表示锚点位于中心点。

在调用腐蚀（erode）以及膨胀（dilate）函数之前，需要先定义一个结构元素（卷积核）。

【例 8.1】使用 cv2.getStructuringElement() 函数生成结构元素，程序如下：

```python
import cv2

# 矩形内核
kernel1 = cv2.getStructuringElement(cv2.MORPH_RECT,(5,5))
print(kernel1)

# 椭圆内核
kernel2 = cv2.getStructuringElement(cv2.MORPH_ELLIPSE,(5,5))
print(kernel2)

#十字内核
kernel3 = cv2.getStructuringElement(cv2.MORPH_CROSS,(5,5))
print(kernel3)
```

运行结果如下：

```
[[1 1 1 1 1]
 [1 1 1 1 1]
 [1 1 1 1 1]
 [1 1 1 1 1]
 [1 1 1 1 1]]
[[0 0 1 0 0]
 [1 1 1 1 1]
 [1 1 1 1 1]
 [1 1 1 1 1]
 [0 0 1 0 0]]
[[0 0 1 0 0]
 [0 0 1 0 0]
 [1 1 1 1 1]
 [0 0 1 0 0]
 [0 0 1 0 0]]
```

8.1.2 使用 Numpy 生成结构元素

通过 Numpy 库中的数组创建或矩阵创建来生成结构元素，结构元素要求的数据类型是无符号 8 位整数。

【例 8.2】使用 Numpy 库中的函数生成 5×5 的正方形和菱形结构元素，程序如下：

```python
import numpy as np

kernel1 = np.ones((5,5),np.uint8)          # 创建一个 5*5 的正方形矩阵
# 创建一个 5*5 的菱形矩阵
kernel2 = np.array([[0,0,1,0,0],[0,1,1,1,0],[1,1,1,1,1], [0,1,1,1,0],[0,0,1,0,0]],
    dtype=np.uint8)

print(kernel1)
print(kernel2)
```

程序运行的结果如下所示，第一个矩阵是 5×5 的正方形矩阵，第二个矩阵是 5×5 的菱

形矩阵。

```
[[1 1 1 1 1]
 [1 1 1 1 1]
 [1 1 1 1 1]
 [1 1 1 1 1]
 [1 1 1 1 1]]

[[0 0 1 0 0]
 [0 1 1 1 0]
 [1 1 1 1 1]
 [0 1 1 1 0]
 [0 0 1 0 0]]
```

要想得到其他形状的结构元素，可以通过将上述矩阵中的对应元素设为 0 或 1 来实现。

8.2　腐蚀

腐蚀（erosion）是指卷积核沿着图像滑动，把物体的边界腐蚀掉。如果卷积核对应的原图的所有像素值为 1，那么中心元素就保持原来的值，否则变为零。这对于消除小的白噪声、分离两个连接的对象等非常有用。腐蚀是和膨胀相反的操作，它将 0 值扩充到邻近像素，扩大黑色部分，减小白色部分。可用来提取骨干信息，去掉毛刺和孤立的像素。

8.2.1　OpenCV 中的腐蚀函数

OpenCV 中的腐蚀函数 cv2.erode() 的语法格式如下：

```
dst = cv2.erode(src, element[,anchor[, iterations[, borderType[, borderValue]]]])
```

其中，输入参数如表 8-1 所示。

表 8-1　腐蚀函数的参数

输入参数	意　义
src	输入的原图像
element	结构元素
anchor	结构元素的锚点
iterations	腐蚀操作的次数，默认为 1
borderType	边界扩充类型
boderValue	边界扩充值

与卷积操作类似，边界处像素的邻域有可能会超出图像边界，所以需要扩充图像边界。在边界扩充类型中，镜像扩充操作的效果最好。

【例 8.3】使用 cv2.erode() 函数实现二值图像的腐蚀运算。程序如下：

```
import cv2
import numpy as np
from matplotlib import pyplot as plt

img = cv2.imread('d:/pics/j.png',0)
kernel = np.ones((5,5),np.uint8)
erosion = cv2.erode(img,kernel,iterations = 1)
```

```
plt.figure('erode',figsize=(8,8))
plt.subplot(121)
plt.title('origin image')
plt.imshow(img,plt.cm.gray)
plt.axis('off')

plt.subplot(122)
plt.title('erode image')
plt.imshow(erosion,plt.cm.gray)
plt.axis('off')
```

程序运行的结果如图 8-1 所示，图 8-1a 为原图像，图 8-1b 为腐蚀后的图像。可以看出，图 8-1b 的字体变瘦了。

a）原图像　　　　　　　　a）腐蚀后的图像

图 8-1　OpenCV 腐蚀图像

8.2.2　skimage 中的腐蚀函数

在 skimage 库中，腐蚀运算函数的语法格式为：

```
dst = skimage.morphology.erosion(image, selem=None)
```

其中，selem 表示结构元素，用于设定局部区域的形状和大小。

如果处理图像为二值图像（只有 0 和 1 两个值），则函数的调用格式如下：

```
dst = skimage.morphology.binary_erosion(image, selem=None)
```

用此函数处理灰度图像的速度更快。

【例 8.4】使用 skimage 库函数实现图像的腐蚀运算，程序如下：

```
from skimage import data
import skimage.morphology as sm
import matplotlib.pyplot as plt

img = data.checkerboard()              # 调用棋格板
dst1 = sm.erosion(img,sm.square(5))    # 用边长为 5 的正方形滤波器进行腐蚀滤波
dst2 = sm.erosion(img,sm.square(15))   # 用边长为 15 的正方形滤波器进行腐蚀滤波

plt.figure('morphology',figsize=(8,8))
plt.subplot(131)
plt.title('origin image')
```

```
plt.imshow(img,plt.cm.gray)

plt.subplot(132)
plt.title('5*5 eroded image')
plt.imshow(dst1,plt.cm.gray)

plt.subplot(133)
plt.title(' 15*15 eroded image')
plt.imshow(dst2,plt.cm.gray)
```

程序运行的结果如图 8-2 所示。

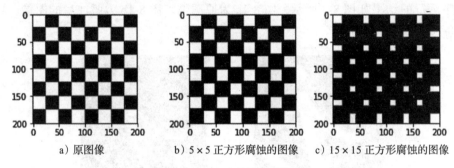

a）原图像　　　　　b）5×5 正方形腐蚀的图像　　　c）15×15 正方形腐蚀的图像

图 8-2　skimage 腐蚀运算图像

8.3　膨胀

膨胀（dilation）的原理是卷积核对应的原图像像素值中只要有一个是 1，中心像素值就是 1，即用结构元素的原点遍历所有原图像中的背景点，看结构元素与原图像中的前景点有没有重叠的部分。若有重叠的部分，则标记原图像中的该背景点，使之成为新的前景点，它与腐蚀正好相反。一般对二值图像进行操作，找到像素值为 1 的点，将它的邻近像素点都设置成 1（1 表示白，0 表示黑），因此膨胀操作可以扩大白色值范围，压缩黑色值范围，它会增加图像中的白色区域或增加前景对象的大小。通常，膨胀一般用来扩充边缘或填充小的孔洞。

8.3.1　OpenCV 中的膨胀函数

OpenCV 中的膨胀函数 cv2. dilate() 的语法格式如下：

dst = cv2.dilate(src, element[,anchor[, iterations[, borderType[, borderValue]]]])

其中，函数的输入参数如表 8-2 所示。

表 8-2　膨胀函数的参数

输入参数	意　　义
src	输入的原图像
element	结构元素
anchor	结构元素的锚点
iterations	膨胀操作次数，默认为 1
borderType	边界扩充类型
boderValue	边界扩充值

【例 8.5】使用 cv2.dilate() 函数实现图像的膨胀运算，程序如下：

```
import cv2
import numpy as np
from matplotlib import pyplot as plt

img = cv2.imread('d:/pics/j.png',0)
kernel = np.ones((5,5),np.uint8)
dilation = cv2.dilate(img,kernel,iterations = 1)

plt.figure('erode',figsize=(8,8))
plt.subplot(121)
plt.title('origin image')
plt.imshow(img,plt.cm.gray)
plt.axis('off')

plt.subplot(122)
plt.title(' dilate image')
plt.imshow(dilation,plt.cm.gray)
plt.axis('off')
```

程序运行的结果如图 8-3 所示。

a）原图像　　　　　　　b）膨胀图像

图 8-3　OpenCV 膨胀图像

8.3.2　skimage 中的膨胀函数

在 skimage 库中，膨胀运算函数的语法格式如下：

```
dst = skimage.morphology.dilation(image, selem=None)
```

其中，selem 表示结构元素，用于设定局部区域的形状和大小。

如果处理的图像为二值图像（只有 0 和 1 两个值），则可以调用：

```
dst = skimage.morphology.binary_dilation(image, selem=None)
```

用此函数处理灰度图像的速度更快。

【例 8.6】使用 skimage 库函数实现图像的膨胀运算，程序如下：

```
from skimage import data
import skimage.morphology as sm
import matplotlib.pyplot as plt
```

```
img = data.checkerboard()
dst1 = sm.dilation(img,sm.square(5))     # 边长为 5 的正方形卷积核
dst2 = sm.dilation(img,sm.square(15))    # 边长为 15 的正方形卷积核

plt.figure('morphology',figsize=(8,8))
plt.subplot(131)
plt.title('origin image')
plt.imshow(img,plt.cm.gray)

plt.subplot(132)
plt.title('5*5 dilation image')
plt.imshow(dst1,plt.cm.gray)

plt.subplot(133)
plt.title('15*15 dilation image')
plt.imshow(dst2,plt.cm.gray)
```

分别用边长为 5 或 15 的正方形卷积核对棋盘图像进行膨胀操作，结果如图 8-4 所示，从图 8-4c 中明显能看到白色部分膨胀了，黑色部分缩小了。

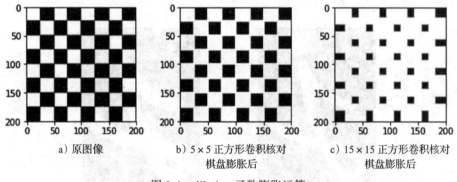

a）原图像　　　　　b）5×5 正方形卷积核对　　　c）15×15 正方形卷积核对
　　　　　　　　　　棋盘膨胀后　　　　　　　　棋盘膨胀后

图 8-4　dilation 函数膨胀运算

可见，卷积核的大小对膨胀结果的影响非常大。卷积核一般设置为奇数，除了正方形的卷积核外，卷积核的形状还有矩形、球形等，如表 8-3 所示。

表 8-3　各种卷积核形状

morphology.square	正方形	morphology.rectangle	矩形
morphology.disk	平面圆形	morphology.star	星形
morphology.ball	球形	morphology.octagon	八角形
morphology.cube	立方体形	morphology.octahedron	八面体
morphology.diamond	钻石形		

8.3.3　OpenCV 形态学处理原型函数

除了腐蚀和膨胀运算外，还有其他形态学处理。OpenCV 形态学处理原型函数为：

```
dst = cv2.morphologyEx(src, op, kernel[,anchor[, iterations[, borderType[, borderValue]]]])
```

其输入和输出参数为：

- dst：与原图像大小和类型相同的输出目标图像。

- src：原图像，通道数可以是任意的。
- op：形态学操作的类型，包括如表 8-4 所示模式。

表 8-4　形态学处理函数的操作类型

模　式	描　述
cv2.MORPH_ERODE	腐蚀
cv2.M0RPH_DILATE	膨胀
cv2.MORPH_OPEN	开运算 dst=open(src,element)=dilate(erode(src,element))
cv2.MORPH_CLOSE	闭运算 dst=close(src,element)=erode(dilate(src,element))
cv2.MORPH_GRADIENT	形态梯度 dst=morph_grad(src,element) = dilate(src,element)-erode(src,element)
cv2.MORPH_TOPHAT	高帽运算 dst=tophat(src,element)=src-open(src,element)
cv2.MORPH_BLACKHAT	黑帽运算 dst=blackhat(src,element)=close(src,element)-src
cv2.MORPH_HITMISS	击中击不中

- kernel：结构元素。
- anchor：用 kernel 锚定位置。负值意味着 anchor 位于核心中心。
- iterations：腐蚀和膨胀的次数。
- borderType：像素边缘处理方法。
- borderValue：边界不变的边界值。

开运算和闭运算均是腐蚀和膨胀的组合，而高帽变换和黑帽变换是分别以开运算和闭运算为基础的。这四个操作都可直接使用 OpenCV 提供的上述函数来完成。

8.4　开运算

开运算（opening）是先腐蚀再膨胀的运算，主要用于消除亮度较高的细小区域，在纤细点处分离物体。对于较大物体，可以在不明显改变面积的情况下平滑其边界。开运算的典型应用是从目标中消除细小的尖刺，并断开窄小的连接，保持面积大小不变；它还能使目标轮廓的边界平滑，对于消除噪声很有用。

8.4.1　OpenCV 中的开运算

OpenCV 中的开运算函数是利用形态学处理原型函数 cv2.morphologyEx() 实现的，只是将第 2 个参数 op 设置为 cv2.MORPH_OPEN 即可。

【例 8.7】使用 cv2.morphologyEx() 函数实现开运算，程序如下：

```
import cv2
import numpy as np
from matplotlib import pyplot as plt

img = cv2.imread('d:/pics/j_noise.png',0)
```

```
kernel = np.ones((5,5),np.uint8)
opening = cv2.morphologyEx(img, cv2.MORPH_OPEN, kernel)

plt.figure(' MORPH_OPEN ',figsize=(8,8))
plt.subplot(121)
plt.title('origin image')
plt.imshow(img,plt.cm.gray)
plt.axis('off')

plt.subplot(122)
plt.title(' opening image')
plt.imshow(opening,plt.cm.gray)
plt.axis('off')
```

程序运行的结果如图 8-5 所示。

a）原图像

b）开运算后的图像

图 8-5　OpenCV 开运算

8.4.2　skimage 中的开运算

skimage 库中的开运算函数的语法格式为：

```
dst = skimage.morphology.openning(image, selem=None)
```

其中，selem 表示结构元素，用于设定局部区域的形状和大小。

如果处理的图像为二值图像（只有 0 和 1 两个值），则函数调用的格式如下：

```
dst = skimage.morphology.binary_opening(image, selem=None)
```

用此函数处理灰度图像的速度更快。

【例 8.8】使用 skimage.morphology.openning() 函数进行开运算，程序如下：

```
from skimage import io,color
import skimage.morphology as sm
import matplotlib.pyplot as plt

img=color.rgb2gray(io.imread('d:/pics/mor.png'))
dst=sm.opening(img,sm.disk(4))   #用直径为 4 的圆形滤波器进行开运算

plt.figure('morphology',figsize=(8,8))
plt.subplot(121)
```

```
plt.title('origin image')
plt.imshow(img,plt.cm.gray)
plt.axis('off')

plt.subplot(122)
plt.title('opening image')
plt.imshow(dst,plt.cm.gray)
plt.axis('off')
```

程序运行结果如图 8-6 所示。

a）原图像　　　　　　　　　　　　　b）开运算后的图像

图 8-6　skimage 开运算

8.5　闭运算

闭运算（closing）与开运算的过程相反，先膨胀再腐蚀，主要用于填充白色物体内细小黑色空洞的区域，连接邻近物体，同一个结构元多次迭代处理，可以在不明显改变面积的情况下平滑其边界。闭运算的典型应用是填充小孔、连接狭窄的断裂以及闭合图像中目标间的间隙而不改变目标的尺寸。它也能平滑目标的轮廓，对消除目标对象内部的小孔或消除目标对象上的黑点很有用。

8.5.1　OpenCV 中的闭运算

闭运算函数 cv2.morphologyEx() 的语法格式与开运算相同，只是要将第 2 个参数设置为 cv2.MORPH_CLOSE。该函数功能是对灰度图像执行形态学闭运算，即使用同样的结构元素先对图像进行膨胀操作后再进行腐蚀操作。

【例 8.9】使用 morphologyEx() 函数实现闭运算，程序如下：

```
import cv2
import numpy as np
from matplotlib import pyplot as plt

img = cv2.imread('d:/pics/j_noise.png',0)
kernel = np.ones((5,5),np.uint8)
closing = cv2.morphologyEx(img, cv2.MORPH_CLOSE, kernel)

plt.figure('MORPH_CLOSE ',figsize=(8,8))
plt.subplot(121)
plt.title('origin image')
plt.imshow(img,plt.cm.gray)
plt.axis('off')

plt.subplot(122)
```

```
plt.title('closing image')
plt.imshow(closing,plt.cm.gray)
plt.axis('off')
```

程序运行的结果如图 8-7 所示。

a）原图像   b）闭运算后的图像

图 8-7   OpenCV 闭运算

8.5.2   skimage 中的闭运算

在 skimage 库中，闭运算函数的语法格式为：

```
dst = skimage.morphology.closing(image, selem=None)
```

其中，selem 表示结构元素，用于设定局部区域的形状和大小。

如果处理图像为二值图像（只有 0 和 1 两个值），函数调用的格式如下：

```
dst = skimage.morphology.binary_closing(image, selem=None)
```

用此函数处理灰度图像的速度更快。

【例 8.10】使用 skimage.morphology.closing() 函数进行闭运算，程序如下：

```
from skimage import io,color
import skimage.morphology as sm
import matplotlib.pyplot as plt

img=color.rgb2gray(io.imread('d:/pics/mor.png'))
dst=sm.closing(img,sm.disk(5))    #用边长为 5 的圆形滤波器进行膨胀滤波

plt.figure('morphology',figsize=(8,8))
plt.subplot(121)
plt.title('origin image')
plt.imshow(img,plt.cm.gray)
plt.axis('off')

plt.subplot(122)
plt.title('closing image')
plt.imshow(dst,plt.cm.gray)
plt.axis('off')
```

程序运行的结果如图 8-8 所示。

a）原图像　　　　　　　　　b）闭运算后的图像

图 8-8　skimage 闭运算

8.6　高帽运算

高帽（tophat）运算是将原图像减去它的开运算值，开运算可以消除暗背景下的较亮区域，所以高帽运算可以得到原图像中灰度较亮的区域。高帽运算的一个重要作用就是校正不均匀光照，返回比结构元素小的白点。

8.6.1　OpenCV 中的高帽运算

在 OpenCV 的 cv2.morphologyEx() 函数中进行高帽运算，其形态学操作的类型设置为 cv2.MORPH_TOPHAT，相当于 dst = tophat(src,element) = src - open(src,element)。

【例 8.11】使用 cv2.morphologyEx() 函数实现高帽运算，程序如下：

```
import cv2
import numpy as np
from matplotlib import pyplot as plt

img = cv2.imread('d:pics/j.png',0)
kernel = np.ones((9,9),np.uint8)
tophat = cv2.morphologyEx(img, cv2.MORPH_TOPHAT, kernel)

plt.figure(' MORPH_ TOPHAT ',figsize=(8,8))
plt.subplot(121)
plt.title('origin image')
plt.imshow(img,plt.cm.gray)
plt.axis('off')

plt.subplot(122)
plt.title(' tophat image')
plt.imshow(tophat,plt.cm.gray)
plt.axis('off')
```

程序运行的结果如图 8-9 所示。

a）原图像　　　　　　b）高帽运算后的图像

图 8-9　OpenCV 高帽运算

8.6.2　skimage 中的高帽运算

在 skimage 库中，高帽运算函数的格式如下：

```
dst = skimage.morphology.white_tophat(image, selem=None)
```

其中，selem 表示结构元素，用于设定局部区域的形状和大小。

【例 8.12】使用 skimage.morphology.white_tophat() 函数实现高帽运算，程序如下：

```
from skimage import io,color
import skimage.morphology as sm
import matplotlib.pyplot as plt

img=color.rgb2gray(io.imread('d:/pics/mor.png'))
dst=sm.white_tophat(img,sm.square(30))

plt.figure('morphology',figsize=(8,8))
plt.subplot(121)
plt.title('origin image')
plt.imshow(img,plt.cm.gray)
plt.axis('off')

plt.subplot(122)
plt.title('tophat image')
plt.imshow(dst,plt.cm.gray)
plt.axis('off')
```

图像高帽运算的结果如图 8-10 所示。

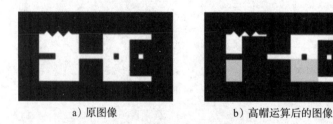

a）原图像　　　　　　　　　b）高帽运算后的图像

图 8-10　skimage 高帽运算

8.7　黑帽运算

黑帽（blackhat）运算就是将原图像减去它的闭运算值，闭运算可以删除亮度较高背景下的较暗区域，所以黑帽运算可以得到原图像中灰度较暗的区域，又称黑帽变换。它能返回比结构化元素小的黑点，且将这些黑点反色。

8.7.1　OpenCV 中的黑帽运算

在 OpenCV 的 cv2.morphologyEx() 函数中进行高帽运算，其形态学操作的类型设置为 cv2.MORPH_BLACKHAT，即 dst = blackhat(src,element) = close(src,element)-src。

【例 8.13】使用 cv2.morphologyEx() 函数实现黑帽运算，核为 11×11，程序如下：

```
import cv2
import numpy as np
from matplotlib import pyplot as plt

img = cv2.imread('d:/pics/j.png',0)
kernel = np.ones((11,11),np.uint8)
blackhat = cv2.morphologyEx(img, cv2.MORPH_BLACKHAT, kernel)

plt.figure(' MORPH_ BLACKHAT ',figsize=(8,8))
plt.subplot(121)
plt.title('origin image')
plt.imshow(img,plt.cm.gray)
plt.axis('off')

plt.subplot(122)
plt.title(' blackhat image')
plt.imshow(blackhat,plt.cm.gray)
plt.axis('off')
```

图像的黑帽运算的结果如图 8-11 所示。

a）原图像　　　　　　　b）黑帽运算后的图像

图 8-11　OpenCV 黑帽运算

8.7.2　skimage 中的黑帽运算

skimage 库中的黑帽运算函数的语法格式如下：

```
skimage.morphology.black_tophat(image, selem=None)
```

其中，selem 表示结构元素，用于设定局部区域的形状和大小。

【例 8.14】使用 skimage.morphology.black_tophat 函数进行黑帽运算，程序如下：

```
from skimage import io,color
import skimage.morphology as sm
import matplotlib.pyplot as plt

img=io.imread('d:/pics/mor.png')
img_gray=color.rgb2gray(img)
dst=sm.black_tophat(img_gray,sm.square(30))
```

```
plt.figure('morphology',figsize=(8,8))
plt.subplot(121)
plt.title('origin image')
plt.imshow(img,plt.cm.gray)
plt.axis('off')

plt.subplot(122)
plt.title('blackhat image')
plt.imshow(dst,plt.cm.gray)
plt.axis('off')
```

图像的黑帽运算的结果如图 8-12 所示。

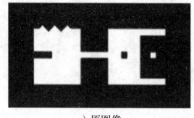 

a）原图像　　　　　　　　　　　　　b）黑帽运算后的图像

图 8-12　skimage 黑帽运算

8.8　形态学梯度

形态学梯度（Morphological Gradient）是根据膨胀结果减去腐蚀结果的差值，来实现增强结构元素领域中像素的强度，突出高亮区域的外围。形态学梯度的处理结果是图像中物体的边界，处理结果看起来像目标对象的轮廓。

在 OpenCV 的 cv2.morphologyEx() 函数中进行梯度运算，其 op 形态学操作的类型设置为 cv2.MORPH_GRADIENT，相当于 dst=morph_grad(src,element)=dilate(src,element)-erode(src,element)。

计算图像的形态学梯度是形态学的重要操作，常常将膨胀和腐蚀基础操作组合使用以实现一些复杂的图像形态学梯度。常见的可以计算的梯度有如下四种：

1）**基本梯度**：用膨胀后的图像减去腐蚀后的图像得到差值图像，称为梯度图像，也是 OpenCV 中支持的计算形态学梯度的方法，而此方法得到的梯度称为基本梯度。

2）**内部梯度**：用原图像减去腐蚀之后的图像得到差值图像，称为图像的内部梯度。

3）**外部梯度**：用图像膨胀之后再减去原来的图像得到的差值图像，称为图像的外部梯度。

4）**方向梯度**：使用 X 方向与 Y 方向的直线作为结构元素之后得到图像梯度，用 X 方向的直线做结构元素，分别做膨胀与腐蚀操作之后得到图像，再与原图像求差值，得到 X 方向梯度；用 Y 方向的直线做结构元素，分别做膨胀与腐蚀操作之后得到图像，再与原图像求差值得到 Y 方向梯度。

【例 8.15】使用 cv2.morphologyEx() 函数实现形态学基本梯度、内部梯度、外部梯度、X 方向与 Y 方向梯度运算，卷积核为 3×3。程序如下：

```python
import cv2
import numpy as np

def gradient_basic(image):                        # 基本梯度
    gray = cv2.cvtColor(image, cv2.COLOR_BGR2GRAY)
    ret, binary = cv2.threshold(gray, 0, 255, cv2.THRESH_BINARY | cv2.THRESH_OTSU)
    kernel = cv2.getStructuringElement(cv2.MORPH_RECT, (3, 3))
    dst = cv2.morphologyEx(binary, cv2.MORPH_GRADIENT, kernel)
    cv2.imshow("gradient", dst)

def gradient_in_out(image):
    kernel = cv2.getStructuringElement(cv2.MORPH_RECT, (3, 3))
    dm = cv2.dilate(image, kernel)
    em = cv2.erode(image, kernel)
    dst1 = cv2.subtract(image, em)                # 内部梯度
    dst2 = cv2.subtract(dm, image)                # 外部梯度
    cv2.imshow("internal", dst1)
    cv2.imshow("external", dst2)

def gradient_X(image):
    kernel_x = np.array([[0,0,0],[1,1,1],[0,0,0]], dtype=np.uint8)
    dmx = cv2.dilate(image, kernel_x)
    emx = cv2.erode(image, kernel_x)
    dstx = cv2.subtract(dmx, emx)                 # X 方向梯度
    cv2.imshow("X-direction", dstx)

def gradient_Y(image):
    kernel_y = np.array([[0,1,0],[0,1,0],[0,1,0]], dtype=np.uint8)
    dmy = cv2.dilate(image, kernel_y)
    emy = cv2.erode(image, kernel_y)
    dsty = cv2.subtract(dmy, emy)                 # Y 方向梯度
    cv2.imshow("Y-direction", dsty)

src = cv2.imread("d:/pics/lena.jpg")
cv2.namedWindow("original", cv2.WINDOW_AUTOSIZE)
cv2.imshow("original", src)
gradient_basic(src)
gradient_in_out(src)
gradient_X(src)
gradient_Y(src)
cv2.waitKey(0)
cv2.destroyAllWindows()
```

图像梯度运算的结果如图 8-13 所示。

a）原图像

b）基本梯度图像

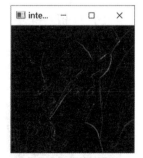
c）内部梯度图像

图 8-13　图像形态学梯度运算

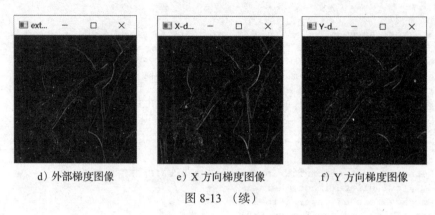

d）外部梯度图像   e）X 方向梯度图像   f）Y 方向梯度图像

图 8-13　（续）

【例 8.16】创建滑动条，调整 r 结构元素（卷积核）大小和迭代次数 i 实现梯度运算，程序如下：

```
import cv2

def nothing(*args):                                      # 设置回调函数
    pass

# 创建窗口
cv2.namedWindow('morphology',cv2.WINDOW_FREERATIO)
r, MAX_R = 0, 20                                         # 结构元素初始半径，最大半径
i, MAX_I = 0, 20                                         # 初始迭代次数，最大迭代次数
# 创建滑动条，分别为半径和迭代次数
cv2.createTrackbar('r', 'morphology', r, MAX_R, nothing)
cv2.createTrackbar('i', 'morphology', i, MAX_I, nothing)

src = cv2.imread('d:/pics/mor.png', flags=0)
while True:
    r = cv2.getTrackbarPos('r', 'morphology')            # 获得进度条上当前的 r 值
    i = cv2.getTrackbarPos('i', 'morphology')            # 获得进度条上当前的 i 值
    # 创建结构元素
    kernel = cv2.getStructuringElement(cv2.MORPH_RECT, (2 * r + 1, 2 * r + 1))
    # 形态学处理：形态梯度
    result = cv2.morphologyEx(src, cv2.MORPH_GRADIENT, kernel, iterations=i)
    # 显示效果
    cv2.imshow('morphology', result)

    ch = cv2.waitKey(1)
    if ch == 27:  # 按 Esc 退出
        break
cv2.destroyAllWindows()
```

结构元素大小（r 值）和迭代次数（i 值）变化的图像梯度运算结果如图 8-14 所示。

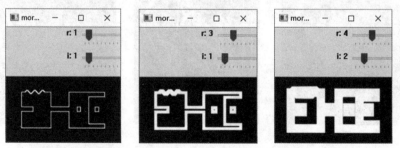

图 8-14　结构元素不同大小和迭代次数变化的图像梯度运算

8.9　灰度形态学

形态学运算可应用到灰度图像中，用于提取描述和表示图像的某些特征，如图像边缘提取、平滑处理等。与二值形态学不同的是，灰度形态学运算中的操作对象不再是集合而是图像函数。例如，输入图像为 $f(x, y)$，结构元素为 $se(x, y)$，且结构元素可以为一个子图像。

8.9.1　灰度图像的腐蚀运算

腐蚀是取邻域内的最小值，从而减小高亮度区域的面积。

【例 8.17】通过对灰度图像进行腐蚀运算，提取出图像的边缘。程序如下：

```
import cv2

img = cv2.imread('d:/pics/lena.jpg', cv2.IMREAD_GRAYSCALE)
# 创建矩形结构元
se = cv2.getStructuringElement(cv2.MORPH_RECT, (3, 3))
# 腐蚀图像，迭代次数采用默认值1
r = cv2.erode(img,se,iterations=1)
e = img - r                                      # 边界提取

# 显示原图像和腐蚀后的结果
cv2.imshow('origin', img)
cv2.imshow('erode_image', r)
# 显示边界提取的效果
cv2.imshow('edge', e)
cv2.waitKey(0)
cv2.destroyAllWindows()
```

输出结果如图 8-15 所示。

　　a）原始图像　　　　　　b）腐蚀后的图像　　　　c）提取的边缘图像

图 8-15　图像边缘的提取

8.9.2　灰度图像的膨胀运算

膨胀是取邻域内的最大值，从而增大高亮度区域的面积。

【例 8.18】应用椭圆结构元素，对灰度图像进行膨胀运算，程序如下：

```
import cv2

img = cv2.imread('d:/pics/lena.jpg', cv2.IMREAD_GRAYSCALE)
cv2.imshow('origin', img)                        # 显示原图像
```

```
def nothing(*args):
    pass

# 显示膨胀效果的窗口
cv2.namedWindow('dilate', 6)
r,MAX_R = 1,20                                    # 结构元半径
# 调整结构元半径
cv2.createTrackbar('r', 'dilate', r, MAX_R, nothing)

while True:
    r = cv2.getTrackbarPos('r', 'dilate')        # 得到当前的 r 值
    s = cv2.getStructuringElement(cv2.MORPH_ELLIPSE, (2*r+1, 2*r+1)) # 创建结构元
    d = cv2.dilate(img, s)
    cv2.imshow('dilate', d)                       # 显示膨胀效果

    ch = cv2.waitKey(1)
    if ch == 27:                                  # 按 Esc 退出循环
        break
cv2.destroyAllWindows()
```

程序运行的结果如图 8-16 所示，可以调节结构元素 r 的大小来改变膨胀的力度，观察膨胀的效果。

a）原图像   b）膨胀图像

图 8-16   灰度图像的膨胀

8.9.3   灰度图像的开运算和闭运算

【例 8.19】应用椭圆结构元素，对灰度图像进行开运算，程序如下：

```
import cv2

# 设置回调函数
def nothing(*args):
    pass

img = cv2.imread('d:/pics/lena.jpg', flags=0)
cv2.namedWindow('morphology',6)                  # 创建窗口
r, MAX_R = 1, 20                                 # 结构元初始半径，最大半径
i, MAX_I = 1, 20                                 # 初始迭代次数，最大迭代次数
# 创建滑动条，分别为半径和迭代次数
cv2.createTrackbar('r', 'morphology', r, MAX_R, nothing)
cv2.createTrackbar('i', 'morphology', i, MAX_I, nothing)

while True:
```

```
r = cv2.getTrackbarPos('r', 'morphology')  # 得到进度条上当前的 r 值
i = cv2.getTrackbarPos('i', 'morphology')  # 得到进度条上当前的 i 值
# 创建卷积核
kernel = cv2.getStructuringElement(cv2.MORPH_ELLIPSE,(2*r+1,2*r+1))
# 形态学处理：开运算
result = cv2.morphologyEx(img, cv2.MORPH_OPEN, kernel, iterations=i)
cv2.imshow('morphology', result)           # 显示效果

ch = cv2.waitKey(1)
if ch == 27:                               # 按 Esc 退出
    break
cv2.destroyAllWindows()
```

程序运行的结果如图 8-17 所示，可以调节结构元素 r、迭代次数 i 来改变开运算的力度，观察开运算的效果。

图 8-17　灰度形态学的开运算

【例 8.20】应用矩形结构元素，对灰度图像进行闭运算。

```
import cv2

# 设置回调函数
def nothing(*args):
    pass

img = cv2.imread('d:/pics/lena.jpg', flags=0)

cv2.namedWindow('morphology',6)                # 创建窗口
r, MAX_R = 1, 20                               # 结构元初始半径，最大半径
i, MAX_I = 1, 20                               # 初始迭代次数，最大迭代次数
# 创建滑动条，分别为半径和迭代次数
cv2.createTrackbar('r', 'morphology', r, MAX_R, nothing)
cv2.createTrackbar('i', 'morphology', i, MAX_I, nothing)

while True:
    r = cv2.getTrackbarPos('r', 'morphology')  # 得到进度条上当前的 r 值
    i = cv2.getTrackbarPos('i', 'morphology')  # 得到进度条上当前的 i 值
    # 创建卷积核
    kernel = cv2.getStructuringElement(cv2.MORPH_RECT,(2*r+1,2*r+1))
    # 形态学处理：开运算
    result = cv2.morphologyEx(img, cv2.MORPH_CLOSE, kernel, iterations=i)
    cv2.imshow('morphology', result)           # 显示效果

    ch = cv2.waitKey(1)
    if ch == 27:                               # 按 Esc 退出
        break
cv2.destroyAllWindows()
```

程序运行的结果如图 8-18 所示，可以调节结构元素 r、迭代次数 i 来改变闭运算的力度，观察闭运算的效果。

8.10　形态学运算检测图像的边缘和角点

有效组合形态学中的膨胀和腐蚀，就可以检测出图像中的边缘和拐角。

图 8-18　灰度图像的闭运算

8.10.1 检测图像边缘

膨胀时，图像中的物体会向周围"扩张"，腐蚀时图像中的物体会"收缩"。由于这两种情况下图像变化的区域只发生在边缘，因此将两幅图像相减，得到的就是图像中物体的边缘。

【例 8.21】利用膨胀和腐蚀，对图像进行边缘检测，程序如下：

```python
import cv2

image = cv2.imread("d:/pics/jianzhu.jpg",cv2.IMREAD_GRAYSCALE)
kernel = cv2.getStructuringElement(cv2.MORPH_RECT,(3, 3))
dilate_img = cv2.dilate(image, kernel)
erode_img = cv2.erode(image, kernel)

absdiff_img = cv2.absdiff(dilate_img,erode_img);  # 将两幅图像相减获得边缘
# 上面得到的结果是灰度图，将其二值化以便观察结果
retval, threshold_img = cv2.threshold(absdiff_img, 40, 255, cv2.THRESH_BINARY);
# 反色，对二值图像每个像素取反
result = cv2.bitwise_not(threshold_img);

cv2.imshow("origin img",image)
cv2.imshow("dilate_img",dilate_img)
cv2.imshow("erode_img",erode_img)
cv2.imshow("absdiff_img",absdiff_img)
cv2.imshow("threshold_img",threshold_img)
cv2.imshow("result",result)
cv2.waitKey(0)
cv2.destroyAllWindows()
```

输出结果如图 8-19 所示。

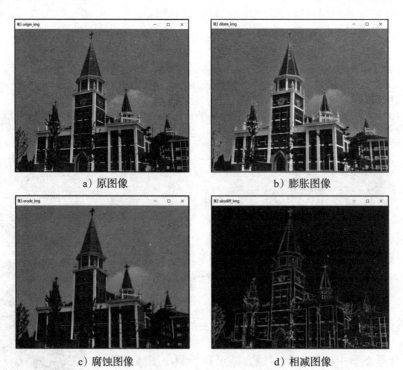

a) 原图像   b) 膨胀图像

c) 腐蚀图像   d) 相减图像

图 8-19　形态学检测图像边缘

e）阈值化图像　　　　　　　　　　f）边缘图像

图 8-19 （续）

8.10.2 检测图像角点

图像角点的检测原理是：先用十字形的结构元素膨胀像素，这种情况下只会在边缘处"扩张"，角点不发生变化；接着用菱形的结构元素腐蚀原图像，这时只有在角点处才会"收缩"，而直线边缘未发生变化；再用 X 形膨胀原图像，角点比边膨胀更多，这时用方形结构元素腐蚀时，角点恢复原状，而边缘部分腐蚀得多，所以当两幅图像相减时，只保留角点处。

【例 8.22】使用十字形、菱形、方形和 X 形的结构元素检测出图像拐角，程序如下：

```python
import cv2
import numpy as np
import skimage.morphology as sm

image = cv2.imread("d:/pics/jianzhu.jpg",0)
original_image = image.copy()

# 构造 5×5 的结构元素
cross = cv2.getStructuringElement(cv2.MORPH_CROSS,(5, 5))        # 十字形结构元素
diamond = sm.diamond(2)                                         # 菱形结构元素
#X 形结构元素
x = np.array([[1,0,0,0,1],[0,1,0,1,0],[0,0,1,0,0],[0,1,0,1,0],[1,0,0,0,1]],
dtype=np.uint8)
square = cv2.getStructuringElement(cv2.MORPH_RECT,(5, 5))        # 方形结构元素

dilate_cross_img = cv2.dilate(image,cross)                       # 使用十字形膨胀图像
erode_diamond_img = cv2.erode(dilate_cross_img, diamond)         # 使用菱形腐蚀图像
dilate_x_img = cv2.dilate(image, x)                             # 使用 X 形膨胀原图像
erode_square_img = cv2.erode(dilate_x_img,square)               # 使用方形腐蚀图像

# 将两幅图像相减获得拐角
result = cv2.absdiff(erode_square_img, erode_diamond_img)
# 使用阈值获得二值图像
retval, result = cv2.threshold(result, 40, 255, cv2.THRESH_BINARY)

# 在原图像上用半径为 5 的圆圈将角点标出
for j in range(result.size):
    y = int(j / result.shape[0])
    x = int(j % result.shape[0])
    if result[x, y] == 255:
        cv2.circle(image,(y,x),3,(255,255,255))
```

```
cv2.imshow("original_image", original_image)
cv2.imshow('cross_diamond_img',erode_diamond_img)
cv2.imshow('x_square_img',erode_square_img)
cv2.imshow("Result", image)
cv2.waitKey(0)
cv2.destroyAllWindows()
```

程序输出结果如图 8-20 所示。图 a 为原图像；图 b 为经过十字形膨胀、菱形腐蚀后的图像；图 c 为经过 X 形膨胀、方形腐蚀后的图像；图 d 为将图 c 减去图 b 获得的角点图像。

a）原图像　　　　　　　　　　　b）十字形膨胀、菱形腐蚀后图像

c）X 形膨胀、方形腐蚀后图像　　　　　d）获得的拐角图像

图 8-20　图像角点检测

8.11　击中与击不中运算

形态学的击中与击不中是形状检测的基本工具，其基本原理为：集合 X 为原二值化图像的像素集合，对 X 取反求得 $\tilde{X}$（非 X，用 Y 表示），选择的结构元为 se1，对结构元 se1 取反的结构元为 se2。用 se1 对 X 进行腐蚀得到 A1，用 se2 对 Y（即 $\tilde{X}$）进行腐蚀得到 A2，最终结果 C = A1 & A2。

例如，我们选取 se1 的结构元素如下所示：

```
0 0 1 0 0
0 0 1 0 0
1 1 1 1 1
0 0 1 0 0
0 0 1 0 0
```

对其取反后的结构元 se2 为：

```
1 1 0 1 1
1 1 0 1 1
0 0 0 0 0
1 1 0 1 1
1 1 0 1 1
```

我们要做是用 se1 腐蚀原图像 X，用 se2 腐蚀 X 取反的图像 Y，然后对 2 个最终的结果图像做"与"运算。

形态学的击中与击不中运算根据结构元素的不同，可以提取二值图像中的一些特殊区域，得到我们想要的结果。使用 OpenCV 的 cv2.morphologyEx() 函数中进行击中与击不中运算，其形态学操作的类型设置为 cv2.MORPH_HITMISS，即表示使用击中与击不中。函数调用语法格式如下：

```
dst = cv2.morphologyEx(src,cv2.MORPH_HITMISS, kernel)
```

【例 8.23】使用形态学的击中与击不中运算，检查图像中的交叉点。程序如下：

```python
import cv2
src = cv2.imread("d:/pics/cross.png")
gray = cv2.cvtColor(src,cv2.COLOR_BGR2GRAY)
ret,binary = cv2.threshold(gray,0,255,cv2.THRESH_BINARY_INV|cv2.THRESH_OTSU)

#十字结构元素
se = cv2.getStructuringElement(cv2.MORPH_CROSS,(11,11),(-1,-1))
#击中与击不中
binary = cv2.morphologyEx(binary, cv2.MORPH_HITMISS,se)

cv2.imshow("origin image", src)
cv2.imshow("hit_miss image", binary)
cv2.waitKey(0)
cv2.destroyAllWindows()
```

程序运行的结果如图 8-21 所示。

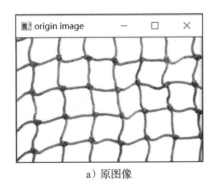
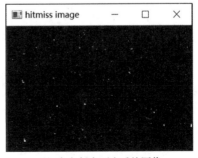

a）原图像　　　　　　　　　　　b）击中与击不中后的图像

图 8-21　用击中与击不中检测图像交叉点

8.12　习题

1. 理解和掌握图像数学形态学的理论和应用。

2. 编写程序，使用 Numpy 创建圆形、菱形、一线形、X 形的结构元素矩阵，注意矩阵的类型为无符号 8 位整数类型。

3. 编写程序，使用 OpenCV 中自带的腐蚀函数、膨胀函数对图像进行腐蚀和膨胀处理，改变卷积核，观察不同卷积核的处理效果。

4. 编写程序，使用 OpenCV 中自带的形态学处理原型函数，对图像进行开运算、闭运算、形态学梯度运算、高帽运算、黑帽运算、击中与击不中运算，观察图像处理效果，思考如何调整参数使处理的图像更符合要求。

5. 编写程序，使用 skimage 库中的函数创建各种结构元素，并利用这些结构元素对图像进行腐蚀、膨胀处理，以及开运算、闭运算处理。

6. 编写程序，利用形态学运算检测图像中的边缘和角点，并用小正方形标记出来。

第 9 章　边缘检测

边缘检测是一种基本的图像处理操作，用于解决许多计算机视觉的问题。边缘检测算法的目的是找到一幅图像或场景中最相关的边缘。这些边缘被连接成有意义的线和边界，从而给出分割图像中的两个或多个区域。

边缘检测是一个困难的图像处理问题，大多数边缘检测方法对于包含真实世界场景的图像存在一定的性能极限，这些图像可能没有很好地控制照明、目标的尺寸和位置、目标和背景间的对比度等。阴影、目标间或各部分场景间的遮挡以及噪声等都对边缘检测方法有非常明显的影响。因此，通常需要在图像边缘检测之前加入预处理操作，比如噪声滤除。边缘检测的目的之一是在不关心图像的所有复杂细节，而只关心图像的整体形状的情况下，边缘检测有非常大的应用价值。

边缘检测的类型分为一阶微分算子（包括 Roberts 交叉梯度算子、Prewitt 算子、Sobel 算子和 Scharr 算子）、二阶微分算子（拉普拉斯算子、LoG 算子和 DoG 算子）以及非微分边缘检测算子（Canny 算子等）。

9.1　边缘检测简介

边缘一般是指图像在某一局部强度剧烈变化的区域。一个边缘可被定义为两个根据某种特征（如灰度、彩色或纹理）存在显著特点的图像区域之间的边界。

边缘一般分为两种：一种是阶跃状边缘，即边缘两边像素的灰度值明显不同；另一种为屋顶状边缘，即边缘处于灰度值由小到大再到小的变化转折点处。边缘检测的目的是找到具有阶跃变化或屋顶状变化的像素点的集合。既然边缘是灰度变化最剧烈的位置，那么最直观的方法是对其求导数。边缘检测方法常基于对沿亮度剖面的一阶或二阶导数的计算。一阶导数具有直接正比于跨越边缘的亮度差别的期望性质，因此，一阶导数的幅度可用来检测图像某个点处边缘的存在性，二阶导数的符号可用来确定一个像素是在边缘暗的一边还是亮的一边。阶跃状边缘的位置在一阶导数的峰值点，在二阶导数的过零点；屋顶状边缘（有一定的宽度范围）的位置在一阶导数的两峰值之间，在二阶导数的两个过零点之间。

采用一阶微分的方法，我们定义一个梯度算子如式（9-1）所示，梯度是一个向量，它指出了图像灰度变化最剧烈的方向。

- 梯度算子

$$\nabla f = \left[\frac{\partial f}{\partial x}, \frac{\partial f}{\partial y} \right]^{\mathrm{T}} \tag{9-1}$$

- 梯度的大小

$$M(x, y) = \sqrt{\left(\frac{\partial f}{\partial x} \right)^2 + \left(\frac{\partial f}{\partial y} \right)^2} \tag{9-2}$$

● 梯度的方向

$$\alpha(x,y) = \arctan\left[\frac{\frac{\partial f}{\partial y}}{\frac{\partial y}{\partial x}}\right] \qquad (9\text{-}3)$$

在实际的图像处理中, 可以采用差分的方法来进行计算。但用差分的方法进行边缘检测必须使差分的方向和边缘的方向垂直, 这就需要对图像的不同方向分别进行差分运算, 因此增加了计算量。

利用 Python+OpenCV 进行图像的边缘检测, 一般要经过如下几个步骤:

1) 去噪: 可以使用 cv2.GaussianBlur() 等函数进行滤波, 消除噪声。

2) 计算图像梯度: 图像梯度表达的是各个像素点之间像素值大小的变化, 若幅度变化较大, 则可以认为是边缘位置。

3) 非极大值抑制: 在获得梯度的方向和大小之后, 应该对整幅图像做一个扫描, 去除那些非边界上的点。对每一个像素进行检查, 看这个点的梯度是不是周围具有相同梯度方向点中最大的, 如是则这个点为边界点, 否则就不是边界点。

4) 滞后阈值: 现在要确定哪些边界是真正的边界。需要设置两个阈值: minVal 和 maxVal。当图像的灰度梯度高于 maxVal 时是真的边界, 低于 minVal 的边界会被抛弃。如果介于两者之间, 就要看这个点是否与某个被确定的真正的边界点相连, 如果是就认为它也是边界点, 否则就抛弃。

9.2　Roberts 算子

1963 年, Roberts 提出了一种寻找边缘的算子, 即 Roberts 算子。它是一个 2×2 的模板, 基于交叉差分的梯度算法, 通过局部差分计算检测边缘。Roberts 梯度算子利用对角方向相邻两像素值之差作为衡量标准, 其计算式为:

$$G_x = f(i,j) - f(i-1,j-1) \qquad (9\text{-}4)$$

$$G_y = f(i-1,j) - f(i,j-1) \qquad (9\text{-}5)$$

$$|G(x,y)| = \sqrt{G_x^2 + G_y^2} \qquad (9\text{-}6)$$

Roberts 梯度算子可写成卷积运算的形式, 其模板分为水平方向和垂直方向, 卷积模板如图 9-1 所示。

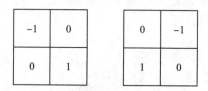

图 9-1　Roberts 算子的水平和垂直方向模板

Roberts 梯度算子常用来处理陡峭的低噪声图像, 当图像边缘接近 +45° 或 -45° 时, 该算法处理效果最理想, 但对边缘的定位不太准确, 提取的边缘线条较粗。该算法对噪声较敏感，无法抑制噪声的影响。

在 OpenCV 中提供了 cv2.filter2D() 函数来实现 Roberts 算子的运算。函数的语法格式为：

```
dst =cv2. filter2D(src, ddepth, kernel[, anchor[, delta[, borderType]]])
```

其输入和输出参数为：
- dst：表示目标函数图像。
- src：表示原始图像。
- ddepth：表示输出图像的深度。
- kernel：表示卷积核，一个单通道浮点型矩阵。
- anchor：表示内核的基准点，其默认值为 (−1，−1)，位于中心位置。
- delta：表示在目标函数上所附加的值，默认值为 0。
- borderType：表示边界样式。

因为 Roberts 函数求完导数后会有负值，还会有大于 255 的值，而原图像是 Uint8，即 8 位无符号数，所以 Roberts 建立的图像位数不够，会有截断。因此要使用 16 位有符号的数据类型，即将 Roberts 函数的第二个参数 ddepth 设置为 cv2.CV_16S。

在经过 Roberts 算子处理后，还需要用 cv2.convertScaleAbs() 函数将其转回原来的 Uint8 形式，否则将无法显示图像，而只是一幅灰色的窗口。该函数的语法格式为：

```
dst = cv2.convertScaleAbs(src[,alpha[,beta]])
```

其中，可选参数 alpha 是伸缩系数，beta 是加到结果上的一个值，结果返回 Uint8 类型的图像。

由于 Roberts 算子是在两个方向计算的，因此还需要用 cv2.addWeighted() 函数将其组合起来，实现以不同的权重将两幅图像叠加的效果。对于不同的权重，叠加后的图像会有不同的透明度。该函数的语法格式为：

```
dst = cv2.addWeighted(src1,alpha,src2,beta,gamma[,dtype])
```

其中，alpha 是第一幅图像中元素的权重，beta 是第二幅图像的权重，gamma 是加到最后结果上的一个值。

【例 9.1】使用 Roberts 算子检测图像的边缘，观察图像效果。程序如下：

```
import cv2
import numpy as np

img = cv2.imread("D:/pics/lena.jpg")                    # 读取图像
#img = cv2.imread("D:/pics/lenasp.jpg")                 # 读取带有椒盐噪声的图像
grayImage = cv2.cvtColor(img,cv2.COLOR_BGR2GRAY)        # 灰度化处理图像
# Roberts 算子
kernelx = np.array([[-1, 0], [0, 1]], dtype=int)
kernely = np.array([[0, -1], [1, 0]], dtype=int)
x = cv2.filter2D(grayImage, cv2.CV_16S, kernelx)
y = cv2.filter2D(grayImage, cv2.CV_16S, kernely)
# 转 uint8
absX = cv2.convertScaleAbs(x)
absY = cv2.convertScaleAbs(y)
Roberts = cv2.addWeighted(absX, 0.5, absY, 0.5, 0)
```

```
# 显示图像
cv2.imshow("Original",grayImage)
cv2.imshow("Roberts",Roberts)
cv2.waitKey()
cv2.destroyAllWindows()
```

运行程序时，先运行一次原图像（lena.jpg）经过 Roberts 算子后的边缘检测结果，如图 9-2a 和图 9-2b 所示；再运行一次带有椒盐噪声的图像（lenasp.jpg）经过 Roberts 算子后的边缘检测结果，如图 9-2c 和图 9-2d 所示。从图中可以看出，Roberts 算子在无噪声图像的边缘检测相当不错，但是它对噪声相当敏感，对有噪声的图像边缘检测效果不是很理想。

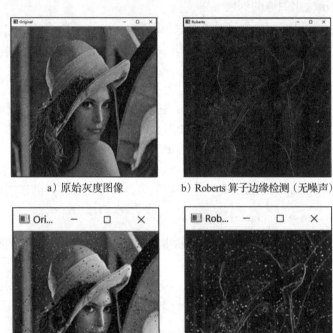

a）原始灰度图像　　　　　　b）Roberts 算子边缘检测（无噪声）

c）带有椒盐噪声的图像　　　d）Roberts 算子边缘检测（有噪声）

图 9-2　Roberts 算子检测图像边缘

9.3　Prewitt 算子

Prewitt 算子是一阶微分算子的边缘检测，它结合了差分运算与邻域平均的方法。Prewitt 算子在检测边缘时，去掉了部分伪边缘，对噪声具有平滑作用。

Prewitt 算子是利用特定区域内像素灰度值产生的差分实现边缘检测的。其原理是在图像空间利用两个方向模板与图像进行邻域卷积，一个方向模板检测水平边缘，另一个方向模块检测垂直边缘。Prewitt 卷积模板如图 9-3 所示。

Prewitt 算子采用中心点对称的模板来计算边缘方向，这些模板考虑了中心点两端数据的

-1	-1	-1
0	0	0
1	1	1

-1	0	1
-1	0	1
-1	0	1

图 9-3　Prewitt 水平和垂直方向卷积模板

性质，并携带关于边缘方向的更多信息。很明显，Prewitt 算子的边缘检测结果在水平方向和垂直方向均比 Robert 算子更加明显。

在 OpenCV 中提供了 cv2.filter2D() 函数来实现 Prewitt 算子的运算，其核函数形式如图 9-3 所示。

【例 9.2】使用 Prewitt 算子检测图像的边缘，观察图像效果。程序如下：

```python
import cv2
import numpy as np

img = cv2.imread("D:/pics/lena.jpg")                    # 读取图像
#img = cv2.imread("D:/pics/lenasp.jpg")                 # 读取带有椒盐噪声的图像
grayImage = cv2.cvtColor(img,cv2.COLOR_BGR2GRAY)        # 转换成灰度图像
# Prewitt 算子
kernelx = np.array([[1, 1, 1],[0, 0, 0],[-1, -1, -1]],dtype=int)
kernely = np.array([[-1, 0, 1],[-1, 0, 1],[-1, 0, 1]],dtype=int)
x = cv2.filter2D(grayImage,cv2.CV_16S,kernelx)
y = cv2.filter2D(grayImage,cv2.CV_16S,kernely)

absX = cv2.convertScaleAbs(x)                           # 转换为 uint8
absY = cv2.convertScaleAbs(y)
Prewitt = cv2.addWeighted(absX, 0.5, absY, 0.5, 0)
# 显示图像
cv2.imshow("original",grayImage)
cv2.imshow("prewitt",Prewitt)
cv2.waitKey()
cv2.destroyAllWindows()
```

程序运行的结果如图 9-4 所示。

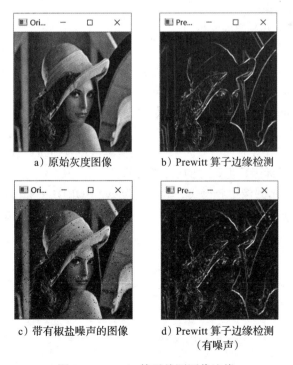

a）原始灰度图像   b）Prewitt 算子边缘检测

c）带有椒盐噪声的图像   d）Prewitt 算子边缘检测
（有噪声）

图 9-4　Prewitt 算子检测图像边缘

9.4　Sobel 算子

Sobel 算子在 Prewitt 算子的基础上增加了权重的概念，并结合高斯平滑和微分求导。它认为相邻点的距离对当前像素点的影响是不同的，距离越近的像素点对当前像素的影响越大，从而实现图像锐化并突出边缘轮廓。在中心系数上使用一个权值 2，采用邻域加权平均运算。Sobel 算子的卷积模板如图 9-5 所示。

-1	-2	-1		-1	0	1
0	0	0		-2	0	2
1	2	1		-1	0	1

图 9-5　Sobel 算子的水平和垂直方向模板

相比较 Prewitt 算子，Sobel 模板能够较好地抑制（平滑）噪声，更适合对灰度渐变和噪声较多的图像进行边缘检测。当对精度要求不是很高时，是一种较为常用的带有方向的边缘检测方法。

在 OpenCV 中提供了 cv2.Sobel() 函数来实现 Sobel 算子的运算，该函数语法格式为：

```
dst = cv2.Sobel( src, ddepth, dx, dy [ ,ksize [ ,scale[ ,delta [ ,borderType ] ] ] ] )
```

其中前四个是必须的参数，后几个是可选的参数。各参数的含义如下：

- dst：表示输出图像。
- src：表示原始图像。
- ddepth：表示输出图像的深度。-1 表示采用与原图像相同的深度。目标图像的深度必须大于等于原图像的深度。
- dx：表示 x 方向上求导的阶数，0 表示这个方向上没有求导，一般为 0、1、2。
- dy：表示 y 方向上求导的阶数，0 表示这个方向上没有求导，一般为 0、1、2。
- ksize：表示 Sobel 核的大小，一般为奇数，例如 1、3、5、7。如果 ksize=-1，就演变成为 3×3 的 Scharr 算子。
- scale：表示计算导数时的缩放因子，默认情况下没有伸缩系数或为 1。
- delta：表示在目标函数上附加的值，默认值为 0。
- borderType：表示图像边界模式，默认值为 cv2.BORDER_DEFAULT。

【例 9.3】使用 Sobel 算子检测图像的边缘，观察图像效果。程序如下：

```
import cv2

image = cv2.imread("D:/pics/lena.jpg")
#image = cv2.imread("D:/pics/lenasp.jpg")          # 读取带有椒盐噪声的图像
image = cv2.cvtColor(image,cv2.COLOR_BGR2GRAY)
#Sobel 边缘检测
sobelX = cv2.Sobel(image,cv2.CV_16S,1,0)           # 对 x 求一阶导数
sobelY = cv2.Sobel(image,cv2.CV_16S,0,1)           # 对 y 求一阶导数
sobelX = cv2.convertScaleAbs(sobelX)               # 转换为 uint8
sobelY = cv2.convertScaleAbs(sobelY)               # 转换为 uint8
```

```
# 两幅图像叠加
sobelCombined = cv2.addWeighted(sobelX,0.5,sobelY,0.5,0)
# 显示图像
cv2.imshow("Original",image)
cv2.imshow("Sobel X", sobelX)
cv2.imshow("Sobel Y", sobelY)
cv2.imshow("Sobel Combined", sobelCombined)
cv2.waitKey()
cv2.destroyAllWindows()
```

程序运行的结果如图 9-6 所示。

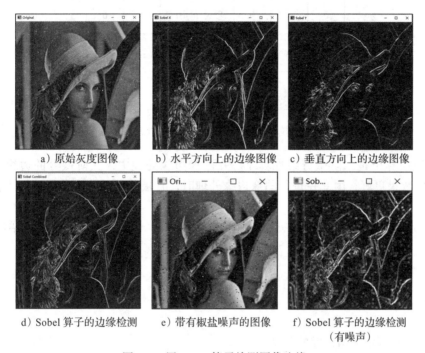

a）原始灰度图像　　　b）水平方向上的边缘图像　　　c）垂直方向上的边缘图像

d）Sobel 算子的边缘检测　　e）带有椒盐噪声的图像　　f）Sobel 算子的边缘检测
（有噪声）

图 9-6　用 Sobel 算子检测图像边缘

9.5　拉普拉斯算子

拉普拉斯（Laplacian）算子是一种二阶导数算子，它在边缘处产生一个陡峭的零交叉，具有各向同性的特点，能够提取任意方向的边缘。但该算子对噪声比较敏感，所以很少用该算子检测边缘，常需要配合高斯滤波一起使用。

拉普拉斯算子是最简单的各向同性微分算子，能对任何走向的界线和线条进行锐化，具有旋转不变性。一个二维图像函数的拉普拉斯变换是各向同性的二阶导数，定义为：

$$\nabla^2 f(x,y) = \frac{\partial^2 f(x,y)}{\partial x^2} + \frac{\partial^2 f(x,y)}{\partial y^2} \tag{9-7}$$

在 x 方向上：

$$\frac{\partial^2 f}{\partial x^2} = f(x+1,y) + f(x-1,y) - 2f(x,y) \tag{9-8}$$

在 y 方向上：

$$\frac{\partial^2 f}{\partial y^2} = f(x, y+1) + f(x, y-1) - 2f(x, y) \tag{9-9}$$

所以，拉普拉斯算子的差分近似为：

$$\nabla^2 f(x, y) = f(x+1, y) + f(x-1, y) + f(x, y-1) + f(x, y+1) - 4f(x, y) \tag{9-10}$$

常用的两个卷积模板如图 9-7 所示。

0	1	0
1	–4	1
0	1	0

0	1	0
1	–8	1
0	1	0

图 9-7　拉普拉斯算子的水平和垂直方向模板

拉普拉斯算子是二阶微分线性算子。在图像边缘处理中，二阶微分的边缘定位能力更强，锐化效果更好，因此在进行图像边缘处理时，直接采用二阶微分算子而不使用一阶微分。

在 OpenCV 中提供了 cv2.Laplacian() 函数来实现 Sobel 算子的运算。该函数的语法格式为：

```
dst = cv2.Laplacian(src, ddepth, ksize[, scale[,delta[, borderType]]])
```

其输入和输出参数为：

- dst：表示目标函数图像。
- src：表示原始图像。
- ddepth：表示输出图像的深度。
- ksize：表示二阶导数核的大小，必须为正奇数，例如 1，3。
- scale：表示计算导数时的缩放因子，默认值为 1。
- delta：表示在目标函数上附加的值，默认值为 0。
- borderType：表示边界样式。

【例 9.4】使用拉普拉斯算子检测图像的边缘，观察图像效果。程序如下：

```
import cv2
import numpy as np

img = cv2.imread("D:/pics/lena.jpg")
#img = cv2.imread("D:/pics/lenasp.jpg")          # 读取带有椒盐噪声的图像
image = cv2.cvtColor(img,cv2.COLOR_BGR2GRAY)     # 将图像转化为灰度图像

# 拉普拉斯边缘检测，ksize 分别为 1/3/5
#laplacian = cv2.Laplacian(image,cv2.CV_16S,ksize=1)
laplacian = cv2.Laplacian(image,cv2.CV_16S,ksize=3)
#laplacian = cv2.Laplacian(image,cv2.CV_16S,ksize=5)
laplacian = cv2.convertScaleAbs(laplacian)
# 显示图像
cv2.imshow("Original",image)
```

```
cv2.imshow("Laplacian",laplacian)
cv2.waitKey()
cv2.destroyAllWindows()
```

程序运行的结果如图 9-8 所示。

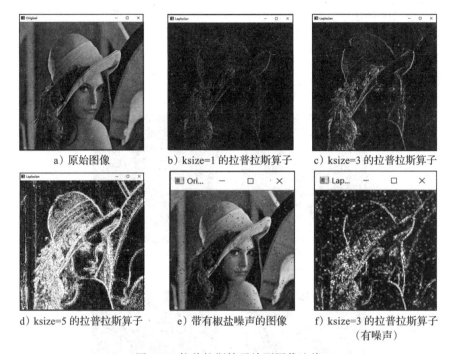

a）原始图像   b）ksize=1 的拉普拉斯算子   c）ksize=3 的拉普拉斯算子

d）ksize=5 的拉普拉斯算子   e）带有椒盐噪声的图像   f）ksize=3 的拉普拉斯算子
（有噪声）

图 9-8　拉普拉斯算子检测图像边缘

由图 9-8 可以看出，当参数 ksize 越大（即卷积核越大），拉普拉斯算子对图像梯度的变化越敏感。该算子对噪声非常敏感，使噪声的成分得到加强，容易丢失一部分边缘信息，造成一系列不连续的检测边缘。所以我们一般不将拉普拉斯算子原始形式用于边缘检测，主要原因如下：

1）作为一个二阶导数，对噪声具有无法接受的敏感性。

2）拉普拉斯算子的幅度产生双边缘，这是复杂的图像分割技术所不希望的。

3）拉普拉斯不能检测边缘的方向。

我们通常采取的一种改进方式就是先利用高斯滤波器对图像进行平滑滤波处理，然后再应用拉普拉斯的边缘检测算子检测边缘，这样可以提高拉普拉斯算子抗噪声的能力。但是在抑制噪声的同时也可能会使原来比较尖锐的边缘平滑掉，造成这些尖锐边缘无法被检测到。

【例 9.5】先用高斯滤波器平滑图像，再用拉普拉斯算子检测图像的边缘，观察图像效果。程序如下：

```
import cv2
import numpy as np

img = cv2.imread("D:/pics/lena.jpg")
#img = cv2.imread("D:/pics/lenasp.jpg")          # 读取带有椒盐噪声的图像
img = cv2.cvtColor(img,cv2.COLOR_BGR2GRAY)       # 将图像转化为灰度图像
```

```
# 高斯滤波
image = cv2.GaussianBlur(img,(3,3),0)
# 拉普拉斯边缘检测
laplacian = cv2.Laplacian(image,cv2.CV_16S,ksize=3)
laplacian = cv2.convertScaleAbs(laplacian)
# 显示图像
cv2.imshow("Original",image)
cv2.imshow("Laplacian",laplacian)
cv2.waitKey()
cv2.destroyAllWindows()
```

程序运行的结果如图 9-9 所示。

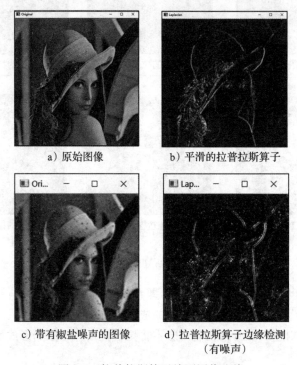

a）原始图像 b）平滑的拉普拉斯算子

c）带有椒盐噪声的图像 d）拉普拉斯算子边缘检测
（有噪声）

图 9-9 拉普拉斯算子检测图像边缘

9.6 Canny 算子

1986 年，John F.Canny 提出了一个多级边缘检测算法，即 Canny 边缘检测算法。虽然该算法复杂，但 Canny 检测器是迄今为止讨论过的边缘检测器中最优秀的。Canny 算子有三个基本目标：

1）低错误率。所有边缘都应被找到，并且没有伪响应，即检测到的边缘必须尽可能是真实的边缘。

2）边缘点应被很好地定位。已定位边缘必须尽可能接近真实边缘。即由检测器标记为边缘的点和真实边缘的中心之间的距离应该最小。

3）单一的边缘点响应。对于真实的边缘点，检测器仅返回一个点，即真实边缘周围的局部最大数应该是最小的。这意味着在仅存一个边缘点的位置，检测器不应指出多个边缘像素。

Canny 方法不容易受噪声干扰，能够检测出真正的弱边缘。其优点在于，使用两种不同的阈值分别检测强边缘和弱边缘，并且当弱边缘和强边缘相连时，才将弱边缘包含在输出图像中。

Canny 算子检测图像边缘的步骤如下：

1）对图像用高斯滤波器进行平滑处理。高斯滤波用于对图像进行减噪，采用邻域加权平均的方法计算每一个像素点的值。

2）利用 Sobel 算子计算边缘梯度的方向与幅值。边缘梯度的大小和方向分别为：

$$M(x,y) = \sqrt{g_x^2 + g_y^2}, \ \alpha(x,y) = \arctan\left[\frac{g_{xx}}{g_y}\right] \quad (9\text{-}11)$$

3）非极大值抑制。仅仅求出全局的梯度方向并不能确定边缘的位置，所以需要对一些梯度值不是最大的点进行抑制，突出真正的边缘。沿着梯度方向的 3 个像素点（中心像素点与另外两个梯度方向区域内的像素点），若中心像素点的梯度值不比其他两个像素点的梯度值大，则将该像素点的灰度值置 0，否则灰度值置为梯度的幅度。

4）双阈值的滞后阈值处理。现在要确定哪些边界才是真正的边界，这时我们需要设置两个阈值：minVal 和 maxVal。当图像的灰度梯度高于 maxVal 时被认为是真的边界，低于 minVal 的边界会被抛弃。如果介于两者之间的话，就要看这个点是否与某个被确定为真正的边界点相连，如果是就认为它也是边界点，否则就抛弃。

5）通过抑制孤立的弱边缘完成边缘检测。对经过非极大值抑制处理后的边缘强度图，一般需要进行阈值化处理。按照以下三个规则进行边缘的阈值化处理。

- 如果边缘像素的梯度值高于高阈值 maxVal，则将其标记为强边缘像素。
- 如果边缘像素的梯度值小于高阈值 maxVal 并且大于低阈值 minVal，则将其标记为弱边缘像素。
- 如果边缘像素的梯度值小于低阈值 minVal，则会被抑制。

被划分为强边缘的像素点已经被确定为边缘，因为它们是从图像中的真实边缘中提取出来的。对于弱边缘像素会有一些争论，因为这些像素可以从真实边缘提取，也可能是因噪声或颜色变化引起的。为了获得准确的结果，应该抑制由后者引起的弱边缘。

在 OpenCV 中提供了 cv2.Canny() 函数来实现 Canny 算子的运算，该函数的语法格式为：

```
dst = cv2.Canny(src, threshold1, threshold2[,apertureSize[, L2gradient]])
```

其输入和输出参数为：

- dst：表示输出边缘图像，单通道 8 位图像。
- src：表示原始图像，即需要处理的图像。
- threshold1：表示设置的低阈值。
- threshold2：表示设置的高阈值，一般设定为低阈值的 3 倍。
- apertureSize：表示 Sobel 算子的大小，默认值为 3。
- L2gradient：表示一个布尔值，如果为真，则使用更精确的 L2 范数进行计算（即两个方向的倒数的平方和再开方），否则使用 L1 范数（直接将两个方向导数的绝对值相加），默认为 false。

【**例 9.6**】使用 Canny 算子检测图像的边缘，观察图像效果。程序如下：

```
import cv2

img = cv2.imread("D:/pics/lena.jpg")
#img = cv2.imread("D:/pics/lenasp.jpg")          # 读取带有椒盐噪声的图像
img_gray = cv2.cvtColor(img,cv2.COLOR_BGR2GRAY)  # 转化为灰度图像
img_gaus = cv2.GaussianBlur(img_gray,(3,3),0)    # 高斯滤波

# Canny 边缘检测，设置两个阈值分别为 100 和 200
edge_output = cv2.Canny(img_gaus,100,200)
dst = cv2.bitwise_and(img, img, mask= edge_output)

cv2.imshow("Original",img)
cv2.imshow("canny",edge_output)
cv2.imshow("Color Edge", dst)
cv2.waitKey()
cv2.destroyAllWindows()
```

程序运行的结果如图 9-10 所示。

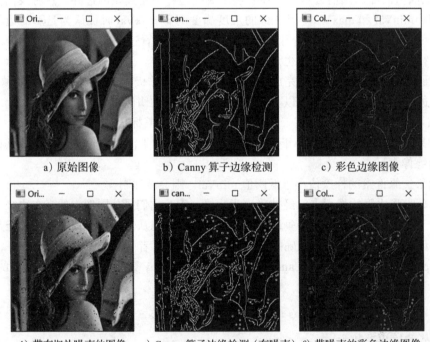

a）原始图像　　　　　b）Canny 算子边缘检测　　　　　c）彩色边缘图像

d）带有椒盐噪声的图像　e）Canny 算子边缘检测（有噪声）f）带噪声的彩色边缘图像

图 9-10　用 Canny 算子检测图像边缘

【**例 9.7**】使用 Canny 算子检测图像的边缘，利用滑动条调节阈值大小，观察图像效果。
程序如下：

```
import cv2
import numpy as np

img = cv2.imread('d:/pics/lena.jpg',0)
#img = cv2.imread("d:/pics/lenasp.jpg",0)   # 读取带有椒盐噪声的图像
img = cv2.GaussianBlur(img,(3,3),0)         # 高斯滤波去噪
```

```
def nothing(x):
    pass

# 创建滑动窗口和滑动条
cv2.namedWindow('Canny',1)
cv2.createTrackbar('minval','Canny',0,255,nothing)
cv2.createTrackbar('maxval','Canny',0,255,nothing)

while True:
    # 读取滑动条数值
    minval = cv2.getTrackbarPos('minval','Canny')
    maxval = cv2.getTrackbarPos('maxval','Canny')
    edges = cv2.Canny(img,minval,maxval)

    # 拼接原图与边缘监测结果图
    img_2 = np.hstack((img,edges))
    cv2.imshow('Canny',img_2)

    key = cv2.waitKey(1)
    if key == 27:    # 按下 Esc 键，退出
        break
cv2.destroyAllWindows()
```

程序运行的结果如图 9-11 所示。

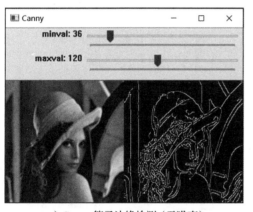
a）Canny 算子边缘检测（无噪声）

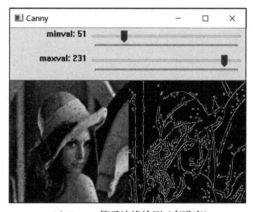
b）Canny 算子边缘检测（有噪声）

图 9-11　带有滑动条的 Canny 算子边缘检测

9.7　Scharr 算子

Scharr 算子是对 Sobel 算子差异性的增强，它们在检测图像边缘的原理和使用方式上相同。Scharr 算子的主要思路是通过放大模板中的权重系数来增大像素值间的差异。Scharr 算子又称为 Scharr 滤波器，也是计算 x 或 y 方向上的图像差分，当 Sobel() 函数的参数 ksize=−1 时，就演变成了 3×3 的 Scharr 算子。Scharr 算子的模板如图 9-12 所示。

$$\text{scharr}_x = \begin{bmatrix} -3 & 0 & 3 \\ -10 & 0 & 10 \\ -3 & 0 & 3 \end{bmatrix} \qquad \text{scharr}_y = \begin{bmatrix} -3 & -10 & -3 \\ 0 & 0 & 0 \\ 3 & 10 & 3 \end{bmatrix}$$

图 9-12　Scharr 算子水平和垂直方向上模板

OpenCV 提供了图像提取边缘的 Scahrr() 函数，该函数的语法格式为：

```
dst = cv2.Scharr(src, ddepth, dx, dy[, scale[, delta,[ borderType]]])
```

其输入和输出参数如下：

- src：待提取边缘的图像。
- dst：输出图像，与输入图像 src 的尺寸和通道数相同，数据类型由第三个参数 ddepth 控制。
- ddepth：输出图像的数据类型（深度），根据输入图像的数据类型不同拥有不同的取值范围，当赋值为 –1 时，自动选择输出图像的数据类型。
- dx：X 方向的差分阶数。
- dy：Y 方向的差分阶数。
- scale：对导数计算结果进行缩放的缩放因子，默认系数为 1，不进行缩放。
- delta：偏值，在计算结果中加上偏值。
- borderType：像素外推法选择标志，默认参数为 BORDER_DEFAULT，表示不包含边界值倒序填充。

【例 9.8】使用 Scharr 算子检测图像的边缘，程序如下：

```
import cv2
img = cv2.imread('d:/pics/lena.jpg',0)

x = cv2.Scharr(img, cv2.CV_16S, 1, 0)        # Scharr 算子 X 方向
y = cv2.Scharr(img, cv2.CV_16S, 0, 1)        # Scharr 算子 Y 方向
absX = cv2.convertScaleAbs(x)
absY = cv2.convertScaleAbs(y)
scharr = cv2.addWeighted(absX, 0.5, absY, 0.5, 0)

cv2.imshow('origin image', img)
cv2.imshow('X_Scharr',absX)
cv2.imshow('Y_Scharr',absY)
cv2.imshow('Scharr result', scharr)
cv2.waitKey(0)
cv2.destroyAllWindows()
```

程序运行的结果如图 9-13 所示。

a）原始图像　　　　　　　　b）X 方向的 Scharr 图像边缘

图 9-13　Scharr 算子检测图像边缘

c）*Y* 方向的 Scharr 图像边缘   d）Scharr 算子边缘检测图像

图 9-13 （续）

9.8 Kirsch 和 Robinson 算子

Kirsch 算子由八个方向的卷积核构成，如下 8 个模板代表 8 个方向，对图像上的 8 个特定边缘方向做出最大响应，运算中取最大值作为图像的边缘输出。

$$K_N = \begin{bmatrix} 5 & 5 & 5 \\ -3 & 0 & -3 \\ -3 & -3 & -3 \end{bmatrix}, \quad K_{NE} = \begin{bmatrix} -3 & 5 & 5 \\ -3 & 0 & 5 \\ -3 & -3 & -3 \end{bmatrix}$$

$$K_E = \begin{bmatrix} -3 & -3 & 5 \\ -3 & 0 & 5 \\ -3 & -3 & 5 \end{bmatrix}, \quad K_{SE} = \begin{bmatrix} -3 & -3 & -3 \\ -3 & 0 & 5 \\ -3 & 5 & 5 \end{bmatrix}$$

$$K_S = \begin{bmatrix} -3 & -3 & -3 \\ -3 & 0 & -3 \\ 5 & 5 & 5 \end{bmatrix}, \quad K_{SW} = \begin{bmatrix} -3 & -3 & -3 \\ 5 & 0 & -3 \\ 5 & 5 & -3 \end{bmatrix}$$

$$K_W = \begin{bmatrix} 5 & -3 & -3 \\ 5 & 0 & -3 \\ 5 & -3 & -3 \end{bmatrix}, \quad K_{NW} = \begin{bmatrix} 5 & 5 & -3 \\ 5 & 0 & -3 \\ -3 & -3 & -3 \end{bmatrix}$$

图 9-14 Kirsch 算子八个方向上的模板

Robinson 算子的规则与 Kirsch 边缘算子相同，也是 8 个模板对应 8 个方向，最大值被选出。

$$R_N = \begin{bmatrix} 1 & 2 & 1 \\ 0 & 0 & 0 \\ -1 & -2 & -1 \end{bmatrix}, \quad R_{NE} = \begin{bmatrix} 0 & 1 & 2 \\ -1 & 0 & 1 \\ -2 & -1 & 0 \end{bmatrix}$$

$$R_E = \begin{bmatrix} -1 & 0 & 1 \\ -2 & 0 & 2 \\ -1 & 0 & 1 \end{bmatrix}, \quad R_{SE} = \begin{bmatrix} -2 & -1 & 0 \\ -1 & 0 & 1 \\ 0 & 1 & 2 \end{bmatrix}$$

$$R_S = \begin{bmatrix} -1 & -2 & -1 \\ 0 & 0 & 0 \\ 1 & 2 & 1 \end{bmatrix}, \quad R_{SW} = \begin{bmatrix} 0 & -1 & -2 \\ 1 & 0 & -1 \\ 2 & 1 & 0 \end{bmatrix}$$

$$R_W = \begin{bmatrix} 1 & 0 & -1 \\ 2 & 0 & -2 \\ 1 & 0 & -1 \end{bmatrix}, \quad R_{NW} = \begin{bmatrix} 2 & 1 & 0 \\ 1 & 0 & -1 \\ 0 & -1 & 2 \end{bmatrix}$$

图 9-15 Robinson 算子八个方向上的模板

【例9.9】使用 Kirsch 算子检测图像的边缘，程序如下：

```python
import cv2
import numpy as np

def Kirsch(gray):  # 定义 Kirsch 卷积模板
    m1 = np.array([[5, 5, 5], [-3, 0, -3], [-3, -3, -3]])
    m2 = np.array([[-3, 5, 5], [-3, 0, 5], [-3, -3, -3]])
    m3 = np.array([[-3, -3, 5], [-3, 0, 5], [-3, -3, 5]])
    m4 = np.array([[-3, -3, -3], [-3, 0, 5], [-3, 5, 5]])
    m5 = np.array([[-3, -3, -3], [-3, 0, -3], [5, 5, 5]])
    m6 = np.array([[-3, -3, -3], [5, 0, -3], [5, 5, -3]])
    m7 = np.array([[5, -3, -3], [5, 0, -3], [5, -3, -3]])
    m8 = np.array([[5, 5, -3], [5, 0, -3], [-3, -3, -3]])

    graym = cv2.copyMakeBorder(gray,1,1,1,1,
                               borderType=cv2.BORDER_REPLICATE)
    temp = list(range(8))
    gray1 = np.zeros(graym.shape)
    for i in range(1, gray.shape[0] - 1):
        for j in range(1, gray.shape[1] - 1):
            temp[0] = np.abs((np.dot(np.array([1, 1, 1]),
                (m1*gray[i-1:i+2,j-1:j+2]))).dot(np.array([[1],[1],[1]])))
            temp[1] = np.abs((np.dot(np.array([1, 1, 1]),
                (m2*gray[i-1:i+2,j-1:j+2]))).dot(np.array([[1],[1],[1]])))
            temp[2] = np.abs((np.dot(np.array([1, 1, 1]),
                (m3*gray[i-1:i+2,j-1:j+2]))).dot(np.array([[1],[1],[1]])))
            temp[3] = np.abs((np.dot(np.array([1, 1, 1]),
                (m4*gray[i-1:i+2,j-1:j+2]))).dot(np.array([[1],[1],[1]])))
            temp[4] = np.abs((np.dot(np.array([1, 1, 1]),
                (m5*gray[i-1:i+2,j-1:j+2]))).dot(np.array([[1],[1],[1]])))
            temp[5] = np.abs((np.dot(np.array([1, 1, 1]),
                (m6*gray[i-1:i+2,j-1:j+2]))).dot(np.array([[1],[1],[1]])))
            temp[6] = np.abs((np.dot(np.array([1, 1, 1]),
                (m7*gray[i-1:i+2,j-1:j+2]))).dot(np.array([[1],[1],[1]])))
            temp[7] = np.abs((np.dot(np.array([1, 1, 1]),
                (m8*gray[i-1:i+2,j-1:j+2]))).dot(np.array([[1],[1],[1]])))

            gray1[i, j] = np.max(temp)
            if gray1[i, j] > 255:
                gray1[i, j] = 255
            else:
                gray1[i, j] = 0
    gray2= cv2.resize(gray1, (gray.shape[0], gray.shape[1]))
    Kirsch=gray2
    return Kirsch

img = cv2.imread('d:/pics/lena.jpg', 0)
result = Kirsch(img)
cv2.imshow('Origin image', img)
cv2.imshow('Kirsch result', result)
cv2.waitKey(0)
cv2.destroyAllWindows()
```

程序运行的结果如图 9-16 所示。

a）原始图像　　　　　b）Kirsch 算子检测图像边缘

图 9-16　用 Kirsch 算子检测图像边缘

【例 9.10】使用 Robinson 算子检测图像的边缘，程序如下：

```python
import cv2
import numpy as np

def Robinson(gray): # 定义 Robinson 卷积模板
    m1 = np.array([[1, 2, 1], [0, 0, 0], [-1, -2, -1]])
    m2 = np.array([[0, 1, 2], [-1, 0, 1], [-2, -1, 0]])
    m3 = np.array([[-1, 0, 1], [-2, 0, 2], [-1, 0, 1]])
    m4 = np.array([[-2, -1, 0], [-1, 0, 1], [0, 1, 2]])
    m5 = np.array([[-1, -2, -1], [0, 0, 0], [1, 2, 1]])
    m6 = np.array([[0, -1, -2], [1, 0, -1], [2, 1, 0]])
    m7 = np.array([[1, 0, -1], [2, 0, -2], [1, 0, -1]])
    m8 = np.array([[2, 1, 0], [1, 0, -1], [0, -1, 2]])

    graym = cv2.copyMakeBorder(gray,1,1,1,1,
                               borderType=cv2.BORDER_REPLICATE)
    temp = list(range(8))
    gray1 = np.zeros(graym.shape)
    for i in range(1, gray.shape[0] - 1):
        for j in range(1, gray.shape[1] - 1):
            temp[0] = np.abs((np.dot(np.array([1, 1, 1]),
                (m1*gray[i-1:i+2,j-1:j+2]))).dot(np.array([[1],[1],[1]])))
            temp[1] = np.abs((np.dot(np.array([1, 1, 1]),
                (m2*gray[i-1:i+2,j-1:j+2]))).dot(np.array([[1],[1],[1]])))
            temp[2] = np.abs((np.dot(np.array([1, 1, 1]),
                (m3*gray[i-1:i+2,j-1:j+2]))).dot(np.array([[1],[1],[1]])))
            temp[3] = np.abs((np.dot(np.array([1, 1, 1]),
                (m4*gray[i-1:i+2,j-1:j+2]))).dot(np.array([[1],[1],[1]])))
            temp[4] = np.abs((np.dot(np.array([1, 1, 1]),
                (m5*gray[i-1:i+2,j-1:j+2]))).dot(np.array([[1],[1],[1]])))
            temp[5] = np.abs((np.dot(np.array([1, 1, 1]),
                (m6*gray[i-1:i+2,j-1:j+2]))).dot(np.array([[1],[1],[1]])))
            temp[6] = np.abs((np.dot(np.array([1, 1, 1]),
                (m7*gray[i-1:i+2,j-1:j+2]))).dot(np.array([[1],[1],[1]])))
            temp[7] = np.abs((np.dot(np.array([1, 1, 1]),
                (m8*gray[i-1:i+2,j-1:j+2]))).dot(np.array([[1],[1],[1]])))

            gray1[i, j] = np.max(temp)
```

```
            if gray1[i, j] > 255:
                gray1[i, j] = 255
            else:
                gray1[i, j] = 0

    gray2= cv2.resize(gray1, (gray.shape[0], gray.shape[1]))
    Kirsch=gray2
    return Kirsch

img = cv2.imread('d:/pics/lena.jpg', 0)
result = Robinson(img)
cv2.imshow('Origin image', img)
cv2.imshow('Robinson result', result)
cv2.waitKey(0)
cv2.destroyAllWindows()
```

程序运行的结果如图 9-17 所示。

a）原始图像　　　　　　　b）Robinson 算子检测图像边缘

图 9-17　用 Robinson 算子检测图像边缘

9.9　高斯拉普拉斯算子

高斯拉普拉斯（Laplacian-of-Gaussian，LoG）边缘检测算子是 David Courtnay Marr 和 Ellen Hildreth（1980）共同提出的，它也称为边缘检测算法或 Marr & Hildreth 算子。该算法首先对图像做高斯滤波，然后再求其拉普拉斯二阶导数，根据二阶导数的过零点来检测图像的边界，即通过检测滤波结果的零交叉来获得图像的边缘。

LoG 算子（也就是高斯拉普拉斯函数）常用于数字图像的边缘提取和二值化。LoG 算子源于 D.Marr 计算视觉理论中提出的边缘提取思想，即首先对原始图像进行最佳平滑处理，最大程度地抑制噪声，再对平滑后的图像求取边缘。LoG 算子与视觉生理中的数学模型相似，因此在图像处理领域得到了广泛的应用。它具有抗干扰能力强，边界定位精度高，边缘连续性好，能有效提取对比度弱的边界等特点。

LoG 算子到中心的距离与位置加权系数的关系曲线很像墨西哥草帽的剖面，所以 LoG 算子也称为墨西哥草帽滤波器（Mexican Hat）。

高斯函数的公式如下：

$$G_\sigma(x, y) = \exp\left(-\frac{x^2 + y^2}{2\sigma^2}\right) \tag{9-12}$$

LoG 算子的表达式如下：

$$LoG = \nabla G_\sigma(x,y) = \frac{\partial^2 G_\sigma(x,y)}{\partial x^2} + \frac{\partial^2 G_\sigma(x,y)}{\partial y^2} = \frac{x^2+y^2-2\sigma^2}{\sigma^4} e^{-(x^2+y^2)/2\sigma^2} \tag{9-13}$$

LoG 算子常用的卷积模板有 3×3 和 5×5 的模板，如图 9-18 所示。

【例 9.11】使用 LoG 算子检测图像的边缘，程序如下：

0	1	0
1	-4	1
0	1	0

a) 3×3 模板

0	0	-1	0	0
0	-1	-2	-1	0
-1	-2	16	-2	-1
0	-1	-2	-1	0
0	0	-1	0	0

b) 5×5 模板

图 9-18　LoG 算子的模板

```python
import cv2
# LoG 算子
def log(gray):
    #先通过高斯滤波降噪
    gaussian = cv2.GaussianBlur(gray, (3, 3), 0)
    #再通过拉普拉斯算子做边缘检测
    dst = cv2.Laplacian(gaussian, cv2.CV_16S, ksize=3)
    log = cv2.convertScaleAbs(dst)          #原图像转换为 uint8 类型
    return log

#img = cv2.imread('d:/pics/lena.jpg', 0)
img = cv2.imread("D:/pics/lenasp.png",0)    #读取带有椒盐噪声的图像
result = log(img)
cv2.imshow('Origin image', img)
cv2.imshow('LoG result', result)
cv2.waitKey(0)
cv2.destroyAllWindows()
```

程序运行的结果如图 9-19 所示。

a) 原始图像

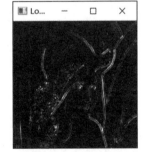

b) LoG 算子边缘检测

c) 带有椒盐噪声的图像

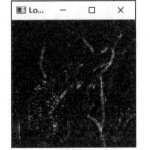

d) LoG 算子边缘检测（有噪声）

图 9-19　用 LoG 算子检测图像边缘

9.10　高斯差分算子

高斯差分（DoG）算子是 Marr 和 Hildreth 于 1980 年提出的，它使用高斯差分来近似 LoG 算子。根据 LoG 算子和 DoG 算子的函数波形对比，由于高斯差分的计算更加简单，因此可用 DoG 算子近似替代 LoG 算子。

$$\text{DoG} = G_{\sigma_1} - G_{\sigma_2} = \frac{1}{2\pi}\left[\frac{1}{\sigma_1^2}e^{-(x^2-y^2)/2\sigma_1^2} - \frac{1}{\sigma_2^2}e^{-(x^2-y^2)/2\sigma_2^2}\right] \tag{9-14}$$

式中，$\sigma_1 > \sigma_2$，使用 1.6∶1 的标准差比率。

DoG 算子实现边缘检测的方法是：用两个不同标准差的高斯核与图像卷积运算，然后将其结果相减，最后阈值分割即可得到图像的边缘检测结果。

【例 9.12】使用 DoG 算子检测图像的边缘，程序如下：

```python
import cv2
import numpy as np
from scipy import signal

# 二维高斯卷积核，进行卷积
def gaussConv2(image, size, sigma):
    H, W = size
    r, c = np.mgrid[0:H:1.0, 0:W:1.0]
    c -= (W - 1.0) / 2.0
    r -= (H - 1.0) / 2.0
    sigma2 = np.power(sigma, 2.0)
    norm2 = np.power(r, 2.0) + np.power(c, 2.0)
    LoGKernel = (1 / (2*np.pi*sigma2)) * np.exp(-norm2 / (2 * sigma2))
    image_conv = signal.convolve2d(image, LoGKernel, 'same','symm')
    return image_conv


def DoG(image, size, sigma, k=1.1):
    Is = gaussConv2(image, size, sigma)
    Isk = gaussConv2(image, size, sigma * k)
    DoG = Isk - Is
    DoG /= (np.power(sigma, 2.0)*(k-1))
    return DoG


if __name__ == "__main__":
    img = cv2.imread("d:/pics/lena.jpg", 0)
    sigma = 1
    k = 1.1
    size = (7, 7)
    DoG_edge = DoG(img, size, sigma, k)
    DoG_edge[DoG_edge>255] = 255
    DoG_edge[DoG_edge<0] = 0
    DoG_edge = DoG_edge / np.max(DoG_edge)
    DoG_edge = DoG_edge * 255
    DoG_edge = DoG_edge.astype(np.uint8)

    cv2.imshow("orginal", img)
    cv2.imshow("DoG_edge", DoG_edge)
    cv2.waitKey(0)
    cv2.destroyAllWindows()
```

程序运行的结果如图 9-20 所示。

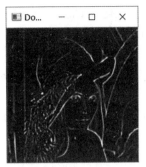

a）原始图像　　　　　　　　　　b）DoG 算子边缘检测

图 9-20　用 DoG 算子检测图像边缘

9.11　霍夫变换

在数字图像中，往往存在着一些特殊形状的几何图形，如检测路边一条直线、检测人眼的圆形等，有时我们需要把这些特定图形检测出来，霍夫（Hough）变换就是用于这样检测的工具。

霍夫变换的基本原理在于利用点与线的对偶性，将原始图像空间给定的曲线通过曲线表达形式变为参数空间的一个点。这样就把原始图像中给定曲线的检测问题转化为寻找参数空间中的峰值问题，即把检测整体特性转化为检测局部特性，比如直线、椭圆、圆、弧线等。

霍夫变换是把原始图像坐标系下的一个点对应参数坐标系中的一条直线，同样参数坐标系的一条直线也能在图像原始坐标系下找到相对应的一个点。原始坐标系下呈现直线的所有点，它们的斜率和截距是相同的，所以它们在参数坐标系下对应于同一个点。这样在将原始坐标系下的各个点投影到参数坐标系下之后，看参数坐标系下有没有聚集点，这样的聚集点就对应原始坐标系下的直线。

9.11.1　使用霍夫变换检测直线

霍夫变换是经典的检测直线的算法。其最初用来检测图像中的直线，也可以将其扩展，以用来检测图像中简单的结构。

OpenCV 提供了两种用于直线检测的霍夫变换形式：一个是 cv2.HoughLines() 函数，用于在二值图像中查找直线；第二个是 cv2.HoughLinesP() 函数，用于查找直线段。

函数 cv2.HoughLines 的语法格式为：

```
lines = cv2.HoughLines(img, rho, theta, threshold )
```

其输入和输出参数如下：

- img：是输入二值图像，在进行霍夫变换之前需要通过阈值方法的边缘检测进行图像的二值化。
- rho 和 theta：分别是 r、θ 对应的精度。
- threshold：是阈值，即一条直线所需的最少的曲线交点，这个阈值代表了检测到的直线的最短长度。
- lines：输出，存储检测到的直线参数（r, theta）。

在例 9.13 中，首先使用 Canny 算子获得图像边缘，然后使用霍夫变换检测直线。其中，HoughLines 函数的参数 2 和 3 对应直线搜索的步长，函数将通过步长为 1 的半径和步长为 $\pi/180$ 的角来搜索所有可能的直线。最后一个参数是经过某一点的曲线数量的阈值，超过这个阈值就表示这个交点所代表的参数对 (rho, theta) 在原图像中为一条直线，这个参数使用了经验值。

【例 9.13】使用霍夫变换检测图像中的直线，程序如下：

```python
import cv2
import numpy as np

original_img= cv2.imread("d:/pics/road.jpg")
img = cv2.resize(original_img,None,fx=0.8, fy=0.8, interpolation = cv2.INTER_CUBIC)
img = cv2.GaussianBlur(img,(3,3),0)
edges = cv2.Canny(img, 50, 150, apertureSize = 3)
lines = cv2.HoughLines(edges,1,np.pi/180,150)      # 最后一个参数使用了经验型的值
print("Line Num : ", len(lines))

result = img.copy()
for line in lines:
    rho = line[0][0]                                # 第一个元素是距离 rho
    theta= line[0][1]                               # 第二个元素是角度 theta
    if  (theta < (np.pi/4. )) or (theta > (3.*np.pi/4.0)): # 垂直直线
        pt1 = (int(rho/np.cos(theta)),0)            # 该直线与第一行的交点
        # 该直线与最后一行的焦点
        pt2 = (int((rho-result.shape[0]*np.sin(theta))/np.cos(theta)),result.
            shape[0])
        cv2.line( result, pt1, pt2, (0,255,0))      # 绘制一条绿色线
    else:       # 水平直线
        pt1 = (0,int(rho/np.sin(theta)))            # 该直线与第一列的交点
        # 该直线与最后一列的交点
        pt2 = (result.shape[1], int((rho-result.shape[1]*np.cos(theta))/
            np.sin(theta)))
        cv2.line(result, pt1, pt2, (0,0,255), 1)    # 绘制一条红色直线

cv2.imshow('Origin', img )
cv2.imshow('Canny', edges )
cv2.imshow('Result', result)
cv2.waitKey(0)
cv2.destroyAllWindows()
```

程序运行的结果如图 9-21 所示，共检测出 9 条符合要求的直线（Line Num: 9）。

a）原图像　　　　　　　　　　b）霍夫变换检测出的直线

图 9-21　使用霍夫变换检测直线

如图 9-21 所示，霍夫变换看起来就像在图像中查找对齐的边界像素点集合。但这样会在某些情况下导致虚假检测，如像素偶然对齐或多条直线穿过同样的对齐像素造成多重检测。

要避免这样的问题，并检测图像中分段的直线（而不是贯穿整个图像的直线），就诞生了 Hough 变化的改进版，即概率霍夫变换（Probabilistic Hough）。在 OpenCV 中用函数 cv2.HoughLinesP() 实现，其语法格式为：

```
lines = cv2.HoughLinesP(image, rho, theta, threshold[, minLineLength[, maxLineGap]]])
```

其输入和输出参数如下：

- image：必须是二值图像，推荐使用 Canny 边缘检测的结果图像。
- rho：线段以像素为单位的距离精度，double 类型，推荐用 1.0。
- theta：线段以弧度为单位的角度精度，推荐用 numpy.pi/180。
- threshod：累加平面的阈值参数，int 类型，超过设定阈值才被检测出线段。值越大，意味着检出的线段越长，检出的线段个数越少。
- minLineLength：线段以像素为单位的最小长度，根据应用场景设置。
- maxLineGap：同一方向上两条线段判定为一条线段的最大允许间隔（断裂），超过设定值，则把两条线段当成一条线段。值越大，允许线段上的断裂越大，越有可能检出潜在的直线段。
- lines：输出，存储检测到的直线参数（r, theta）。

函数 cv2.HoughLinesP() 是一种概率直线检测，从原理上说，霍夫变换是一个耗时耗力的算法，尤其是每一个点的计算。即使经过了 Canny 转换，有时点的个数依然很庞大，这时我们采取一种概率挑选机制，不是所有的点都计算，而是随机选取一些点来计算，这相当于降采样，此时阈值设置也要降低一些。在参数输入 / 输出中，输入多了两个参数：minLineLengh（线的最短长度，小于这个值的都被忽略）和 MaxLineCap（两条直线之间的最大间隔，小于此值会被认为是一条直线）。输出也不再是直线参数的，而是直线点的坐标位置，这样可以省去一系列 for 循环中的由参数空间到图像的实际坐标点的转换。

【例 9.14】用霍夫变换检测图像中的线段，程序如下：

```
import cv2
import numpy as np

img = cv2.imread("d:/pics/road.jpg")
img = cv2.GaussianBlur(img,(3,3),0)
edges = cv2.Canny(img, 50, 150, apertureSize = 3)

# 霍夫变换
minLineLength = 500
maxLineGap = 40
lines = cv2.HoughLinesP(edges,1,np.pi/180,80,minLineLength,maxLineGap)
print("Line Num : ", len(lines))

# 画出检测的线段
for line in lines:
  for x1, y1, x2, y2 in line:
      cv2.line(img, (x1, y1), (x2, y2), (0, 0, 255), 1)

cv2.imshow('Result', img)
```

```
cv2.waitKey(0)
cv2.destroyAllWindows()
```

程序运行的结果如图 9-22 所示。

图 9-22   用霍夫变换检测线段

9.11.2   使用霍夫变换检测圆环

一个圆环需要 3 个参数（中心坐标点 x、y，圆半径）来确定，所以进行圆环检测的累加器必须是三维的，这样效率很低。OpenCV 使用霍夫变换梯度法来检测边界的梯度信息，从而提升了计算的效率。

OpenCV 中使用霍夫变换检测圆环的函数是 cv2.HoughCircles()，其语法格式为：

```
circles = cv2.HoughCircles(image,method,dp,minDist,param1,param2,minRadius,maxRadius)
```

其输入和输出参数如下：

- image：8 位单通道图像。如果使用彩色图像，需要先转换为灰度图像。
- method：定义检测图像中圆的方法。目前唯一实现的方法是 cv2.HOUGH_GRADIENT。
- dp：累加器分辨率与图像分辨率的反比。dp 获取越大，累加器数组越小。
- minDist：检测点到圆的中心 (x, y) 坐标之间的最小距离。如果 minDist 太小，则可能导致检测到多个相邻的圆。如果 minDist 太大，则可能导致很多圆检测不到。
- param1：用于处理边缘检测的梯度值方法。
- param2：cv2.HOUGH_GRADIENT 方法的累加器阈值。阈值越小，检测到的圈子越多。
- minRadius：半径的最小尺寸（以像素为单位）。
- maxRadius：半径的最大尺寸（以像素为单位），要根据检测圆环的大小调整半径尺寸。
- circles：输出。

【例 9.15】利用霍夫变换检测图像中的圆环。程序如下：

```
import cv2
import numpy as np
```

```
img = cv2.imread('d:/pics/yinyuan.png')
gray = cv2.cvtColor(img,cv2.COLOR_BGR2GRAY)
cv2.imshow('origin_img',gray)

#hough 变换
circles1 = cv2.HoughCircles(gray,cv2.HOUGH_GRADIENT,1,
100,param1=100,param2=30,minRadius=180,maxRadius=200)
circles = circles1[0,:,:]                            # 提取为二维
circles = np.uint16(np.around(circles))              # 四舍五入，取整
for i in circles[:]:
    cv2.circle(img,(i[0],i[1]),i[2],(255,0,0),5)     # 画圆圈
    cv2.circle(img,(i[0],i[1]),2,(255,0,255),10)     # 画圆心

cv2.imshow('result',img)
cv2.waitKey(0)
cv2.destroyAllWindows()
```

程序运行的结果如图 9-23 所示。图 a 为原图像，图 b 为通过霍夫变换检测出的圆环，并标记了圆心和圆圈。

a) 原图像　　　　　　　　　　　　b) 霍夫变换检测出的圆环

图 9-23　霍夫变换检测圆环

【例 9.16】利用霍夫变换，检测棋盘上的围棋，并识别围棋颜色。程序如下：

```
import cv2
import numpy as np
from collections import Counter

# 检测棋子的颜色
def detect_weiqi(img):
    txt = 'black'
    gray = cv2.cvtColor(img, cv2.COLOR_BGR2GRAY)
    ret, threshold = cv2.threshold(gray, 100, 255, cv2.THRESH_BINARY)
    c = Counter(list(threshold.flatten()))
    print(c.most_common())
    if c.most_common()[0][0] != 0:
        txt = 'white'
    return txt, threshold

img = cv2.imread('d:/pics/weiqi3.png')
img = cv2.medianBlur(img, 3)
gray = cv2.cvtColor(img, cv2.COLOR_BGR2GRAY)
cv2.imshow('Origin', img)
```

```
circles = cv2.HoughCircles(gray, cv2.HOUGH_GRADIENT,
                           1, 20, param1=100, param2=30, minRadius=10, maxRadius=50)

if circles is None:
    exit(-1)

circles = np.uint16(np.around(circles))
print(circles)

cv2.waitKey(0)
font = cv2.FONT_HERSHEY_SIMPLEX
for i in circles[0, :]:
    cv2.circle(img, (i[0], i[1]), i[2], (0, 255, 0), 2)
    cv2.circle(img, (i[0], i[1]), 2, (0, 0, 255), 3)

    x, y, r = i
    crop_img = img[y - r: y + r, x - r: x + r]
    # 检测围棋棋子
    txt, threshold = detect_weiqi(crop_img)
    print('颜色', '黑色' if txt == 'black' else '白色')

    cv2.putText(threshold, text=txt, org=(0, 0),
                fontFace=font, fontScale=0.5, color=(0, 255, 0), thickness=2)
    cv2.imshow('threshold', threshold)

    cv2.imshow('crop_img', crop_img)
    cv2.moveWindow('crop_img', x=0, y=img.shape[0])

    cv2.imshow('detected chess', img)
    cv2.moveWindow('detected chess', y=0, x=img.shape[1])

    cv2.waitKey(500)

cv2.waitKey(0)
cv2.destroyAllWindows()
```

程序运行的结果如图 9-24 所示。

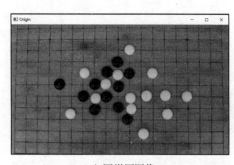

a）围棋原图像

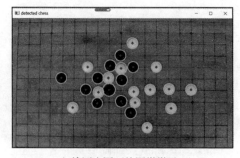

b）检测出圆环的围棋棋子

图 9-24　霍夫变换检测围棋棋子

9.12　图像金字塔

图像金字塔是图像多尺度表达的一种方法，是一种以多分辨率来解释图像的概念简单、有效的结构。一幅图像的金字塔是一系列以金字塔形状排列的分辨率逐步降低，且来源于同一张原始图像的图像集合。它通过梯次下采样获得，直到达到某个终止条件停止采样。我们将一层一层的图像比喻成金字塔，最初用于机器视觉和图像压缩领域，一个图像金字塔就是一系列以金字塔形状排列的、分辨率逐步降低的图像集合，层级越高，则图像越小，分辨率越低，如图 9-25 所示。

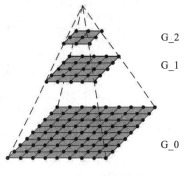

图像金字塔方法的思想是：将参与融合的每幅图像分解为多尺度的金字塔图像序列，低分辨率的图像在上层，高分辨率的图像在下层，上层图像的大小为前一层图像大小的 1/4。层数为 0，1，2，…，N。将所有图像的金字塔在相应层上以一定的规则融合，就可得到合成金字塔，再将该合成金字塔按照金字塔生成的逆过程进行重构，得到融合金字塔。

图 9-25　图像金字塔

图像金字塔一般有高斯金字塔（Gaussian Pyramid）和拉普拉斯金字塔（Laplacian Pyramid）两种。

9.12.1　高斯金字塔

高斯金字塔是由底部最大分辨率的图像逐次下采样得到的一系列图像。底部的图像分辨率最高，越往上图像分辨率越低。

高斯金字塔的原理如图 9-25 所示，首先将原图像作为底层图像 G0（高斯金字塔的第 0 层），利用高斯核（5×5）对其进行卷积（高斯平滑）；然后对卷积后的图像进行下采样（去除偶数行和列）得到上一层图像 G1，将此图像作为输入，重复卷积和下采样操作得到更上一层图像，反复迭代多次，形成一个金字塔形的图像数据结构，即高斯金字塔。

由于上采样和下采样是非线性处理，是不可逆的有损处理，因此下采样后的图像若要还原到原来的尺寸就会丢失很多信息，使图像变模糊。如果想在缩放过程中要减少图像信息的丢失，就要使用第二个图像金字塔——拉普拉斯金字塔。

OpenCV 对图像向下采样的函数是 pyrDown()，其语法格式为：

```
dst = pyrDown(src, dstsize=None, borderType=None)
```

其输入和输出参数为：

- src: 表示输入图像。
- dst: 表示输出图像，它与 src 类型、大小相同。
- dstsize: 表示降采样之后的目标图像的大小。
- borderType: 表示表示图像边界的处理方式。

注意：dstsize 参数是有默认值的，调用函数时不指定第三个参数，那么这个值是按照 size((src.cols+1)/2，(src.rows+1)/2) 计算的。而且，无论如何指定这个参数，必须保证满足以下关系式：

$$|dstsize.width * 2 - src.cols| \leqslant 2 \text{ 和 } |dstsize.height * 2 - src.rows| \leqslant 2$$

也就是说，降采样其实是把图像的尺寸缩减一半，即行和列同时缩减一半。

【例 9.17】 利用高斯金字塔函数，对图像下采样，程序如下：

```python
import cv2

# 高斯金字塔
def pyramid_demo(image):
    level = 3
    temp = image.copy()
    pyramids_images = []                    # 空列表
    for i in range(level):
        dst = cv2.pyrDown(temp)             # 先对图像进行高斯平滑，然后再进行降采样
        pyramids_images.append(dst)         # 在列表末尾添加新的对象
        cv2.imshow("pyramid_down_"+str(i), dst)
        temp = dst.copy()
    return pyramids_images

if __name__ == "__main__":
    img = cv2.imread("d:/pics/lena.jpg")
    cv2.namedWindow("input image", cv2.WINDOW_AUTOSIZE)
    cv2.imshow("input image", img)
    pyramid_demo(img)
    cv2.waitKey(0)
    cv2.destroyAllWindows()
```

程序运行的结果如图 9-26 所示。

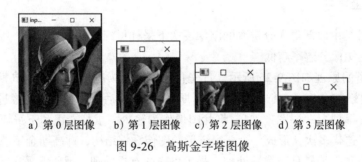

a）第 0 层图像　　b）第 1 层图像　　c）第 2 层图像　　d）第 3 层图像

图 9-26　高斯金字塔图像

9.12.2　拉普拉斯金字塔

拉普拉斯金字塔（Laplacian pyramid）用于重建图像，也就是预测残差，对图像进行最大程度的还原，用来存储下采样后图像与原始图像的差异。将一幅小图像重建为一幅大图像的原理是用高斯金字塔的每一层图像减去其上一层图像进行上采样，并经过高斯卷积之后的预测图像，得到一系列的差值图像。如果我们想完全恢复原始图像，那么在进行采样时就要保留差异信息，这就是拉普拉斯金字塔的核心思想。

上采样与下采样相反，是将一个图像不断放大的过程，它将图像在每个方向上扩大为原图像的 2 倍，新增的行和列均用 0 来补充，并且用与下采样相同的卷积核乘以 4，来获取新增像素的值。特别要注意的是，上采样与下采样不是互逆操作，经过两种操作后，都无法恢复原图像。

拉普拉斯金字塔实际上是通过计算图像先下采样再上采样后的结果和原图像的残差来保存缺失信息的，公式为 $Li = Gi - Up(Down(Gi))$。

拉普拉斯金字塔实际上是由上面的残差图像组成的金字塔，它为还原图像做准备。求得每个图像的拉普拉斯金字塔后需要对相应层次的图像进行融合，最终还原图像。

OpenCV 对图像向上采样的函数是 pyrUp()，其语法格式为：

```python
dst = pyrUp(src, dstsize=None, borderType=None)
```

其输入和输出参数为：

- src：表示输入图像。
- dst：表示输出图像，它与 src 类型、大小相同。
- dstsize：表示下采样之后的目标图像的大小。
- borderType：表示图像边界的处理方式。

【例 9.18】利用拉普拉斯金字塔函数，对图像上采样，程序如下：

```python
import cv2

def pyramid_demo(image):                          # 高斯金字塔
    level = 3
    temp = image.copy()
    pyramids_images = []                          # 空列表
    for i in range(level):
        dst = cv2.pyrDown(temp)                   # 先对图像进行高斯平滑，然后进行降采样
        pyramids_images.append(dst)               # 在列表末尾添加新的对象
        cv2.imshow("pyramid_down_"+str(i), dst)
        temp = dst.copy()
    return pyramids_images

# 拉普拉斯金字塔
def lapalian_demo(image):
    pyramids_images = pyramid_demo(image)         # 拉普拉斯金字塔必须用到高斯金字塔的结果
    level = len(pyramids_images)
    # 递减
    for i in range(level-1, -1, -1):
        if i - 1 < 0:
            expand = cv2.pyrUp(pyramids_images[i], dstsize=image.shape[0:2])
            lpls = cv2.subtract(image, expand)
            cv2.imshow("lapalian_down_" + str(i), lpls)
        else:
            expand = cv2.pyrUp(pyramids_images[i], dstsize=pyramids_images[i -
                1].shape[:2])
        lpls = cv2.subtract(pyramids_images[i - 1], expand)
        cv2.imshow("lapalian_down_" + str(i), lpls)

if __name__ == "__main__":
    img = cv2.imread("d:/pics/lena.jpg")
    cv2.namedWindow("input image", cv2.WINDOW_AUTOSIZE)
    cv2.imshow("input image", img)
    lapalian_demo(img)
    cv2.waitKey(0)
    cv2.destroyAllWindows()
```

程序运行的结果如图 9-27 所示。

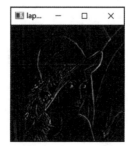

图 9-27 拉普拉斯金字塔图像

9.13 习题

1. 编写一个应用程序用 Roberts 算子对带有椒盐噪声、高斯噪声的图像进行边缘检测，并比较、分析二者边缘检测的效果。

2. 编写一个应用程序用 Prewitt 算子对带有随机噪声、高斯噪声的图像进行边缘检测，并比较、分析二者边缘检测的效果。

3. 编写一个应用程序用 Sobel 算子对带有椒盐噪声、泊松噪声的图像进行边缘检测，并比较、分析二者边缘检测的效果。

4. 编写一个应用程序用 Laplacian 算子对带有乘性噪声、高斯噪声的图像进行边缘检测，并比较、分析二者边缘检测的效果。

5. 编写一个应用程序用 Canny 算子对带有椒盐噪声、高斯噪声的图像进行边缘检测，并比较、分析二者边缘检测的效果。

6. 编写一个应用程序用 LoG 算子和 DoG 算子对带有椒盐噪声、高斯噪声的图像进行边缘检测，并比较、分析二者边缘检测的效果。

7. 编写一个应用程序，使用高斯金字塔和拉普拉斯金字塔函数实现两幅图像的融合。

第 10 章　图像分割

图像分割（Image Segmentation）技术是计算机视觉领域的一个重要的研究方向，是图像语义理解的重要一环。图像分割是指将图像分成若干具有相似性质区域的过程。从数学角度来看，图像分割是将图像划分成互不相交区域的过程。近年来，随着深度学习技术的广泛应用，图像分割技术有了突飞猛进的发展，该技术相关的场景物体分割、人体前景/背景分割、人脸人体解析、三维重建等技术已经在无人驾驶、增强现实、安防监控等行业得到应用。

图像分割是一种基本的图像处理技术，是指将图像分成不同特性的区域，并对目标进行提取的技术，它是由图像处理到图像分析的关键步骤。目标提取和图像理解都是在图像分割的基础上进行的。

图像分割就是把图像分成若干个特定的、具有独特性质的区域并提取出感兴趣目标的技术和过程。现有的图像分割方法主要分为以下几类：基于阈值的分割方法、基于区域的分割方法、基于边缘的分割方法以及基于特定理论的分割方法等。图像分割的过程也是一个标记过程，即为属于同一区域的像素赋予相同的编号。

图像分割有助于确定目标之间的关系，以及目标在图像中的上下文关系。例如，零售和时尚等行业在基于图像的搜索中使用了图像分割，自动驾驶汽车可利用该技术来了解周围的环境。

10.1　图像阈值分割

阈值分割法是一种常用的并行区域技术，它是图像分割中应用数量最多的一类。阈值分割法实际上是输入图像 f 到输出图像 g 的如下变换：

$$g(x, y) = \begin{cases} 1 & f(x, y) \geq T \\ 0 & f(x, y) < T \end{cases}$$

式中，T 为阈值，当 $f(x, y) \geq T$ 时，对于前景物体的图像元素 $g(x, y) = 1$；当 $f(x, y) < T$ 时对于背景的图像元素 $g(x, y) = 0$。

阈值分割法的优点是计算简单、运算效率较高、速度快，在重视运算效率的应用场合应用的比较广泛。人们发展了各种各样的阈值处理技术，包括全局阈值、自适应阈值、最佳阈值等。

全局阈值是指整幅图像使用同一个阈值进行分割处理，适用于背景和前景有明显对比的图像。但是这种方法只考虑像素本身的灰度值，一般不考虑空间特征，因此对噪声很敏感。常用的全局阈值选取方法有利用图像灰度直方图的峰谷法、最小误差法、最大类间方差法、最大熵自动阈值法以及其他一些方法。

在许多情况下，物体和背景的对比度在图像中的各处是不一样的，这时很难用一个统一的阈值将物体与背景分开，可以根据图像的局部特征分别采用不同的阈值进行分割。实际处理时，需要按照具体问题将图像分成若干子区域分别选择阈值，或者动态地根据一定的邻域范围选择每点处的阈值，并进行图像分割，这时的阈值为自适应阈值。

　　阈值的选择需要根据具体问题来确定，一般通过实验来确定。对于给定的图像，可以通过分析直方图的方法确定最佳的阈值，例如当直方图明显呈现双峰情况时，可以选择两个峰值的中点作为最佳阈值。

10.1.1　全局阈值分割

　　全局阈值分割就是当像素值高于某一阈值时（如 127），我们给这个像素赋予一个新值（如白色），否则给它赋予另外一种颜色（如黑色）。OpenCV 中实现全局阈值分割的函数是 cv2.threshold，其语法格式为：

```
dst = cv2.threshold (src, thresh, maxval, type)
```

其输入和输出参数如下：

- src：原图像，必须是单通道。
- thresh：阈值，取值范围 0～255。
- maxval：填充色，取值范围 0～255。
- type：阈值类型如表 10-1 所示。

表 10-1　type 参数阈值类型

类　　型	含　　义
cv2.THRESH_BINARY	二进制阈值化，非黑即白
cv2.THRESH_BINARY_INV	反二进制阈值化，非白即黑
cv2.THRESH_TRUNC	截断阈值化，大于阈值设为 1
cv2.THRESH_TOZERO	阈值化为 0，小于阈值设为 0
cv2.THRESH_TOZERO_INV	反阈值化为 0，大于阈值设为 0

　　【例 10.1】使用各种阈值分割类型对图像进行处理，程序如下：

```
import cv2
from matplotlib import pyplot as plt

img=cv2.imread(' d:/pics/lena.jpg',0)
ret,thresh1=cv2.threshold(img,127,255,cv2.THRESH_BINARY)
ret,thresh2=cv2.threshold(img,127,255,cv2.THRESH_BINARY_INV)
ret,thresh3=cv2.threshold(img,127,255,cv2.THRESH_TRUNC)
ret,thresh4=cv2.threshold(img,127,255,cv2.THRESH_TOZERO)
ret,thresh5=cv2.threshold(img,127,255,cv2.THRESH_TOZERO_INV)

titles = ['Original Image','BINARY','BINARY_INV','TRUNC','TOZERO','TOZERO_INV']
images = [img, thresh1, thresh2, thresh3, thresh4, thresh5]
for i in range(6):
    plt.subplot(2,3,i+1),plt.imshow(images[i],'gray')
    plt.title(titles[i])
    plt.xticks([]),plt.yticks([])
plt.show()
```

程序运行的结果如图 10-1 所示。

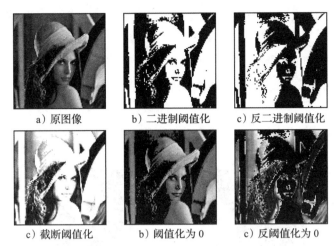

a）原图像　　　　b）二进制阈值化　　　c）反二进制阈值化

c）截断阈值化　　　b）阈值化为 0　　　c）反阈值化为 0

图 10-1　各种阈值类型处理的图像

10.1.2　自适应阈值

上节介绍的阈值算法是全局阈值，但一幅图像中不同位置的光照情况可能不同，全局阈值会失去很多信息，这种情况下需要采用自适应阈值。自适应阈值二值化函数根据图像的小块区域的值来计算对应区域的阈值，从而得到更为合适的图像。OpenCV 中实现自适应阈值分割的函数是 cv2.adaptiveThreshold，其语法格式为：

```
dst = cv2.adaptiveThreshold(src, maxval, thresh_type, type, Block Size, C)
```

其输入和输出参数如下：
- src：原图像，必须是单通道。
- dst：输出图像。
- maxval：填充色，取值范围 0～255。
- thresh_type：计算阈值的方法有如下 2 种：
  - cv2.ADAPTIVE_THRESH_MEAN_C：通过平均的方法取得平均值。
  - cv2.ADAPTIVE_THRESH_GAUSSIAN_C：通过高斯法取得高斯值。
- type：阈值类型，如表 10-1 所示。
- Block Size：图像中分块的大小。
- C：阈值计算方法中的常数项。

【例 10.2】使用自适应阈值方法对图像进行处理，程序如下：

```
mport cv2
import numpy as np
from matplotlib import pyplot as plt

img = cv2.imread(' d:/pics/lena.jpg',0)
ret,th1 = cv2.threshold(img,127,255,cv2.THRESH_BINARY)
# 设 Block Size=11, C=2
th2 = cv2.adaptiveThreshold(img,255,cv2.ADAPTIVE_THRESH_MEAN_C,cv2.THRESH_BINARY,
    11,2)
th3 = cv2.adaptiveThreshold(img,255,cv2.ADAPTIVE_THRESH_GAUSSIAN_C,cv2.THRESH_
    BINARY,11,2)
```

```
titles = ['Original Image', 'Global Thresholding (v = 127)','Adaptive Mean',
    'Adaptive Gaussian']

images = [img, th1, th2, th3]
for i in range(4):
    plt.subplot(2,2,i+1),plt.imshow(images[i],'gray')
    plt.title(titles[i]),plt.axis('off')
plt.show()
```

程序运行的结果如图 10-2 所示。

a）原图像

b）全局阈值（$v = 127$）

c）自适应均值

d）自适应高斯值

图 10-2　自适应阈值方法处理图像

10.1.3　Otsu's 二值化

Otsu's 二值化（也称为大津阈值分割法或最大类间方差）是根据一幅双峰图像的直方图自动计算出一个阈值。但对于非双峰图像，这种方法得到的结果可能不理想。Otsu's 二值化使用的函数是 cv2.threshold()，但是需要多传入一个参数 flag：cv2.THRESH_OTSU，这时要把阈值设为 0，算法会自动找到最优阈值。这个最优阈值就是返回值 retVal。如果不使用 Otsu's 二值化，返回的 retVal 值与设定的阈值相等。

Otsu's 二值化图像分割步骤如下：

1）计算图像直方图。

2）设定阈值，把直方图强度大于阈值的像素分成一组，把小于阈值的像素分成另外一组。

3）分别计算两组内的偏移数，并把偏移数相加。

4）把 0～255 依照顺序设为阈值，重复步骤 1～3，直到得到最小偏移数，其所对应的值即为最终阈值。

【例 10.3】使用 Otsu's 二值化求取阈值，对图像进行分割，程序如下：

```
import cv2
from matplotlib import pyplot as plt
img = cv2.imread('d:/pics/lenasp.jpg',0)                    # 读取带有椒盐噪声的图像
```

```
ret1,th1 = cv2.threshold(img,127,255,cv2.THRESH_BINARY)              # 全局阈值
ret2,th2 = cv2.threshold(img,0,255,cv2.THRESH_BINARY+cv2.THRESH_OTSU) # Otsu's 阈值

# 先高斯滤波，高斯核的大小为（5,5），标准差为 0
blur = cv2.GaussianBlur(img,(5,5),0)
# 再进行 Otsu's 二值化求取阈值
ret3,th3 = cv2.threshold(blur,0,255,cv2.THRESH_BINARY+cv2.THRESH_OTSU)

# 显示图像及直方图
images = [img, 0, th1, img, 0, th2, blur, 0, th3]
titles = ['Origin_Noisy_img','Histogram','Global Thresholding (v=127)',
        'Origin_Noisy_img','Histogram',"Otsu's Thresholding",
        'Gaussian_filtered_img','Histogram',"Otsu's Thresholding"]
for i in range(3):
    plt.subplot(3,3,i*3+1),plt.imshow(images[i*3],'gray')
    plt.title(titles[i*3]),plt.axis('off')
    plt.subplot(3,3,i*3+2),plt.hist(images[i*3].ravel(),256)
    plt.title(titles[i*3+1])
    plt.subplot(3,3,i*3+3),plt.imshow(images[i*3+2],'gray')
    plt.title(titles[i*3+2]),plt.axis('off')
plt.show()
```

程序运行的结果如图 10-3 所示。

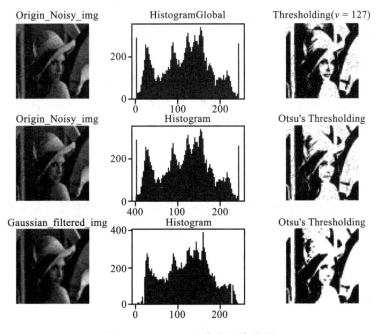

图 10-3　Otsu's 二值化图像分割

10.2　图像区域分割

　　区域分割的主要方法有区域生长和区域分裂合并法，这两种方法都是典型的串行区域技术，其分割过程后续的处理要根据前面步骤的结果来确定。

10.2.1　区域生长

区域生长的基本思想是将具有相似性质的像素集合起来构成区域。首先对每个需要分割的区域找一个种子像素作为生长的起点，然后将种子像素邻域中与种子像素有相同或相似性质的像素（根据某种事先确定的生长或相似准则来判定）合并到种子像素所在的区域中。将这些新像素当作新的种子像素，继续进行上面的过程，直到没有满足条件的像素可被包括进来，这样一个区域就长成了。

区域生长需要选择一组能正确代表所需区域的种子像素，确定在生长过程中的相似性准则，制定生长停止的条件或准则。相似性准则可以是灰度级、彩色、纹理、梯度等特性。选取的种子像素可以是单个像素，也可以是包含若干个像素的小区域。大部分区域生长准则使用图像的局部性质，生长准则可根据不同原则制定，使用不同的生长准则会影响区域生长的过程。

区域生长的优点是计算简单，对于均匀的连通目标有较好的分割效果。它的缺点是需要人为确定种子点，对噪声敏感，可能导致区域内有空洞。另外，它是一种串行区域分割图像的分割方法，当目标较大时，分割速度较慢，因此在设计算法时，要尽量提高效率。

区域生长是指从某个像素出发，按照一定的准则，逐步加入邻近像素，当满足一定的条件时，区域生长终止，最后得到整个区域，进而实现目标的提取。区域生长的好坏决定于以下几个因素：①初始点（种子点）的选取；②生长准则；③终止条件。

实现区域生长的具体步骤如下：

1）对图像顺序扫描，找到第 1 个还没有归属的像素，设该像素为 (x_0, y_0)。

2）以 (x_0, y_0) 为中心，考虑 (x_0, y_0) 的四邻域像素 (x, y)。如果 (x_0, y_0) 满足生长准则，将 (x, y) 与 (x_0, y_0) 合并（在同一区域内），同时将 (x, y) 压入堆栈。

3）从堆栈中取出一个像素，把它当作 $(x0, y0)$ 返回到步骤 2。

4）当堆栈为空时返回到步骤 1。

5）重复步骤 1~4，直到图像中的每个点都有归属时，生长结束。

【例 10.4】基于初始种子自动选取的区域生长。实例中初始种子自动选择，需要注意的是，不管是初始种子选择还是区域生长，对不同图像要选择不同的阈值。程序如下：

```python
import cv2
import numpy as np

# 初始种子选择
def originalSeed(gray, th):
    ret, thresh = cv2.threshold(gray, th, 250, cv2.THRESH_BINARY)
    #二值图像，种子区域（不同划分可获得不同种子）
    kernel = cv2.getStructuringElement(cv2.MORPH_ELLIPSE, (3,3)) #3×3 结构元
    thresh_copy = thresh.copy()
    thresh_B = np.zeros(gray.shape, np.uint8)

    seeds = [ ] # 为了记录种子坐标
    # 循环，直到 thresh_copy 中的像素值全部为 0
    while thresh_copy.any():
        Xa_copy, Ya_copy = np.where(thresh_copy > 0)
        #thresh_A_copy 中值为 255 的像素的坐标
```

```
            thresh_B[Xa_copy[0], Ya_copy[0]] = 255
            # 选取第一个点，并将 thresh_B 中对应像素值改为 255
            # 连通分量算法，先对 thresh_B 进行膨胀，再和 thresh 执行 " 与 " 操作（取交集）
            for i in range(200):
                dilation_B = cv2.dilate(thresh_B, kernel, iterations=1)
                thresh_B = cv2.bitwise_and(thresh, dilation_B)

            # 取 thresh_B 值为 255 的像素坐标，并将 thresh_copy 中对应坐标像素值变为 0
            Xb, Yb = np.where(thresh_B > 0)
            thresh_copy[Xb, Yb] = 0

            # 循环，在 thresh_B 中只有一个像素点时停止
            while str(thresh_B.tolist()).count("255") > 1:
                thresh_B = cv2.erode(thresh_B, kernel, iterations=1) # 腐蚀操作

            X_seed, Y_seed = np.where(thresh_B > 0) # 取此处种子坐标
            if X_seed.size > 0 and Y_seed.size > 0:
                seeds.append((X_seed[0], Y_seed[0])) # 将种子坐标写入 seeds
            thresh_B[Xb, Yb] = 0      # 将 thresh_B 像素值置零
    return seeds

# 区域生长
def regionGrow(gray, seeds, thresh, p):
    seedMark = np.zeros(gray.shape)
    if p == 8: # 八邻域
        connection = [(-1,-1),(-1,0),(-1,1),(0,1),(1,1),(1,0),(1,-1),(0,-1)]
    elif p == 4: # 四邻域
        connection = [(-1, 0), (0, 1), (1, 0), (0, -1)]

    #seeds 内无元素时生长停止
    while len(seeds) != 0:
        # 栈顶元素出栈
        pt = seeds.pop(0)
        for i in range(p):
            tmpX = pt[0] + connection[i][0]
            tmpY = pt[1] + connection[i][1]

            # 检测边界点
            if tmpX < 0 or tmpY < 0 or tmpX >= gray.shape[0] or tmpY >= gray.shape[1]:
                continue
            if abs(int(gray[tmpX, tmpY]) - int(gray[pt])) < thresh and seedMark[tmpX,
                tmpY] == 0:
                seedMark[tmpX, tmpY] = 255
                seeds.append((tmpX, tmpY))
    return seedMark

if __name__ == '__main__':
    img = cv2.imread("d:/pics/rice.png")
    gray = cv2.cvtColor(img,cv2.COLOR_BGR2GRAY)
    cv2.imshow('Original image',gray)
    seeds = originalSeed(gray, th=180)
    seedMark = regionGrow(gray, seeds, thresh=3, p=8)
    cv2.imshow("seedMark", seedMark)
    cv2.waitKey(0)
    cv2.destroyAllWindows()
```

程序运行的结果如图 10-4 所示。

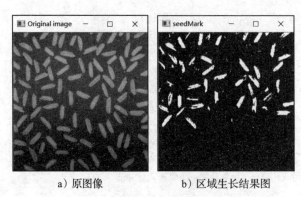

a）原图像   b）区域生长结果图

图 10-4   区域生长图

10.2.2   区域分裂合并

我们知道，区域生长是从某个或者某些像素点出发，最后得到整个区域，进而实现目标提取。区域分裂合并则是区域生长的逆过程：从整个图像出发，不断分裂得到各个子区域，然后把前景区域合并，实现目标提取。分裂合并的假设是对于一幅图像，前景区域由一些相互连通的像素组成，因此，如果把一幅图像分裂到像素级，就可以判定该像素是否为前景像素。当所有像素点或者子区域完成判断以后，把前景区域或者像素合并起来就可得到前景目标。

在区域分裂合并方法中，最常用的方法是四叉树分解法，如图 10-5 所示。分裂合并法的关键是分裂合并准则的设计，其基本思想是先确定一个分裂合并的准则，即区域特征一致性的测度。当图像中某个区域的特征不一致时就将该区域分裂成 4 个相等的子区域，当分裂到不能再分的情况时，分裂结束；然后查找相邻区域有没有相似的特征，当相邻的子区域满足一致性特征时，将它们合成一个大区域，直至所有区域不再满足分裂合并的条件为止，最终达到分割的目的。

从某种程度上说，区域生长和区域分裂合并算法有异曲同工之妙，它们是互相促进，相辅相成的。区域分裂到极致就是分割成单一像素点，然后按照一定的合并准则进行合并，在一定程度上可以认为是单一像素点的区域生长方法。区域生长相比区域分裂合并的方法节省了分裂的过程，而区域分裂合并的方法可以在一个较大的相似区域基础上进行相似合并，而区域生长只能从单一像素点出发进行生长（合并）。区域分裂合并方法对复杂图像的分割效果较好，但算法较复杂，计算量大，分裂还可能破坏区域的边界。

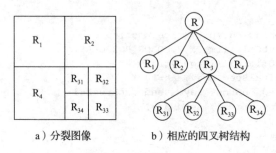

a）分裂图像   b）相应的四叉树结构

图 10-5   四叉树分解图

【例 10.5】利用区域分裂合并算法分割图像，程序如下：

```python
import numpy as np
import cv2

# 判断方框是否需要再次拆分为四个
def judge(w0, h0, w, h):
    a = img[h0: h0 + h, w0: w0 + w]
    ave = np.mean(a)
    std = np.std(a, ddof=1)
    count = 0
    total = 0
    for i in range(w0, w0 + w):
        for j in range(h0, h0 + h):
            if abs(img[j, i] - ave) < 1 * std:
                count += 1
            total += 1
    if (count / total) < 0.95:              # 合适的点还是比较少，接着拆
        return True
    else:
        return False


## 将图像根据阈值进行二值化处理，这里默认为125
def draw(w0, h0, w, h):
    for i in range(w0, w0 + w):
        for j in range(h0, h0 + h):
            if img[j, i] > 125:
                img[j, i] = 255
            else:
                img[j, i] = 0


def splitting(w0, h0, w, h):                # 分裂函数
    if judge(w0, h0, w, h) and (min(w, h) > 5):
        splitting(w0, h0, int(w / 2), int(h / 2))
        splitting(w0 + int(w / 2), h0, int(w / 2), int(h / 2))
        splitting(w0, h0 + int(h / 2), int(w / 2), int(h / 2))
        splitting(w0 + int(w / 2), h0 + int(h / 2), int(w / 2), int(h / 2))
    else:
        draw(w0, h0, w, h)


if __name__ == "__main__":
    img = cv2.imread('d:/pics/lena.jpg',0)
    img_input = cv2.imread('d:/pics/lena.jpg',0) # 备份
    height, width = img.shape[0:2]
    splitting(0, 0, width, height)
    cv2.imshow('input',img_input)
    cv2.imshow('output',img)
    cv2.waitKey(0)
    cv2.destroyAllWindows()
```

程序运行的结果如图 10-6 所示。

a) 原图像　　　　　　　b) 区域分裂合并图像

图 10-6　区域分裂合并算法分割图像

10.3　图像的边缘分割

图像分割的一种重要途径是通过边缘检测, 即检测灰度级或者结构突变的地方, 表明一个区域的终结, 也是另一个区域的开始。这种不连续性称为边缘。不同的图像灰度不同, 边界处一般有明显的边缘, 利用此特征可以分割图像。

图像中边缘处像素的灰度值不连续, 这种不连续性可通过求导数来检测。对于阶跃状边缘, 其位置对应一阶导数的极值点, 对应二阶导数的过零点 (零交叉点), 因此常用微分算子进行边缘检测。常用的一阶微分算子有 Roberts 算子、Prewitt 算子和 Sobel 算子, 二阶微分算子有拉普拉斯算子和 Kirsh 算子等。在实际中, 各种微分算子常用小区域模板来表示, 微分运算是利用模板和图像卷积来实现。这些算子对噪声敏感, 只适合噪声较小、不太复杂的图像。

由于边缘和噪声都是灰度不连续点, 在频域均为高频分量, 直接采用微分运算难以克服噪声的影响, 因此用微分算子检测边缘前要对图像进行平滑滤波。LoG 算子和 Canny 算子是具有平滑功能的二阶和一阶微分算子, 边缘检测效果较好。其中, LoG 算子是采用拉普拉斯算子求高斯函数的二阶导数, Canny 算子是高斯函数的一阶导数, 它在噪声抑制和边缘检测之间取得了较好的平衡。

【例 10.6】实现图像的边缘检测、提取与分割, 程序如下:

```python
import cv2

# 读取原灰度图像
image=cv2.imread("d:/pics/lena.jpg",0)
cv2.imshow("origin image", image)

# 图像的阈值分割处理, 即将图像处理成非黑即白的二值图像
ret,image1 = cv2.threshold(image, 80, 255, cv2.THRESH_BINARY)
# binary (黑白二值), ret 代表阈值, 80 是低阈值, 255 是高阈值
cv2.imshow(' binary image1', image1)

# 二值图像的反色处理, 将图像像素取反
height,width = image1.shape[0:2]     # 返回图像大小
image2 = image1.copy()
for i in range(height):
    for j in range(width):
        image2[i,j] = (255-image1[i,j])
```

```
#cv2.imshow('inverse image2', image2)

# 边缘提取，使用 Canny 函数
image2_3 = cv2.Canny(image2,80,255)    # 设置 80 为低阈值，255 为高阈值
cv2.imshow('canny image', image2_3)

# 再次对图像进行反色处理
height1,width1 = image2_3.shape
image3 = image2_3.copy()
for i in range(height1):
    for j in range(width1):
        image3[i,j] = (255-image2_3[i,j])

cv2.imshow('inv_canny image', image3)
cv2.waitKey(0)
cv2.destroyAllWindows()
```

程序运行的结果如图 10-7 所示。

a）原图像　　　　　　　　b）二值图像

c）反色图像　　　　d）Canny 边缘反色图像

图 10-7　图像边缘分割

10.4　直方图分割法

直方图分割法要求目标图像和背景图像的灰度级应有明显的区别，并且该图像的灰度直方图有较明显的双峰。分割图像的直方图的双峰分别代表目标图像和背景图像，而波谷代表分割图像的边缘。当灰度级直方图具有双峰特性时，选取两峰之间的谷对应的灰度级作为阈值，可以得到较好的二值化图像分割处理效果。与其他图像分割方法相比，基于直方图的方法是非常有效的图像分割方法，也是典型的全局单阈值分割方法。

【例 10.7】 使用直方图阈值分割图像，程序如下：

```python
import cv2
import numpy as np

# 计算灰度直方图
def calcGrayHist(grayimage):
    rows, cols = grayimage.shape
    #print(grayimage.shape)
    # 存储灰度直方图
    grayHist = np.zeros([256],np.uint64)
    for r in range(rows):
        for c in range(cols):
            grayHist[grayimage[r][c]] += 1
    return grayHist
# 阈值分割：直方图技术法
def threshTwoPeaks(image):
    if len(image.shape) == 2:
        gray = image
    else:
        gray = cv2.cvtColor(image, cv2.COLOR_BGR2GRAY)

    # 计算灰度直方图
    histogram = calcGrayHist(gray)
    # 寻找灰度直方图的最大峰值对应的灰度值
    maxLoc = np.where(histogram==np.max(histogram))
    firstPeak = maxLoc[0][0]
    # 寻找灰度直方图的第二个峰值对应的灰度值
    measureDists = np.zeros([256],np.float32)
    for k in range(256):
        measureDists[k] = pow(k-firstPeak,2)*histogram[k]
    maxLoc2 = np.where(measureDists==np.max(measureDists))
    secondPeak = maxLoc2[0][0]

    # 找到两个峰值之间的最小值对应的灰度值，作为阈值
    thresh = 0
    if firstPeak > secondPeak:      # 第一个峰值在第二个峰值的右侧
        temp = histogram[int(secondPeak):int(firstPeak)]
        minloc = np.where(temp == np.min(temp))
        thresh = secondPeak + minloc[0][0] + 1
    else:# 第一个峰值在第二个峰值的左侧
        temp = histogram[int(firstPeak):int(secondPeak)]
        minloc = np.where(temp == np.min(temp))
        thresh =firstPeak + minloc[0][0] + 1

    # 找到阈值之后进行阈值处理，得到二值图像
    threshImage_out = gray.copy()
    # 大于阈值的都设置为255
    threshImage_out[threshImage_out > thresh] = 255
    threshImage_out[threshImage_out <= thresh] = 0
    return thresh, threshImage_out

if __name__ == "__main__":
    img = cv2.imread('d:/pics/leopard.png')
    thresh,out_img = threshTwoPeaks(img)
    print('thresh=',thresh)
    cv2.imshow('Orginal image',img)
    cv2.imshow('Result image',out_img)
    cv2.waitKey(0)
    cv2.destroyAllWindows()
```

程序运行的结果如图 10-8 所示。

a）原图像   b）自适应阈值分割后的二值图像

图 10-8 直方图阈值分割图像

可见，直方图阈值分割法能够有效地将背景和前景区分开来，比较完整地分割出图像中的目标物体。值得一提的是，对于任何一张图像，它的直方图中如果存在较为明显的双峰，采用直方图分割法可以达到很好的效果，否则，效果会很不理想。

10.5 图像连接组件标记算法

连接组件标记算法 (Connected Component Labeling Algorithm) 是图像分析中常用的算法之一，该算法的实质是扫描二值图像的每个像素点，将像素值相同且相互连通的点分为相同的组，最终得到图像中所有的像素连通组件。

OpenCV 中计算图像连接组件标记的函数为 cv2.connectedComponents，其语法格式为：

```
retval, labels = cv2.connectedComponents(image, connectivity, ltype)
```

其输入和输出参数为：

- image：输入二值图像，黑色背景。
- connectivity：8 连通域，默认是 8 连通。
- ltype：输出的 labels 类型，默认是 CV_32S 输出。
- retval, labels：输出的标记图像，背景 index=0。

OpenCV 中连通组件状态统计函数的语法格式为：

```
retval, labels, stats, centroids=cv2.connectedComponentsWithStats(image, connectivity,
    ltype )
```

其中，相关的统计信息包括在输出 stats 的对象中，每个连通组件有一个这样的输出结构体：

- CC_STAT_LEFT：连通组件外接矩形左上角坐标的 X 位置信息。
- CC_STAT_TOP：连通组件外接左上角坐标的 Y 位置信息。
- CC_STAT_WIDTH：连通组件外接矩形宽度。
- CC_STAT_HEIGHT：连通组件外接矩形高度。
- CC_STAT_AREA：连通组件的面积大小，基于像素多少统计。

- centroids：输出每个连通组件的中心位置坐标 (x, y)。

【例 10.8】利用连接组件标记算法分割图像，并用不同颜色标记出来。程序如下：

```python
import cv2
import numpy as np

src = cv2.imread("d:/pics/lena.jpg")
src = cv2.GaussianBlur(src, (3, 3), 0)
gray = cv2.cvtColor(src, cv2.COLOR_BGR2GRAY)
ret, binary = cv2.threshold(gray, 0, 255, cv2.THRESH_BINARY | cv2.THRESH_OTSU)
cv2.imshow("origin", src)
cv2.imshow("binary", binary)
#cv.imwrite('binary.png', binary)

output = cv2.connectedComponents(binary, connectivity=8, ltype=cv2.CV_32S)
num_labels = output[0]
#print(num_labels)  # output: 5
labels = output[1]

# 构造颜色
colors = []
for i in range(num_labels):
    b = np.random.randint(0, 256)
    g = np.random.randint(0, 256)
    r = np.random.randint(0, 256)
    colors.append((b, g, r))
colors[0] = (0, 0, 0)

# 画出连通图
h, w = gray.shape
image = np.zeros((h, w, 3), dtype=np.uint8)
for row in range(h):
    for col in range(w):
        image[row, col] = colors[labels[row, col]]

cv2.imshow("colored labels", image)
print("total componets : ", num_labels - 1)
cv2.waitKey(0)
cv2.destroyAllWindows()
```

程序运行的结果如图 10-9 所示。

　　a）原图像　　　　　　　　b）二值化图像　　　　　　　c）连通区域图像

图 10-9　图像连通区域标记

【例 10.9】利用连通组件状态统计函数统计信息，并标记出来，可用于统计目标的面积和数目。程序如下：

```python
import cv2
import numpy as np

img = cv2.imread("d:/pics/rice.png")
img = cv2.GaussianBlur(img, (3, 3), 0)
gray = cv2.cvtColor(img, cv2.COLOR_BGR2GRAY)
ret, binary_ = cv2.threshold(gray, 0, 255, cv2.THRESH_BINARY | cv2.THRESH_OTSU)
cv2.imshow("Origin", img)

# 使用开运算去掉外部的噪声
kernel = cv2.getStructuringElement(cv2.MORPH_RECT, (3, 3))
binary = cv2.morphologyEx(binary_, cv2.MORPH_OPEN, kernel)
#cv.imshow("binary", binary_)

num_labels, labels, stats, centers = cv2.connectedComponentsWithStats(binary,
    connectivity=8, ltype=cv2.CV_32S)
colors = []
for i in range(num_labels):
    b = np.random.randint(0, 256)
    g = np.random.randint(0, 256)
    r = np.random.randint(0, 256)
    colors.append((b, g, r))

colors[0] = (0, 0, 0)
image = np.copy(img)
for t in range(1, num_labels, 1):
    x, y, w, h, area = stats[t]
    cx, cy = centers[t]
    # 标出中心位置
    cv2.circle(image, (np.int32(cx), np.int32(cy)), 2, (0, 255, 0), 2, 8, 0)
    # 画出外接矩形
    cv2.rectangle(image, (x, y), (x+w, y+h), colors[t], 1, 8, 0)
    cv2.putText(image, "No." + str(t), (x, y), cv2.FONT_HERSHEY_SIMPLEX,.5,
        (0, 0, 255), 1)
    print("label index %d, area of the label : %d"%(t, area))
    cv2.imshow("colored labels", image)
    print("total number : ", num_labels - 1)

cv2.waitKey(0)
cv2.destroyAllWindows()
```

程序运行的结果如图 10-10 所示，显示的目标数目是 total number : 87。

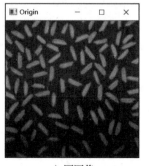
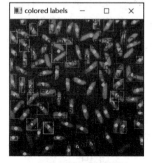

a）原图像　　　　　　b）带有标记的图像

图 10-10　带有统计信息的图像

10.6 分水岭算法

分水岭算法是把邻近像素间的相似性作为重要的参考因素，将空间位置上相近和灰度值相近的像素点互相连接起来构成的一个封闭区域。

如果把灰度图与地形图进行对比，灰度值低的地方是山谷，灰度值高的地方是山峰，这样山峰包围了山谷，也天然地形成了分割线。任意的灰度图像可以被看作地质学表面，高亮度的地方是山峰，低亮度的地方是山谷。给每个孤立的山谷（局部最小值）标记不同颜色的水（标签），当水涨起来，根据周围的山峰（梯度），不同的山谷（也就是不同的颜色）开始合并。要避免合并，可以在要合并的地方建立障碍，直到所有山峰都被淹没。所创建的障碍就是分割结果，这就是分水岭算法的原理。

OpenCV 实现了一个基于掩模的分水岭算法，可以指定哪些是要合并的点，这是一个交互式的图像分割方法，我们要做的是给不同的区域标记上不同的标签。前景或者目标用一种颜色加上标签，背景或者非目标加上另一个颜色，无法确定性质的区域标记为 0，然后使用分水岭算法。

距离变换的基本含义是计算一个图像中非零像素点到最近的零像素点的距离，也就是到零像素点的最短距离。根据各个像素点的距离值，设置为不同的灰度值，这样就完成了二值图像的距离变换。

分水岭图像分割算法用到的函数如下：

1）距离变换函数 cv2.distanceTransform，语法格式为：

```
dst = cv2.distanceTransform(src, distanceType, maskSize)
```

其输入和输出参数为：

- dst：输出结果中包含计算的距离，这是一个 32 位 float 单通道的 Mat 类型数组，大小与输入图像相同。
- src：8 位单通道（二进制）原图像。
- distanceType：距离类型，0、1、2 分别表示 CV_DIST_L1、CV_DIST_L2、CV_DIST_C。
- maskSize：距离变换蒙板的大小。它可以是 3，5 或 CV_DIST_MASK_PRECISE。

2）计算二值图像的连通域标记函数 cv2.connectedComponents，语法格式为：

```
num_objects, labels = cv2.connectedComponents(image)
```

其输入和输出参数为：

- image：输入图像，必须是二值图像，即 8 位单通道图像。
- num_objects：所有连通域的数目。
- labels：图像上每一像素的标记，用数字 1，2，3，…表示（不同的数字表示不同的连通域）。

3）分水岭函数 cv2.watershed，语法格式为：

```
dst = cv2.watershed(image, markers)
```

其输入和输出参数为：

- image：输入 8 位 3 通道的图像。
- markers：在执行分水岭函数 watershed 之前，必须对 markers 参数进行处理，它应该包含不同区域的轮廓，每个轮廓有唯一的编号。轮廓的定位可以通过 OpenCV 中 findContours 方法实现，这是执行分水岭之前的要求。

分水岭函数中的第二个参数 markers 会将传入的轮廓编号作为种子（即注水点），对图像上其他像素点进行判断，并对每个像素点的区域归属进行划定，直到处理完图像上所有像素点。区域与区域之间分界处的值被置为 −1，以做区分，即参数 markers 必须包含种子点信息。

分水岭图像自动分割的实现步骤如下：

1）图像灰度化、滤波、Canny 边缘检测。

2）查找轮廓 (findContours)，并且把轮廓信息按照不同的编号绘制到 watershed 的第二个参数 merkers 上，相当于标记注水点。

3）分水岭运算。

4）轮廓绘制分割出来的区域，可以使用随机颜色填充，或者与原始图像进行融合，以得到更好的显示效果。

【例 10.10】利用 OpenCV 提供的 cv2.watershed() 函数实现图像的分水岭分割图像。程序如下：

```python
import cv2
import numpy as np
import matplotlib.pyplot as plt

image = cv2.imread("d:/pics/bi.jpg")
gray = cv2.cvtColor(image, cv2.COLOR_BGR2GRAY)
imagergb = cv2.cvtColor(image, cv2.COLOR_BGR2RGB)

## 二值化
ret1, thresh = cv2.threshold(gray,0,255,cv2.THRESH_BINARY_INV+cv2.THRESH_OTSU)
## 去噪声
kernel = np.ones((3, 3), np.uint8)
opening = cv2.morphologyEx(thresh,cv2.MORPH_OPEN,kernel,iterations=2)

## 确定背景区域
sure_bg = cv2.dilate(opening, kernel, iterations=3)
## 寻找前景区域
dist_transform = cv2.distanceTransform(opening, cv2.DIST_L2, 5)
ret2, sure_fg = cv2.threshold(dist_transform, 0.005*dist_transform.max(),255,0)
## 找到未知区域
sure_fg = np.uint8(sure_fg)
unknown = cv2.subtract(sure_bg, sure_fg)

## 类别标记
ret3, markers = cv2.connectedComponents(sure_fg)
## 分水岭分割
img = cv2.watershed(image, markers)

plt.subplot(121),plt.title('origin image')
plt.imshow(imagergb)
plt.axis('off')
plt.subplot(122),plt.title('watershed image')
plt.imshow(img)
plt.axis('off')
plt.show()
```

程序运行的结果如图 10-11 所示。

 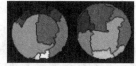

a）原图像   b）分水岭图像

图 10-11   分水岭算法分割图像

下面介绍在例 10.11 中用到的均值漂移算法的原理和函数。均值漂移（Mean Shfit）算法是一种通用的聚类算法，它的基本原理是：对于给定的一定数量的样本，任选其中一个样本，以该样本为中心点划定一个圆形区域，求取该圆形区域内样本的质心，即密度最大处的点，再以该点为中心继续执行上述迭代过程，直至最终收敛。

可以利用均值偏移算法的这个特性实现彩色图像分割，OpenCV 中对应的函数是 pyrMeanShiftFiltering。这个函数严格来说并不是图像的分割，而是图像在色彩层面的平滑滤波，它可以中和色彩分布相近的颜色、平滑色彩细节、侵蚀掉面积较小的颜色区域，所以在 OpenCV 中，它的后缀是滤波 "Filter"，而不是分割 "Segment"。

均值漂移函数 cv2.pyrMeanShiftFilteringde 的语法格式为：

```
dst = cv2.pyrMeanShiftFiltering(src, sp, sr, maxLevel=1, termcrit)
```

其输入和输出参数如下：

- dst：输出图像，与输入 src 的大小和数据格式相同。
- src：输入图像，8 位，三通道的彩色图像，并不要求必须是 RGB 格式，HSV、YUV 等 OpenCV 中的彩色图像格式均可。
- sp：定义的漂移物理空间半径大小。
- sr：定义的漂移色彩空间半径大小。
- maxLevel：定义金字塔的最大层数。
- termcrit：定义的漂移迭代终止条件，可以设置为迭代次数满足时终止、迭代目标与中心点偏差满足时终止，或者两者的结合。

【例 10.11】自定义分水岭变换实现分割图像。程序如下：

```
import cv2
import numpy as np

def watershed(src):
    #滤波
    blurred = cv2.pyrMeanShiftFiltering(src, 10, 100)
    gray = cv2.cvtColor(blurred, cv2.COLOR_BGR2GRAY)
    ret, binary = cv2.threshold(gray, 0, 255, cv2.THRESH_BINARY | cv2.THRESH_OTSU)
    cv2.imshow('binary-image', binary)

    #形态学处理
    kernel = cv2.getStructuringElement(cv2.MORPH_RECT, (3, 3))
    # iterations=2 连续两次进行开操作
    mb = cv2.morphologyEx(binary, cv2.MORPH_OPEN, kernel, iterations=2)
    sure_bg = cv2.dilate(mb, kernel, iterations=3)
    cv2.imshow('mor-opt', sure_bg)

    #距离变换，掩模大小是3, cv.DIST_L2 是距离的方法
    dist = cv2.distanceTransform(mb, cv2.DIST_L2, 3)
```

```
    dist_output = cv2.normalize(dist, 0, 1.0, cv2.NORM_MINMAX)
    cv2.imshow('distance-t', dist_output*50)

    ret, surface = cv2.threshold(dist, dist.max()*0.6, 255, cv2.THRESH_BINARY)
    cv2.imshow('surface-bin', surface)
    # 找到未知区域
    surface_fg = np.uint8(surface)
    unknown = cv2.subtract(sure_bg, surface_fg)
    # 类别标记
    ret, markers = cv2.connectedComponents(surface_fg)
    print('ret=',ret)

    # 为所有的标记加 1, 保证背景是 0 而不是 1
    markers = markers + 1
    markers[unknown == 255] = 0    # 现在让所有的未知区域为 0
    # 分水岭变换
    markers = cv2.watershed(src, markers=markers)
    # 标记图像将被修改。边界区域将标记为 -1
    src[markers == -1] = [0, 0, 255]
    cv2.imshow('result', src)

if __name__ == "__main__":
    img = cv2.imread('d:/pics/coins2.jpg')
    cv2.namedWindow('input image', cv2.WINDOW_AUTOSIZE)
    cv2.imshow('input image', img)
    watershed(img)
    cv2.waitKey(0)
    cv2.destroyAllWindows()
```

程序运行的结果如图 10-12 所示。

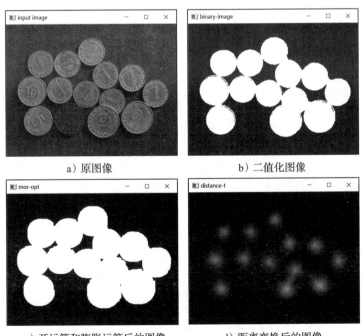

a) 原图像　　　　　　　　　　　　b) 二值化图像

c) 开运算和膨胀运算后的图像　　　　d) 距离变换后的图像

图 10-12　自定义分水岭变换分割图像

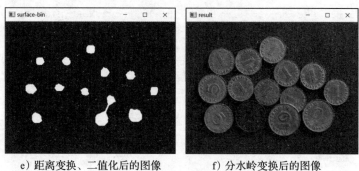

e）距离变换、二值化后的图像　　　　　　f）分水岭变换后的图像

图 10-12　（续）

10.7　习题

1. 了解图像分割的意义，举例说明图像分割在实际生活中的应用。
2. 编写程序，使用表 10-1 中的各种阈值分割类型对图像进行分割处理，分析它们的异同。
3. 编写程序，使用自适应选取阈值方法和 Otsu's 二值化阈值方法分别对图像进行分割处理和分析。
4. 编写程序，利用区域生长法和区域分裂合并算法对图像进行分割处理和分析。
5. 编写程序，对图像的边缘进行检测、提取与分割，并与直方图阈值分割图像进行比较分析。
6. 编写程序，利用连接组件标记算法分割图像，并用不同颜色标记出来；再利用连通组件状态统计函数统计信息，统计目标的面积和数目。

第 11 章　彩色图像的处理

直观地说，彩色图像（Color Image）对应着我们对周围彩色环境的感知（即人的视觉器官的感知）。从计算的角度，一幅彩色图像可被看作一个向量函数（一般具有三个分量），函数的范围是一个具有范数的向量空间，也称为彩色空间（Color Space）。

虽然人的大脑感知和理解颜色所遵循的过程是一种生理和心理现象，这一现象还没有被完全了解，但颜色的物理性质可以由实验和理论结果支持的基本形式来表示。1666 年，牛顿发现了一个现象：当一束太阳光穿过玻璃棱镜时，出现的光束不是白色，而是由从一端为紫色到另一端为红色的连续彩色谱组成。

彩色谱可分为六个宽的区域，即紫色、蓝色、绿色、黄色、橘红色和红色，从而证明白光是由不同颜色（而且这些颜色并不能再进一步被分解）的光线混合而成的。这些不同颜色的光线实际上就是不同频率的电磁波，人类的脑、眼将不同的电磁波感知为不同的颜色。

彩色是物体的一种属性，它依赖于以下三个因素。

1）光源：照射光的谱性质或谱能量分布。

2）物体：被照射物体的反射性质。

3）成像接收器（眼睛或成像传感器）：光谱能量吸收性质。

11.1　彩色模型

彩色模型也称为彩色空间或彩色系统，是用来精确标定和生成各种颜色的一套规则与定义，它的用途是在某些标准下用通常可接受的方式简化彩色规范。彩色模型可以采用坐标系统来描述，位于系统中的每种颜色都可由坐标空间中的单个点来表示。

现在所用的大多数彩色模型都是面向硬件（如彩色显示器和打印机）或者面向应用的。在数字图像处理中，最通用的面向硬件的模型是 RGB（红、绿、蓝）模型。该模型用于彩色显示器和彩色视频摄像机。CMY（青、品红、黄）、CMYK（青、品红、黄、黑）模型是针对彩色打印机的。HSI（色调、饱和度、亮度）模型符合人类描述和解释颜色的方式。HSI 模型的另一个优点是能把图像分成彩色和灰度信息，更便于许多灰度处理技术的应用。CIE 色彩空间（CIE Luv、CIE Lab）也是一种符合人类描述和解释颜色的方式。由于彩色科学涉及的应用领域很广，因此使用的彩色模型还有不少。本节主要讨论几种图像处理应用的模型。

11.1.1　RGB 彩色模型

RGB 彩色模型是工业界的一种颜色标准，它是通过红、绿、蓝 3 个颜色亮度的变化以及它们之间的叠加来得到各种颜色，该标准几乎包括了人类视觉所能感知的所有颜色，是目前应用最广的彩色模型。

RGB 彩色模型基于笛卡儿坐标系统，它的轴表示光的 3 种原色（R、G 和 B），一般将它们归一化到 [0, 1]，如图 11-1a 所示。得到的立方体的 8 个顶点对应光的 3 种原色、3 种二次色、纯白色和纯黑色。表 11-1 列出了 8 个顶点中每个顶点的 R、G 和 B 值。

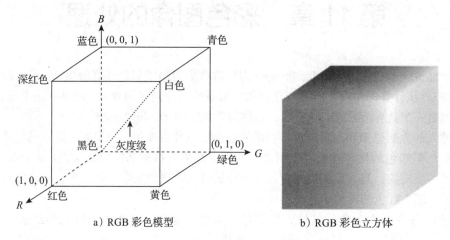

a）RGB 彩色模型　　　　　　　　b）RGB 彩色立方体

图 11-1　RGB 彩色模型和立方体（见彩插）

表 11-1　RGB 立方体的 8 个顶点的代表性彩色的 R、G 和 B 值

彩色名称	R	G	B
黑	0	0	0
蓝	0	0	1
绿	0	1	0
蓝绿	0	1	1
红	1	0	0
品红	1	0	1
黄	1	1	0
白	1	1	1

RGB 模型表示的图像由 3 个分量图像组成，每种原色一幅分量图像。当送入 RGB 显示器时，这 3 幅图像在屏幕上混合生成一幅合成的彩色图像。考虑一幅 RGB 图像，其中每一幅红、绿、蓝图像都是一幅 8 比特图像。在这种情况下，可以说每个 RGB 彩色像素有 24 比特的深度（3 个图像平面乘以每平面比特数，即 3×8）。在 24 比特 RGB 图像中，颜色总数是 $(2^8)^3 = 16\ 777\ 216$。图 11-1b 显示了与图 11-1a 对应的 24 比特彩色立方体。

11.1.2　CMY 和 CMYK 彩色模型

CMY 模型基于三种颜料的原色（青、品红和黄），它用于彩色打印机，其中每个原色对应一种墨水（或墨粉）盒。其实，CMY 值可以很容易通过 1 减去 R、G、B 值得到，即

$$\begin{bmatrix} C \\ M \\ Y \end{bmatrix} = \begin{bmatrix} 1 \\ 1 \\ 1 \end{bmatrix} - \begin{bmatrix} R \\ G \\ B \end{bmatrix} \tag{11-1}$$

在实际图像处理中，这种彩色模型主要用于产生硬拷贝输出，因此从 CMY 到 RGB 的反向操作通常没有实际意义。

CMYK(Cyan, Magenta,Yellow, blacK) 色彩空间主要应用于印刷业。印刷业通过青 (C)、品红 (M)、黄 (Y) 三原色油墨的不同、网点面积率的叠印来表现丰富多彩的颜色和阶调，这便是三原色的 CMY 色彩空间。实际印刷中，一般采用青 (C)、品红 (M)、黄 (Y)、黑 (K) 四色印刷，在印刷的中间调至暗调增加黑版。当红、绿、蓝三原色被混合时会产生白色，混合青、品红和黄三原色混合时会产生黑色。因为相同数量的各个原色相加产生的黑色不纯正，为了生成纯正的黑色，实际中要加上第 4 种彩色 K（黑色），这样的模型称为 CMYK。

从 CMY 到 CMYK 的转换公式为：

$$\begin{cases} K = \min(C, M\ Y) \\ C = C - K \\ M = M - K \\ Y = Y - K \end{cases} \tag{11-2}$$

11.1.3　HSI 彩色模型

RGB 系统与人眼强烈感知红、绿、蓝三原色的事实能很好地匹配。但 RGB 模型和 CMY/CMYK 模型不能很好地适应人解释的颜色，所以提出了 HSI 模型。

HSI（Hue, Saturation, Intensity）模型是从人的视觉系统出发，用色调（Hue）、饱和度（Saturation）和亮度（Intensity）来描述色彩。色调是描述纯色（纯黄色、纯橙色或纯红色）的颜色属性；饱和度是一种纯色被白光稀释一定程度的度量；亮度是一个主观描述量，体现无色的强度概念。HSI 模型是基于彩色描述的图像处理算法的理想工具，这种描述对人来说是自然且直观的，毕竟人才是算法的开发者和使用者。

HSI 色彩空间可以用一个圆锥空间模型来描述，如图 11-2 所示。色彩空间的圆锥模型相当复杂，但能把色调、亮度和饱和度的变化情况表现得很清楚。HSI 色彩空间可以大大简化图像分析和处理的工作量。HSI 色彩空间和 RGB 色彩空间只是同一物理量的不同表示法，它们之间存在着转换关系。

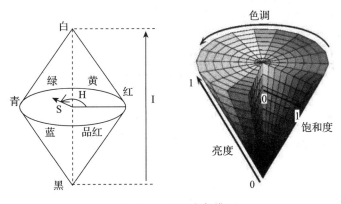

图 11-2　HSI 彩色模型

1. 颜色从 RGB 转换为 HSI

从 RGB 到 HSI 的转换是一个非线性变换。对任何一个在 [0, 1] 范围内的 R、G、B 值，其对应 HSI 模型中的 I、S、H 分量可由下面的公式计算。

$$I = \frac{1}{3}(R+G+B) \tag{11-3}$$

$$S = 1 - \frac{3}{(R+G+B)}[\min(R,G,B)] \tag{11-4}$$

$$H = \begin{cases} \theta & G \geqslant B \\ 2\pi - \theta & G < B \end{cases} \tag{11-5}$$

其中：

$$\theta = \arccos\left\{ \frac{\frac{1}{2}[(R-G)+(R-B)]}{[(R-G)]^2 + (R-B)(G-B)^{\frac{1}{2}}} \right\} \tag{11-6}$$

当 $S = 0$ 时，对应的是无色的中心点，这时 H 就没有意义了，此时定义 H 为 0。当 $I = 0$ 时，S 也没有意义。

2. 颜色从 HSI 转换为 RGB

若设 H、S、I 的值在 [0, 1] 范围内，R、G、B 的值也在 [0, 1] 范围内，则从 HSI 转换到 RGB 的公式如下。

1）当 H 在 [0, $2\pi/3$] 范围内时：

$$B = I(1-S) \tag{11-7}$$

$$R = I\left[1 + \frac{S\cos H}{\cos\left(\frac{\pi}{3} - H\right)} \right] \tag{11-8}$$

$$G = 3I - (B+R) \tag{11-9}$$

2）当 H 在 [$2\pi/3$, $4\pi/3$] 范围内时：

$$R = I(1-S) \tag{11-10}$$

$$G = I\left[1 + \frac{S\cos\left(H - \frac{2\pi}{3}\right)}{\cos(\pi - H)} \right] \tag{11-11}$$

$$B = 3I - (G+R) \tag{11-12}$$

3）当 H 在 [$4\pi/3$, 2π] 范围内时：

$$G = I(1-S) \tag{11-13}$$

$$B = I\left[1 + \frac{S\cos\left(H - \frac{4\pi}{3}\right)}{\cos\left(\frac{5\pi}{3} - H\right)} \right] \tag{11-14}$$

$$R = 3I - (G + B) \tag{11-15}$$

11.1.4 YIQ 彩色模型

YIQ（NTSC）彩色模型是一些国家的模拟电视标准，这个模型的优点之一是能将灰度内容从彩色数据中区分出来，这也是彩色电视机和传输设备出现时的一个主要设计要求，即要向下兼容先前黑白的设备。在 NTSC 彩色模型中，3 个分量分别是亮度（Y）和两个色差信号，即色调（I）和饱和度（Q）。

从 RGB 到 YIQ 的转换可用下列变换公式来实现：

$$\begin{bmatrix} Y \\ I \\ Q \end{bmatrix} = \begin{bmatrix} 0.299 & 0.587 & 0.114 \\ 0.596 & -0.274 & -0.322 \\ 0.211 & -0.253 & 0.312 \end{bmatrix} \begin{bmatrix} R \\ G \\ B \end{bmatrix} \tag{11-16}$$

11.1.5 YCrCb 彩色模型

YCrCb 彩色模型是数字视频中流行的彩色表达方法。在这个格式中，一个分量代表亮度（Y），另外两个分量是色差信号：Cb（蓝色分量和一个参考值之间的差）和 Cr（红色分量和一个参考值之间的差）。

从 RGB 到 YCrCb 的转换可用下列公式来实现：

$$\begin{bmatrix} Y \\ Cb \\ Cr \end{bmatrix} = \begin{bmatrix} 0.299 & 0.587 & 0.114 \\ -0.169 & -0.331 & 0.500 \\ 0.500 & -0.419 & -0.081 \end{bmatrix} \begin{bmatrix} R \\ G \\ B \end{bmatrix} \tag{11-17}$$

11.2 色彩空间类型转换

前面我们介绍了一些常用的色彩空间类型。每个色彩空间都有其擅长处理的领域，因此，为了更方便地处理某个问题，就要用到色彩空间类型之间的转换。色彩空间类型转换是指将图像从一个色彩空间转换到另一个色彩空间。

11.2.1 色彩空间类型转换函数

在 OpenCV 中，cv2.cvtColor() 函数用于实现色彩空间类型转换，其一般格式为：

```
image = cv2.cvtColor(src, code, dstCn])
```

其输入和输出参数为：

● image：表示与输入值具有相同类型和深度的输出图像。
● src：表示原始输入图像。
● code：是色彩空间转换码，常见的枚举值如表 11-2 所示。
● dstCn：表示目标图像的通道数。

表 11-2　常用色彩空间的转换码

转换码	解　释
cv2.cvtColor_BGR2RGB	BGR 色彩空间转 RGB 色彩空间

（续）

转换码	解　释
cv2.cvtColor_BGR2GRAY	BGR 色彩空间转 GRAY 色彩空间
cv2.cvtColor_BGR2HSV	BGR 色彩空间转 HSV 色彩空间
cv2.cvtColor_BGR2YCrCb	BGR 色彩空间转 YCrCb 色彩空间
cv2.cvtColor_BGR2HLS	BGR 色彩空间转 HLS 色彩空间

11.2.2　RGB 色彩空间

RGB 色彩空间使用三个数值向量表示色光三基色（Red、Green、Blue）的亮度。每个通道的数量值被量化为 0～255 级，因此，RGB 图像的红、绿、蓝三个通道的图像都是 8 位灰度图。

在 OpenCV 中，彩色通道是按照 BGR 的通道顺序存储的。下面给出一个由 BGR 色彩空间转换为 RGB 色彩空间的例子。

【例 11.1】从 BGR 色彩空间转换为 RGB 色彩空间，程序如下：

```
import cv2
import matplotlib.pyplot as plt

img_BGR = cv2.imread("d:/pics/lena.jpg")
plt.subplot(1,2,1)
plt.imshow(img_BGR),plt.title('BGR_image')
plt.axis("off")

#BGR 色彩空间转 RGB 色彩空间
img_RGB = cv2.cvtColor(img_BGR,cv2.COLOR_BGR2RGB)
plt.subplot(1,2,2)
plt.imshow(img_RGB),plt.title('RGB_image')
plt.axis("off")
plt.show()
```

程序运行的结果如图 11-3 所示。

a）BGR 色彩空间图像　　　　b）RGB 色彩空间图像

图 11-3　BGR 色彩空间转换为 RGB 色彩空间（见彩插）

11.2.3　GRAY 色彩空间

GRAY 色彩空间一般指 8 位灰度图，像素值的范围是 0～255，共 256 个灰度级。由 RGB 色彩空间转换为 GRAY 色彩空间的标准公式为：

$$Gray = 0.299 * R + 0.587 * G + 0.114 * B \tag{11-18}$$

式中，Gray 表示灰度图，R、G、B 分别是 RGB 色彩空间的三个通道的图像。

【例 11.2】从 RGB 色彩空间转换为 GRAY 色彩空间，程序如下：

```
import cv2

image1=cv2.imread("d:/pics/lena.jpg",4 )
cv2.imshow("Origin",image1)
#RGB 色彩空间转 GRAY 色彩空间
image2=cv2.cvtColor(image1,cv2.COLOR_RGB2GRAY)
cv2.imshow("Gray",image2)
cv2.waitKey(0)
cv2.destroyAllWindows()
```

程序运行结果如图 11-4 所示。

a）原图像 b）GRAY 色彩空间的图像

图 11-4 RGB 色彩空间转换为 GRAY 色彩空间（见彩插）

11.2.4 YCrCb 色彩空间

在传统的 RGB 色彩空间中没有亮度信息，YCrCb 色彩空间弥补了这个遗憾。在 YCrCb 色彩空间中，Y 代表亮度，Cr 和 Cb 保存色度信息，其中 Cr 表示红色分量信息，Cb 表示蓝色分量信息。

从 RGB 色彩空间转换为 YCrCb 色彩空间的公式如下：

$$Y = 0.299 * R + 0.587 * G + 0.114 * B \tag{11-19}$$

$$Cr = (R - Y) * 0.713 + delta \tag{11-20}$$

$$Cb = (B - Y) * 0.564 + delta \tag{11-21}$$

式中，R、G、B 分别表示 RGB 色彩空间的三通道信息，delta 的值为：

$$delta = \begin{cases} 128 & 8位图像 \\ 32768 & 16位图像 \\ 0.5 & 单精度图像 \end{cases}$$

【例 11.3】从 RGB 色彩空间转换为 YCrCb 色彩空间。程序如下：

```
import cv2
image1=cv2.imread("d:/pics/lena.jpg",4)
cv2.imshow("Orgina1",image1)
```

```
#RGB 色彩空间转 YCrCb 色彩空间
image2=cv2.cvtColor(image1,cv2.COLOR_RGB2YCrCb)
cv2.imshow("YCrCb image",image2)
cv2.waitKey(0)
cv2.destroyAllWindows()
```

程序运行结果如图 11-5 所示。

a）原图像　　　　　　　　b）YCrCb 色彩空间图像

图 11-5　RGB 色彩空间转换为 YCrCb 色彩空间

11.2.5　HSV 色彩空间

RGB 色彩模型是从硬件角度提出的，与人眼匹配时可能会产生一定的差别。HSV 是从心理学角度提出的，它包括色调、饱和度和亮度三要素。其中，色调是指光的颜色，与混合光谱的主要光波长有关；饱和度是指颜色深浅程度或相对纯净度；亮度反映的是人眼感受到光的明暗程度。

在具体实现时，将颜色分布在圆周上，不同的角度代表不同的颜色，所以通过调整色调值就可以使用不同的颜色，其中色调值的范围是 0～359。

饱和度为比例值，范围是 0～1，为所选颜色的纯度值与该颜色最大纯度值的比值。

亮度也是比例值，范围是 0～1。

从 RGB 色彩空间转换到 HSV 色彩空间时，需要将 RGB 色彩空间的值转换到 0～1 的范围内，之后再进行 HSV 转换。具体过程为：

$$S = \begin{cases} \dfrac{V - \min(R,G,B)}{V} & V \neq 0 \\ 0 & \text{其他} \end{cases} \tag{11-22}$$

$$H = \begin{cases} \dfrac{60(G-B)}{V - \min(R,G,B)} & V = R \\ 120 + \dfrac{60(B-R)}{V - \min(R,G,B)} & V = G \\ 240 + \dfrac{60(R-G)}{V - \min(R,G,B)} & V = B \end{cases} \tag{11-23}$$

上式中，V 的值为：

$$V = \max(R,G,B) \tag{11-24}$$

在计算的过程中可能会出现 $H<0$ 的情况，处理方法如下：

$$H = \begin{cases} H + 360 & H < 0 \\ H & 其他 \end{cases} \tag{11-25}$$

由上面的公式可以计算得到 S、V、H 的值。

【例 11.4】从 RGB 色彩空间转换为 HSV 色彩空间。程序如下：

```
import cv2
image1=cv2.imread("d:/pics/lena.jpg")
cv2.imshow("Original",image1)
#BGR 色彩空间转 RGB 色彩空间
image2=cv2.cvtColor(image1,cv2.COLOR_BGR2RGB)
#RGB 色彩空间转 HSV 色彩空间
image2=cv2.cvtColor(image2,cv2.COLOR_RGB2HSV)
cv2.imshow("HSV_image",image2)
cv2.waitKey(0)
cv2.destroyAllWindows()
```

程序运行结果如图 11-6 所示。

a）原图像   b）HSV 色彩空间图像

图 11-6 RGB 色彩空间转换为 HSV 色彩空间

11.3 彩色图像通道的分离与合并

在彩色图像 RGB 色彩模式下，通道是指单独的红色（R）、绿色（G）、蓝色（B）部分。也就是说，一幅完整的图像是由红色、绿色、蓝色三个通道组成的，它们共同作用产生了完整的彩色图像。

对于一幅完整的图像，红色、绿色、蓝色三个通道缺一不可。即使图像中看起来没有蓝色，也只能说蓝色光的亮度均为 0 或者各像素值的红色和绿色通道不全为 0，但不能说没有蓝色通道存在。如果关闭了红色通道，那么图像就偏青色；如果关闭了绿色通道，那么图像就偏品红色；如果关闭了蓝色通道，那么图像就偏黄色。

如果查看单个通道，会发现每个通道都显示为一幅灰度图像。某个通道的灰度图像中的明暗对应该通道色的明暗，从而表达出该色光在整体图像上的分布情况。由于通道共有 3 个，因此就有了 3 幅灰度图像。

通道中的纯白代表该色光在此处为最高亮度，亮度级别是 255；通道中的纯黑代表该色光在此处完全不发光，亮度级别是 0；介于纯黑和纯白之间的灰度，代表不同的发光程度，亮度级别介于 0 到 255 之间。灰度中越偏白的部分，表示色光亮度值越高，越偏黑的部分表示亮度值越低。

11.3.1　彩色图像通道的分离

在 OpenCV 中，cv2.split 函数的主要功能是把一个彩色图像分割成 R、G、B 三个通道，方便进一步做图像处理。函数 cv2.split 的语法格式为：

```
b, g ,r = cv2.split(src)
```

该函数的功能是输入原图像，返回各自通道内对应的数组元素的值。

【例 11.5】利用通道分离函数，将彩色图像分离成 R、G、B 三通道图像，程序如下：

```
import cv2

img = cv2.imread('d:/pics/lena.jpg')
b, g ,r = cv2.split(img)    # 顺序是b、g、r, 不是r、g、b

cv2.imshow('image',img)
cv2.imshow("Blue 1", b)
cv2.imshow("Green 1", g)
cv2.imshow("Red 1", r)
cv2.waitKey(0)
cv2.destroyAllWindows()
```

程序运行结果如图 11-7 所示。

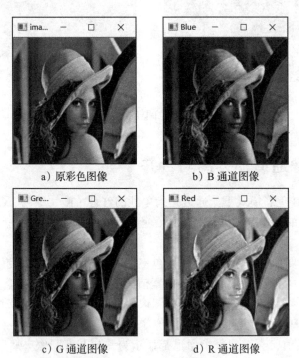

a）原彩色图像　　　　　　　　b）B 通道图像

c）G 通道图像　　　　　　　　d）R 通道图像

图 11-7　彩色图像通道的分离

从图 11-7 中看到，分离出来的图像颜色都是灰色的，为什么不是蓝色通道是蓝色，绿色通道是绿色，红色通道是红色呢？这是因为 cv2.split 函数分离出的 B、G、R 是单通道灰度图像，而不是 RGB 本身的颜色，要想得到有颜色单通道图像，需要扩展通道并对每个通道进行处理。

【例 11.6】扩展通道，使分离出来的 R、G、B 三个通道显示其对应的颜色，程序如下：

```
import cv2
import numpy as np

img = cv2.imread("d:/pics/lena.jpg")
B,G,R = cv2.split(img)

# 通道扩展
zeros = np.zeros(img.shape[:2], np.uint8)
img_B = cv2.merge([B,zeros,zeros])
img_G = cv2.merge([zeros,G,zeros])
img_R = cv2.merge([zeros,zeros,R])

cv2.imshow("B_img", img_B)
cv2.imshow("G_img", img_G)
cv2.imshow("R_img", img_R)
cv2.waitKey(0)
cv2.destroyAllWindows()
```

程序运行结果如图 11-8 所示。

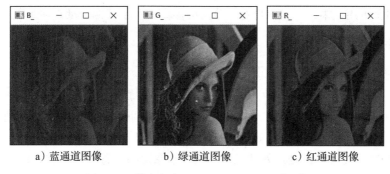

a）蓝通道图像　　　　b）绿通道图像　　　　c）红通道图像

图 11-8　带有颜色的 R、G、B 三通道图像

11.3.2　彩色图像通道的合并

在 OpenCV 中，cv2.merge() 函数的主要功能是对分离处理后的各个通道进行合并，重新合并成一个多通道的图像。函数 cv2.merge() 的语法格式为：

```
merged = cv2.merge([b,g,r])
```

其中，输入参数为要合并的矩阵参数，输入的所有矩阵必须具有相同尺寸和深度。输出图像的通道数量将是矩阵数组中的通道总数。

【例 11.7】利用通道合并函数，将 R、G、B 三通道图像合成为彩色图像，程序如下：

```
import cv2
img = cv2.imread('d:/pics/lena.jpg')
b, g ,r =cv2.split(img)         # 分离通道
merged = cv2.merge([b,g,r])     # 合并通道
cv2.imshow("merged image", merged)
cv2.waitKey(0)
cv2.destroyAllWindows()
```

程序运行结果如图 11-7a 所示。

11.4　全彩色图像处理

全彩色图像处理分为两类：第一类是分别处理每一分量图像，然后将分别处理过的分量图像合成为彩色图像。对每个分量的处理可以应用灰度图像处理的技术，但是这种各个通道独立处理的技术忽略了通道间的相互影响。第二类是直接对彩色像素进行处理。因为全彩色图像至少有三个分量，彩色像素实际上是一个向量。

令 c 代表 RGB 色彩空间中的任意向量，$c(x, y)$ 分量是一幅彩色图像在一点上的 RGB 分量。彩色分量是坐标 (x, y) 的函数，表示为：

$$c(x, y) = \begin{pmatrix} c_R(x, y) \\ c_G(x, y) \\ c_B(x, y) \end{pmatrix} = \begin{pmatrix} R(x, y) \\ G(x, y) \\ B(x, y) \end{pmatrix} \tag{11-26}$$

对于大小为 $M \times N$（M 和 N 是正整数，分别表示图像的高度和宽度）的图像，有 $M \times N$ 个这样的向量。其中，$x = 0, 1, 2, \cdots, M-1$；$y = 0, 1, 2, \cdots, N-1$。

为了使每一彩色分量处理和基于向量的处理等同，必须满足两个条件：第一，处理必须对向量和标量都可用；第二，对向量每一分量的操作相对于其他分量必须是独立的。

11.4.1　彩色变换

灰度变换的概念可扩展到彩色图像。可以将原始的公式修改为：

$$g(x, y) = T[f(x, y)] \tag{11-27}$$

以适应输入图像 $f(x, y)$ 和输出图像 $g(x, y)$ 均为彩色图像的情况，即各单个像素值不再是无符号的整数或双精度数，而是一个三元值（即对应于该像素的 R、G 和 B 值）。

因为已知这些变换函数是点处理函数（独立于像素的位置和近邻像素的值），所以可以采用一个简化表示法的改进版本：

$$s_i = T_i(r_1, r_2, \cdots, r_n) \quad i = 1, 2, \cdots, n \tag{11-28}$$

式中，r_i 和 s_i 分别是原始图像 $f(x, y)$ 和处理后图像 $g(x, y)$ 的彩色分量；n 是彩色分量数目；T_1，T_2，$\cdots$，T_n 是一组作用在 r_i 上以获得 s_i 的彩色变换（或映射）函数。对 RGB 图像，$n = 3$，r_1、r_2 和 r_3 分别对应输入图像中各个像素的 R、G 和 B 值。

1. 强度修改

一个彩色映射强度修改函数为：

$$g(x, y) = kf(x, y) \tag{11-29}$$

从上式可以看出，如果 $k > 1$，所得结果图像将比原始图像亮；如果 $k < 1$，则输出图像将比原始图像暗。

2. 彩色补集

彩色补集操作是灰度负值变换的彩色等价，它将各个色调用它的补（有时称为对立色彩）来替换。

如果输入图像使用 RGB 彩色模型来表示，则该操作可通过对每个单独的彩色通道使用一个平凡的转移函数来进行。如果输入图像使用 HSV 彩色模型来表示，则需要对 V 使用一个平凡的转移函数、对 H 使用一个不平凡的转移函数（考虑 H 在 0° 附近的不连续性）、对 S 不改变。

3. 彩色切割

彩色切割是一个将超出感兴趣范围的所有彩色映射为"中性"色（如灰色），而所有感兴趣的彩色保持不变的映射。感兴趣的彩色范围可用一个以典型参考彩色为中心的立方体或球体来限定。

11.4.2　直方图处理

直方图的概念可以扩展到彩色图像，其中每幅图像可用 3 个具有 N（一般来说，$4 \leqslant N \leqslant 256$）个直方条的直方图来表示。直方图技术（例如，直方图均衡化）可用于某个彩色模型表达的图像，该模型允许将亮度分量与色度分量分开（例如，HSI 模型）：对一幅彩色图像的亮度（强度 I）分量进行处理而保持色度分量（H 和 S）不变。

直方图均衡化的主要目的是将原始图像的灰度级均匀地映射到整个灰度级范围内，从而得到一个灰度级分布均匀的图像。这种均衡化在灰度值统计的概率方面和人类视觉系统上实现了均衡。

在 OpenCV 中提供了 cv2.equalizeHist() 函数，用于实现图像的直方图均衡化，其语法格式为：

```
image = cv2.equalizeHist(src)
```

其中，src 表示输入的待处理图像。

另外，Python 模块 matplotlib.pyplot 中的 hist() 函数能够方便地绘制直方图，其语法格式如下：

```
matplotlib.pyplot.hist(image,BINS)
```

其中，image 表示原始图像数据，必须将其转换为一维数据。BINS 表示灰度级的分组情况。

【例 11.8】对彩色图像的各个通道分别进行直方图均衡化，程序如下：

```
import cv2
import matplotlib.pyplot as plt

img = cv2.imread("d:/pics/lena.jpg")
cv2.imshow("Original",img)    # 显示原始图像

plt.figure(1)
# 构造第一个通道图像的直方图
hist0 = cv2.calcHist([img[:,:,0]],[0],None,[256],[0,256])
plt.plot(hist0,color='b')      # 绘制直方图
# 构造第二个通道图像的直方图
hist1 = cv2.calcHist([img[:,:,1]],[0],None,[256],[0,256])
plt.plot(hist1,color='g')
# 构造第三个通道图像的直方图
hist2 = cv2.calcHist([img[:,:,2]],[0],None,[256],[0,256])
plt.plot(hist2,color='r')

# 对三个通道的图像分别进行均衡化处理
img0_equ = cv2.equalizeHist(img[:,:,0])
img1_equ = cv2.equalizeHist(img[:,:,1])
img2_equ = cv2.equalizeHist(img[:,:,2])
```

```
# 合并通道，也就是合并为彩色图像
image = cv2.merge([img0_equ,img1_equ,img2_equ])
# 均衡化后的直方图
plt.figure(2)
hist_equ = cv2.calcHist([image],[0],None,[256],[0,256])
plt.plot(hist_equ)

cv2.imshow("Histogram Equalization", image) # 显示均衡化后的图像
plt.show()
cv2.waitKey()
cv2.destroyAllWindows()
```

程序运行结果如图 11-9 所示。可以看出，直方图均衡化达到了图像像素均匀分布的目的。

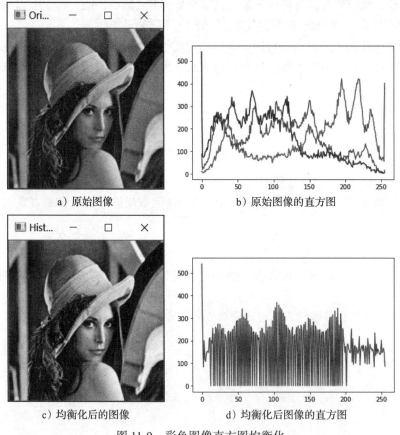

a）原始图像　　　　　　　　b）原始图像的直方图

c）均衡化后的图像　　　　　d）均衡化后图像的直方图

图 11-9　彩色图像直方图均衡化

11.4.3　彩色图像的平滑和锐化

图像的平滑处理就是在保留原有图像信息的条件下，过滤掉图像内部的噪声，这种图像处理方式得到的图像称为平滑图像。通过图像的平滑处理操作，可以有效地过滤图像内的噪声信息。灰度级图像平滑可视为一种空间滤波操作，在这种操作中，滤波模板的系数具有相同的值。当模板滑过将被平滑的图像时，每个像素被该模板定义的邻域中的像素平均值代替，这一概念很容易推广到全彩色图像。

在分量方法的框架下，面向邻域的线性平滑和锐化技术可扩展到彩色图像。原始的用于单色操作的典型 3×3 核变成一个数组或向量。

例如，对 RGB 图像平均滤波器的向量公式使用一个以坐标 (x, y) 为中心的邻域 S_{xy}：

$$\overline{c}(x, y) = \begin{bmatrix} \dfrac{1}{K} \sum_{(s, t) \in s_{xy}} R(s, t) \\ \dfrac{1}{K} \sum_{(s, t) \in s_{xy}} G(s, t) \\ \dfrac{1}{K} \sum_{(s, t) \in s_{xy}} B(s, t) \end{bmatrix} \qquad (11\text{-}30)$$

从式（11-30）中可以看出，通过对各个彩色通道使用标准的灰度邻域处理方法来执行邻域平均得到平滑的效果。类似地，对使用 RGB 彩色模型表示的彩色图像的锐化可通过对各个分量图像分别使用锐化操作符（如拉普拉斯算子）再将结果结合起来实现。

在 RGB 彩色模型中，向量 c 的拉普拉斯变换为：

$$\nabla^2[c(x, y)] = \begin{bmatrix} \nabla^2 R(x, y) \\ \nabla^2 G(x, y) \\ \nabla^2 B(x, y) \end{bmatrix} \qquad (11\text{-}31)$$

平滑和锐化操作也可通过处理一幅采用合适彩色模型（如 YIQ 或 HSI）表示的图像强度（亮度）分量并将结果与原始色度通道结合来进行。

这里，我们用均值滤波来实现图像平滑。在均值滤波中，首先考虑的是要对中心的周围多少像素进行取平均。一般而言，选取行列数相等的卷积核进行均值滤波。另外，在均值滤波中，卷积核中的权重是相等的。

在 OpenCV 中，提供了 cv2.blur() 函数来实现图像的均值滤波。其一般语法格式为：

```
dst = cv2.blur(src,ksize, anchor,borderType)
```

其中，dst 表示返回的均值滤波处理的结果图像；src 表示原始图像，该图像不限制通道数目；ksize 表示滤波卷积核的大小；anchor 表示图像处理的锚点，其默认值为（−1, −1），表示位于卷积核中心点；borderType 表示以哪种方式处理边界值。通常情况下，在进行均值滤波时，anchor 和 borderType 参数直接使用默认值即可。

【例 11.9】定义不同卷积核大小，对彩色加噪图像进行平滑处理。程序如下：

```python
import cv2
import numpy as np

# 加椒盐噪声的函数
def saltPepper(image, salt, pepper):
    height, width = image.shape[0:2]
    pertotal = salt + pepper  # 总噪声占比
    noiseImage = image.copy()
    noiseNum = int(pertotal * height * width)
    for i in range(noiseNum):
        rows = np.random.randint(0, height - 1)
        cols = np.random.randint(0, width - 1)
        if (np.random.randint(0, 100) < salt * 100):
            noiseImage[rows, cols] = 255
        else:
            noiseImage[rows, cols] = 0
    return noiseImage

if __name__ == "__main__":
```

```
image = cv2.imread("d:/pics/lena.jpg")
cv2.imshow("image",image)
imageNoise = saltPepper(image, 0.1, 0.1)
imageAver3 = cv2.blur(imageNoise, (3, 3))    # 卷积核为 3×3
imageAver5 = cv2.blur(imageNoise, (5, 5))    # 卷积核为 5×5
imageAver7 = cv2.blur(imageNoise, (7, 7))    # 卷积核为 7×7
imageAver9 = cv2.blur(imageNoise, (9, 9))    # 卷积核为 9×9

cv2.imshow("imageNoise",imageNoise)
cv2.imshow("imageAver3",imageAver3)
cv2.imshow("imageAver5",imageAver5)
cv2.imshow("imageAver7",imageAver7)
cv2.imshow("imageAver9",imageAver9)
cv2.waitKey()
cv2.destroyAllWindows()
```

程序运行结果如图 11-10 所示。从图中可以看出，随着卷积核增大，图像的失真情况越来越严重。

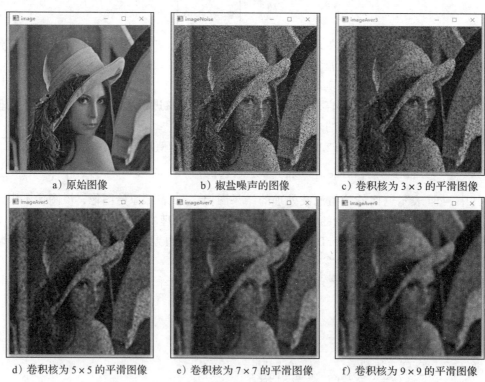

a）原始图像　　　　　b）椒盐噪声的图像　　　　c）卷积核为 3×3 的平滑图像

d）卷积核为 5×5 的平滑图像　　e）卷积核为 7×7 的平滑图像　　f）卷积核为 9×9 的平滑图像

图 11-10　彩色噪声图像的平滑

【例 11.10】定义不同卷积核大小，对彩色图像进行锐化处理。程序如下：

```
import cv2

image = cv2.imread("d:\pics\lena.jpg")
imageLap3 = cv2.Laplacian(image, cv2.CV_64F, ksize=3)
imageLap5 = cv2.Laplacian(image, cv2.CV_64F, ksize=5)
imageLap7 = cv2.Laplacian(image, cv2.CV_64F, ksize=7)
imageLap9 = cv2.Laplacian(image, cv2.CV_64F, ksize=9)
imageLap11 = cv2.Laplacian(image, cv2.CV_64F, ksize=11)
```

```
cv2.imshow("RGB", image)
cv2.imshow("imageLap3", imageLap3)
cv2.imshow("imageLap5", imageLap5)
cv2.imshow("imageLap7", imageLap7)
cv2.imshow("imageLap9", imageLap9)
cv2.imshow("imageLap11", imageLap11)
cv2.waitKey()
cv2.destroyAllWindows()
```

程序运行结果如图 11-11 所示。从图中可以看出，随着卷积核增大，图像的细节越来越粗糙。

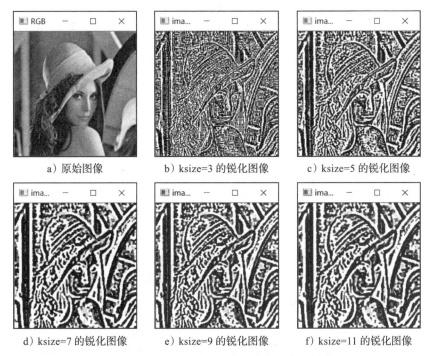

a）原始图像　　　　b）ksize=3 的锐化图像　　　　c）ksize=5 的锐化图像

d）ksize=7 的锐化图像　　　e）ksize=9 的锐化图像　　　f）ksize=11 的锐化图像

图 11-11　不同大小卷积核下彩色图像的锐化

11.4.4　基于彩色的图像分割

在彩色图像阈值化分割中，要将单色图像中常用的图像阈值化方法推广到彩色图像中，有若干种可能的方法。基本的思路是使用恰当的阈值将彩色空间分解成若干个区域。

一幅图像包括目标物体、背景，还有噪声，要想从数字图像中直接提取出目标物体，常用的方法就是设定一个阈值 T，用 T 将图像的数据分成两部分：大于 T 的像素群和小于 T 的像素群。

阈值分割法适用于目标与背景灰度有较强对比的情况，重要的是背景或物体的灰度比较单一，而且总可以得到封闭且连通区域的边界。

1. 全阈值处理

选取一个全局阈值，然后把整幅图像分成非黑即白的二值图像。全阈值处理采用的函数为 cv2.threshold()，其一般格式为：

```
ret, dst = cv2.threshold(src, thresh, maxval, type)
```

其中，ret 表示返回的阈值；dst 表示输出的图像；src 表示要进行阈值分割的输入图像，可以是多通道的图像；thresh 表示设定的阈值；maxval 表示 type 参数为 THRESH_BINARY

或 THRESH_BINARY_INV 类型时所设定的最大值。在显示二值化图像时，一般设置为 255。type 表示阈值分割的类型，常用的有 cv2.THRESH_BINARY、cv2.THRESH_BINARY_INV、cv2.THRESH_TRUNC、cv2.THRESH_TOZERO、cv2.THRESH_TOZERO_INV。

【例 11.11】对彩色图像进行全局阈值分割处理。程序如下：

```python
import cv2

img = cv2.imread('d:/pics/lena.jpg')
# 二值化阈值处理
ret,thresh1=cv2.threshold(img,127,255,cv2.THRESH_BINARY)
# 反二值化阈值处理
ret,thresh2=cv2.threshold(img,127,255,cv2.THRESH_BINARY_INV)
# 截断阈值处理
ret,thresh3=cv2.threshold(img,127,255,cv2.THRESH_TRUNC)
# 低阈值零处理
ret,thresh4=cv2.threshold(img,127,255,cv2.THRESH_TOZERO)
# 超阈值零处理
ret,thresh5=cv2.threshold(img,127,255,cv2.THRESH_TOZERO_INV)

cv2.imshow('origin_img', img)
cv2.imshow('thresh1_img', thresh1)
cv2.imshow('thresh2_img', thresh2)
cv2.imshow('thresh3_img', thresh3)
cv2.imshow('thresh4_img', thresh4)
cv2.imshow('thresh5_img', thresh5)
cv2.waitKey(0)
cv2.destroyAllWindows()
```

程序运行结果如图 11-12 所示。图 a 为原始图像；图 b 为二值化阈值处理的结果，可以看出图像被处理为二值图像；图 c 为反二值化阈值处理的结果，与图 b 对比，二者的颜色刚好相反；图 d 为截断阈值处理；图 e 为低阈值零处理；图 f 为超阈值零处理。

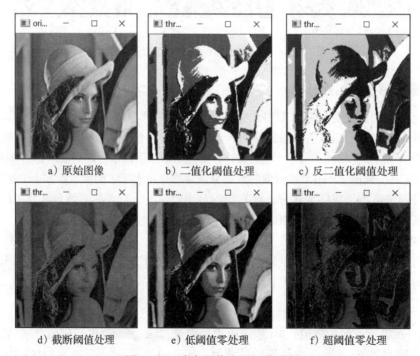

a）原始图像　　　　b）二值化阈值处理　　　　c）反二值化阈值处理

d）截断阈值处理　　　　e）低阈值零处理　　　　f）超阈值零处理

图 11-12　彩色图像全局阈值分割

2. 局部阈值处理

在比较理想的情况下，如色彩均衡的图像，对整个图像使用单个阈值进行阈值化就会成功。但是，受到多种因素的影响，图像的色彩并不会很均衡，在这种情况下，使用局部阈值（又称自适应值）进行分割可以产生很好的结果。

OpenCV 中提供了函数 cv2.adaptiveThreshold() 来实现自适应阈值处理，其语法格式为：

```
dst = cv2.adaptiveThreshold(src,maxValue,adaptiveMethod,thresholdType,blockSize,c)
```

其中，dst 表示输出的图像；src 表示原始图像，且图像必须是 8 位单通道的图像；maxValue 表示最大值；adaptiveMethod 表示自适应方法；thresholdType 表示阈值处理方式；blockSize 表示块大小；c 是常量。

【例 11.12】对彩色图像进行自适应局部阈值处理。程序如下：

```
import cv2

img = cv2.imread('d:/pics/lena.jpg')
# 全局阈值中的二值化阈值处理的彩色图像
ret,th1=cv2.threshold(img,127,255,cv2.THRESH_BINARY)

# 采用权重相等方式的局部阈值处理的彩色图像
img_b, img_g ,img_r = cv2.split(img)
ath2_b = cv2.adaptiveThreshold(img_b,255,cv2.ADAPTIVE_THRESH_MEAN_C,cv2.THRESH_
    BINARY,5,3)
ath2_g = cv2.adaptiveThreshold(img_g,255,cv2.ADAPTIVE_THRESH_MEAN_C,cv2.THRESH_
    BINARY,5,3)
ath2_r = cv2.adaptiveThreshold(img_r,255,cv2.ADAPTIVE_THRESH_MEAN_C,cv2.THRESH_
    BINARY,5,3)
mean_ada_img = cv2.merge([ath2_b,ath2_g,ath2_r])   # 合并通道

# 采用权重为高斯分布的局部阈值处理的彩色图像
ath3_b = cv2.adaptiveThreshold(img_b,255,cv2.ADAPTIVE_THRESH_GAUSSIAN_C, cv2.
    THRESH_BINARY,5,3)
ath3_g = cv2.adaptiveThreshold(img_g,255,cv2.ADAPTIVE_THRESH_GAUSSIAN_C, cv2.
    THRESH_BINARY,5,3)
ath3_r = cv2.adaptiveThreshold(img_r,255,cv2.ADAPTIVE_THRESH_GAUSSIAN_C, cv2.
    THRESH_BINARY,5,3)

gauss_ada_img = cv2.merge([ath3_b,ath3_g,ath3_r]) # 合并通道
cv2.imshow('origin_img', img)
cv2.imshow('threshold_img', th1)
cv2.imshow('mean_ada_thr', mean_ada_img)
cv2.imshow('gauss_ada_thr', gauss_ada_img)
cv2.waitKey(0)
cv2.destroyAllWindows()
```

程序运行结果如图 11-13 所示。图 a 为原始图像；图 b 为采用全局阈值中的二值化阈值处理的彩色图像，可以看出损失了大量的细节信息；图 c 为采用权重相等方式的局部阈值处理的彩色图像；图 d 为采用权重为高斯分布的局部阈值处理的彩色图像。可以看出，相对于图 b，图 c 和图 d 保留了大量的细节信息。

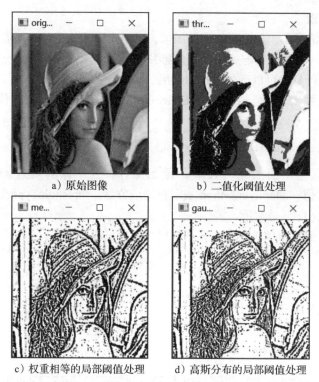

a) 原始图像　　　　　　　　　b) 二值化阈值处理

c) 权重相等的局部阈值处理　　　d) 高斯分布的局部阈值处理

图 11-13　彩色图像自适应局部阈值处理

3. Otsu's 阈值处理

在使用 threshold() 函数对图像进行阈值分割时，需要自定义一个阈值。对于色彩均衡的图像较容易选择这种阈值，但是对于色彩不均衡的图像，阈值的选择会变得很复杂。使用 Otsu's 方法可以方便地选择图像分割的最佳阈值，它会遍历当前图像的所有阈值，选取最佳阈值。

【例 11.13】使用 Otsu's 方法实现彩色图像的阈值分割。程序如下：

```
import cv2

img = cv2.imread('d:/pics/lena.jpg')
ret1,th_img = cv2.threshold(img,50,255,cv2.THRESH_BINARY)   # 全局阈值

# Otsu's 阈值处理彩色图像
img_b, img_g ,img_r = cv2.split(img)                        # 通道分离
ret2_b,Oth_b = cv2.threshold(img_b,0,255,cv2.THRESH_BINARY+cv2.THRESH_OTSU)
ret2_g,Oth_g = cv2.threshold(img_g,0,255,cv2.THRESH_BINARY+cv2.THRESH_OTSU)
ret2_r,Oth_r = cv2.threshold(img_r,0,255,cv2.THRESH_BINARY+cv2.THRESH_OTSU)
Otsu_img = cv2.merge([Oth_b,Oth_g,Oth_r])                   # 通道合并

print(" 全局阈值 =",ret1)
print("BGR 三个通道 Ostu's 阈值 =", ret2_b, ret2_g, ret2_r)

cv2.imshow('Origin_img', img)
cv2.imshow('Binary_img', th_img)
cv2.imshow('Otsu"s_img', Otsu_img)
cv2.waitKey(0)
cv2.destroyAllWindows()
```

程序运行的输出如下面所示，图像显示结果如图 11-14 所示。图 a 为原始图像；图 b 为二值化阈值处理后的图像，可以看出有大量白色区域，缺失了大量细节信息；图 c 为采用 Otsu's 阈值处理得到的图像，其处理效果比图 b 要好。

```
全局阈值 = 50.0
BGR 三个通道 Ostu's 阈值 = 99.0 113.0 131.0
```

a）原始图像　　　　　b）二值化阈值图像　　　　c）Otsu's 阈值处理图像

图 11-14　Otsu's 方法实现彩色图像的阈值分割

11.5　习题

1. 编写程序，实现一幅图像的 RGB 色彩空间向 GRAY 色彩空间、HSV 色彩空间、YCrCb 色彩空间的转换。
2. 编写程序，实现彩色直方图均衡化，并观察效果。
3. 编写程序，实现对一幅彩色图像的平滑和锐化处理，观察处理结果。
4. 编写程序，分别使用全局阈值、自适应阈值和 Otsu's 阈值处理一幅彩色图像，分析三种阈值处理图像的不同。
5. 编写程序，实现一幅彩色图像的分离与合并，观察处理前后有无区别。

第 12 章　图像特征的提取与描述

　　图像特征提取和表达技术是将分割后的目标转换成能较好地描述图像的主要特征和属性，以便进一步进行图像的识别和分类等的技术。特征提取是对一幅图像中某些感兴趣的特征进行检测和描述，是计算机视觉和图像处理中的关键步骤，提取的图像特征既可以是自然特征，也可以是通过图像处理和测量获得的某些特征。

　　本章主要介绍基于 Python+OpenCV 的具有广泛应用价值的代表性图像特性提取技术。

12.1　图像特征简介

　　图像特征主要有图像的颜色特征、纹理特征、形状特征和空间关系特征。颜色特征是一种全局特征，描述了图像或图像区域所对应景物的表面性质。纹理特征也是一种全局特征，它描述了图像或图像区域所对应景物的表面性质。但由于纹理只是一种物体表面的特性，并不能完全反映出物体的本质属性，因此仅仅利用纹理特征是无法获得高层次图像内容的。

　　图像形状特征分为轮廓特征和区域特征两类，其中图像的轮廓特征主要针对物体的外边界，而图像的区域特征则关系到整个形状区域。

　　图像空间关系是指图像中分割出来的多个目标之间相互的空间位置或相对方向关系，这些关系包含连接 / 邻接关系、交叠 / 重叠关系和包含 / 包容关系等。空间位置信息又分为相对空间位置信息和绝对空间位置信息两类，其中前一种关系强调的是目标之间的相对情况，如上下左右关系等，后一种关系强调的是目标之间的距离大小以及方位。

　　图像的形状特征（轮廓特征和区域特征）常用的特征描述方法有以下几种。

　　1）**边界特征法**。边界特征法通过对边界特征的描述来获取图像的形状参数。其中，霍夫变换检测平行直线方法和边界方向直方图方法是经典方法。霍夫变换是利用图像全局特性将边缘像素连接起来，组成区域封闭边界的一种方法，其基本思想是"点—线"的对偶性；边界方向直方图法利用微分图像求得图像边缘，构造图像灰度梯度方向矩阵。

　　2）**傅里叶形状描述符法**。傅里叶形状描述符是用物体边界的傅里叶变换作为形状描述，利用区域边界的封闭性和周期性，将二维问题转化为一维问题，由边界点导出曲率函数、质心距离、复坐标函数三种形状表达形式。

　　3）**几何参数法**。几何参数法中形状的表达和匹配采用有关形状定量测量，如面积、周长、矩等的形状参数法。

　　4）**形状不变矩法**。利用目标所占区域的矩作为形状描述参数。

　　5）**其他方法**。近年来，在图像形状的表示和匹配方面的还出现了有限元法（Finite Element Method，FEM）、旋转函数（Turning）和小波描述符（Wavelet Descriptor）等方法。

12.2　图像轮廓特征

　　轮廓是图像中一系列连续的像素点沿着边界连接在一起的曲线，这些像素有相同的颜色或者灰度，这些连接在一起的曲线代表物体的基本外形。轮廓在形状分析和物体检测和识别上具有重要的作用，它与边缘的区别是：①轮廓是连续的，边缘并不全都连续；②边缘主要作为图像中物体特征，而轮廓主要用来分析物体的形态，如周长和面积等；③边缘包括轮廓。一般在二值图像中寻找轮廓，要进行阈值化处理或者 Canny 边缘检测，寻找轮廓是针对白色物体，即物体是白色，而背景是黑色。

12.2.1　图像轮廓的查找和绘制

OpenCV 中查找图像轮廓的函数是 cv2.findContours()，其语法格式为：

```
contours, hierarchy = cv2.findContours(image, mode, method[, contours[, hierarchy[, offset]]])
```

函数的输入参数有四个：
- 第一个参数是输入图像 image，8 位单通道二值图像，可以使用比较、阈值、自适应阈值、Canny 和其他方法从灰度或彩色图像中创建的二值图像。
- 第二个参数是 mode，轮廓检索模式，通常使用 RETR_TREE 找出所有的轮廓值。mode 轮廓检索模式如表 12-1 所示。

表 12-1　mode 轮廓检索模式

模　式	说　明
RETR_EXTERNAL	只检索最外面的轮廓
RETR_LIST	检索所有的轮廓，并将其保存到一个 list 链表中
RETR_CCOMP	检索所有的轮廓，并将它们组织为两层的层次结构：顶层为连通域的外部边界，次层为空洞的内层边界
RETR_TREE	检索所有的轮廓，并重构嵌套轮廓的整个层次

- 第三个参数是 method，是轮廓近似方法，有如下 4 种方法：
  - cv2.CHAIN_APPROX_NONE：存储所有边界点，显示所有轮廓。
  - cv2.CHAIN_APPROX_SIMPLE：压缩垂直、水平、对角方向，只保留端点。
  - cv2.CHAIN_APPROX_TX89_L1：使用 teh-Chinl 近似算法。
  - cv2.CHAIN_APPROX_TC89_KCOS：使用 teh-Chinl chain 近似算法。
- 第四个参数是 offset，表示每一个轮廓点的偏移量。当轮廓是从图像 ROI 中提取出来时，使用偏移量有用，因为可以从整个图像上下文来对轮廓做分析。

函数输出参数有两个：
- 第一个输出参数 contours 为检测到的轮廓，存储轮廓点的矢量。
- 第二个输出参数 hierarchy 为层次结构，可选输出向量，包含有关图像拓扑的信息。返回的纯轮廓是一个 Python 的列表，此处存储所有图像中的轮廓，每一个轮廓都是 numpy 数组，包含检测物体的边界点。

图像绘制轮廓的函数是 cv2.drawContours()，可根据用户提供的边界点绘制任何形状的轮廓，其语法格式为：

```
cv2.drawCountours(img, contours, -1, (0, 0, 255), 2)
```

其中，第一个输入参数 img 表示输入的源图像；第二个输入参数 contours 表示通过 Python 列表传递的轮廓值（列表）；第三个输入参数表示轮廓索引，即绘制第几个轮廓，-1

代表绘制所有的轮廓；第四个输入参数表示轮廓颜色，用 RGB(0, 0, 255) 表示颜色；第五个输入参数表示轮廓线条粗细。

常用的图像绘制轮廓输出格式有三种：

1）在图像中绘制所有轮廓：cv2.drawCountours(img, contours, -1, (0, 0, 255), 3)

2）绘制单个轮廓，如第三个轮廓：cv2.drawCountours(img, contours, 2, (0, 0, 255), 3)

3）多数情况下使用以下方式：

```
cnt = contours[3]
cv2.drawCountours(img, [cnt], 0, (0, 0, 255), 3)
```

【例 12.1】在图像中查找并绘制所有轮廓，程序如下：

```
import cv2

# 第一步：读入图像，并显示
img = cv2.imread('D:/pics/logo7.jpg')
cv2.imshow('Original image',img)
# 第二步：对图像做灰度变化
gray = cv2.cvtColor(img, cv2.COLOR_BGR2GRAY)
# 第三步：对图像做二值变化
ret, thresh = cv2.threshold(gray, 50, 135, cv2.THRESH_BINARY)
# 第四步：获得图像的轮廓值
contours,h = cv2.findContours(thresh, cv2.RETR_TREE, cv2.CHAIN_APPROX_NONE)
# 第五步：在图像中用黄色画出图像的轮廓
draw_img = img.copy()
ret = cv2.drawContours(draw_img, contours, -1, (0,255,255), 2)
# 第六步：画出带有轮廓的原始图像
cv2.imshow('Contour image',ret)
cv2.waitKey(0)
cv2.destroyAllWindows()
```

程序运行的输出结果如图 12-1 所示。

a）原图像　　　　　　　　　　b）绘制轮廓后的图像

图 12-1　图像轮廓的查找与绘制

12.2.2　带噪声的轮廓

在进行图像轮廓查找时，如果图像上有噪声，需要预先进行均值滤波、中值滤波或高斯滤波，或腐蚀后再进行寻找轮廓和绘制轮廓的工作。如果图像背景灰度值为纯白色，轮廓检测后效果不是很好，这时就需要将阈值二值化方法函数中的位置参数取反，即：

```
cv2.threshold(gray,0,255,cv2.THRESH_BINARY_INV | cv2.THRESH_TRIANGLE)
```

【例 12.2】在带有噪声的图像中绘制所有轮廓，程序如下：

```
import cv2
img = cv2.imread('d:/pics/coins1.jpg',1)
# 防止随机噪声影响效果，首先对原图像做高斯滤波
dst = cv2.GaussianBlur(img,(3,3),0)
cv2.imshow("Original image",img)

# 将原图像转换为灰度图像
gray = cv2.cvtColor(img,cv2.COLOR_BGR2GRAY)
# 图像利用阈值化进行二值化
ret, binary = cv2.threshold(gray,0,255,cv2.THRESH_BINARY | cv2.THRESH_TRIANGLE)
cv2.imshow("Binary image", binary)
# 二值图像中有噪声点，腐蚀掉噪声点
kernel = cv2.getStructuringElement(cv2.MORPH_RECT, (2, 2))
binary_ero = cv2.erode(binary, kernel)
cv2.imshow("Binary erode image",binary_ero)

# 在二值化图像的基础上进行寻找轮廓
contours, heriachy = cv2.findContours(binary_ero,cv2.RETR_EXTERNAL, cv2.CHAIN_
    APPROX_SIMPLE)
# 循环绘制出所有的轮廓
for i, contour in enumerate(contours):
    # 将最后一个参数修改为 -1 即为填充。
    cv2.drawContours(img,contours,i,(255,0,255),2,-1)
    cv2.imshow("Contours image",img)

cv2.waitKey(0)
cv2.destroyAllWindows()
```

程序运行的结果如图 12-2 所示。

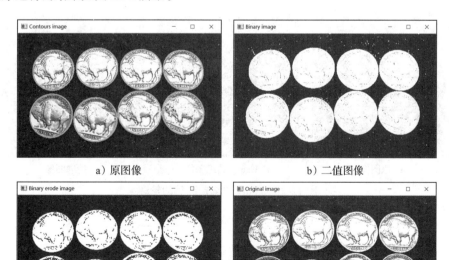

a）原图像　　　　　　　　　　　　　b）二值图像

c）腐蚀后图像　　　　　　　　　　　d）带轮廓的图像

图 12-2　硬币轮廓的图像

12.2.3　边缘检测后的轮廓

前面我们使用阈值函数 cv2.threshold() 处理图像得到二值图，也可以使用边缘检测的方法先把边缘检测出来，再绘制出目标的轮廓。其中，使用 cv2.Canny() 算子进行边缘检测效果最好。

【例 12.3】Canny 边缘检测后绘制图像的轮廓，程序如下：

```
import cv2

img = cv2.imread('d:/pics/rice.png',1)
cv2.imshow("Original image", img)

blurred = cv2.GaussianBlur(img, (3, 3), 0)
gray = cv2.cvtColor(blurred, cv2.COLOR_RGB2GRAY)

edge_output = cv2.Canny(gray, 220, 250)
cv2.imshow("Canny Edge", edge_output)

contours, hierarchy = cv2.findContours(edge_output, cv2.RETR_EXTERNAL,cv2.CHAIN_
    APPROX_SIMPLE)
for i,contour in enumerate(contours):
    cv2.drawContours(img, contours, -1, (0, 0, 255),1)
    cv2.imshow('Output image', img)

cv2.waitKey(0)
cv2.destroyAllWindows()
```

输出结果如图 12-3 所示。

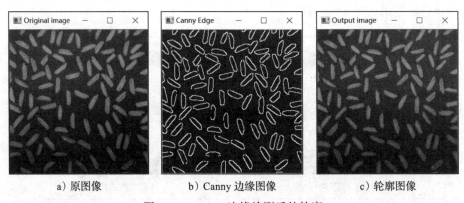

a）原图像　　　　　　　　b）Canny 边缘图像　　　　　　　　c）轮廓图像

图 12-3　Canny 边缘检测后的轮廓

12.3　图像的几何特征

图像的几何特征是指图像中物体的面积、位置、周长、长轴与短轴、距离等方面的特征。虽然几何特征比较直观和简单，但在图像目标分析、图像分类、模式识别中发挥着重要作用。

图像的几何形状参数的提取必须以图像处理及图像分割为前提，参数的准确性受到分割效果的影响，对分割效果很差的图像，甚至无法提取形状参数。

12.3.1　面积与周长

1. 面积

面积指的是轮廓内包含的所有像素的个数，常用的计算轮廓面积的函数语法格式为：

```
area = cv2.contourArea(cnt, True)
```

其中，第一个参数 cnt 为输入的单个轮廓值，第二个参数用来指定对象的形状是闭合轮廓（True）还是曲线。

2. 周长

周长指的是轮廓像素点总数，也常用各个像素点的中点连线的多边形长度进行度量，常用的计算轮廓周长的函数语法格式为：

```
perimeter = cv2.arcLength(cnt, True)
```

其中，第一个参数 cnt 为输入的单个轮廓值，第二个参数用来指定对象的形状是闭合轮廓（True）还是曲线。

使用 cv2.findCountor 获得的轮廓 contours 是一个嵌套的类型，即我们可以通过 cnt = contours[0] 获得第一个物体的轮廓值，并计算出轮廓面积和周长等，其步骤如下：

1）载入图像，做灰度值和二值化处理，并使用 cv2.findCountor 找出轮廓值，使用 cv2.drawCountors 画出第一个图像的轮廓。

2）通过索引取出第一个轮廓值 cnt，使用 cv2.ContourArea() 计算轮廓的面积。

3）使用 cv2.arcLength 获得轮廓的周长。

【例 12.4】求六边形图像的轮廓、面积和周长，程序如下：

```
import cv2

img = cv2.imread('D:/pics/contour1.png')
gray = cv2.cvtColor(img, cv2.COLOR_BGR2GRAY)
cv2.imshow('orginal',gray)
ret, thresh = cv2.threshold(gray, 127, 255, cv2.THRESH_BINARY)
contours, h = cv2.findContours(thresh, cv2.RETR_TREE, cv2.CHAIN_APPROX_NONE)

draw_img = img.copy()
ret = cv2.drawContours(draw_img, contours, 0, (0, 0, 255), 2)

cnt = contours[0]                    # 取出单个的轮廓值
area = cv2.contourArea(cnt)          # 计算轮廓的面积
length= cv2.arcLength(cnt, True)     # 计算轮廓的周长
print('Area = ',area, 'Length = ',length)

cv2.imshow('ret',ret)
cv2.waitKey(0)
cv2.destroyAllWindows()
```

程序的输出结果如图 12-4 所示。图 a 为原图形，图 b 为有轮廓标记的图形。输出的面积和周长为：Area = 5626.0，Length = 292.45079135894775。

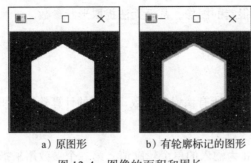

a）原图形　　　　　b）有轮廓标记的图形

图 12-4　图像的面积和周长

12.3.2　外接矩形

有两种类型的边界外接矩形：直角矩形和旋转矩形。

1. 直角矩形

取轮廓点集最上面的点、最下面的点、最左边的点和最右边的点作为外接矩形的四个点的坐标，形成的矩形不一定是最小外接矩形，其边与坐标轴平行或者垂直。获得外接矩形数据点的函数语法格式为：

```
x, y, w, h = cv2.boundingRect(cnt)
```

其中，输出参数 x、y、w、h 分别表示外接矩形的 x 轴和 y 轴的坐标，以及矩形的宽和高，(x, y) 为矩形左上角的坐标，(w, h) 是矩形的宽和高。输入参数 cnt 表示输入的轮廓值。

根据函数 cv2.boundingRect() 获得的坐标值，在图像上画出矩形的函数的语法格式为：

```
img = cv2.rectangle(img, (x, y), (x+w, y+h), (0, 255, 0), 2)
```

其中，输入参数 img 表示传入的图像，(x, y) 表示矩形左上角的坐标位置，(x+w, y+h) 表示矩形右下角的坐标位置，(0, 255, 0) 表示颜色，2 表示线条的粗细。

2. 旋转矩形

由上述 cv2.boundingRect() 和 cv2.rectangle() 函数画出的矩形不一定是最小面积的矩形，要想获得最小外接矩形，就要考虑矩形的旋转。求解最小外接矩形的方法就是将图像沿逆时针或者顺时针按照一定的度数进行旋转，每旋转一次，就求解一次轮廓的外接矩形的面积，记录每次旋转的角度、左上角点坐标、矩形长和宽，根据三角函数可以得到旋转后的角点坐标，等旋转完成一圈后，面积最小的即为最小外接矩形。使用的函数语法格式为：

```
min_rect = cv2.minAreaRect(cnt)
```

其中，输入参数 cnt 就是轮廓的点集。返回的是一个 Box2D 结构，其中包含矩形左上角的坐标 (x，y)，矩形的宽和高 (w，h)，以及旋转角度 θ，即 min_rect = ((x,y),(h,w), θ)。

要绘制这个矩形，可使用函数 cv2.boxPoints() 实现，其程序为：

```
rect = cv2.minAreaRect(cnt)
box = cv2.boxPoints(rect)
box = np.int0(box)
cv2.drawContours(img,[box],0,(0,0,255),2)
```

【例 12.5】求图形轮廓的外接直角矩形和旋转矩形，程序如下：

```
import cv2
import numpy as np

img = cv2.imread('D:/pics/contour3.png')
gray = cv2.cvtColor(img, cv2.COLOR_BGR2GRAY)
ret, thresh = cv2.threshold(gray, 127, 255, cv2.THRESH_BINARY)
contours, h = cv2.findContours(thresh, cv2.RETR_TREE, cv2.CHAIN_APPROX_NONE)

draw_img = img.copy()
# 画出原始图像的轮廓
ret = cv2.drawContours(draw_img, contours, 0, (0, 0, 255), 2)
cnt = contours[0]                        # 取出单个轮廓值
# 根据坐标在图像上画出直角矩形
x,y,w,h = cv2.boundingRect(cnt) # 获得外接矩形
img_rect = cv2.rectangle(draw_img, (x, y), (x+w, y+h), (0, 255, 255), 2)

# 根据坐标在图像上画出旋转矩形
rect = cv2.minAreaRect(cnt)           # 获取最小外接矩形，中心点坐标，宽高，旋转角度
# 获取矩形四个顶点，浮点型
box = cv2.boxPoints(rect)
box = np.int0(box)
min_rect = cv2.drawContours(ret,[box],0,(0,255,0),2)

cv2.imshow('Rectangles', min_rect)
cv2.waitKey(0)
cv2.destroyAllWindows()
```

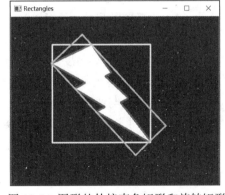

程序运行的结果如图 12-5 所示。两个矩形都显示在一张图像中，其中黄色矩形为外接直角矩形，绿色矩形是最小外接旋转矩形。

12.3.3　最小外接圆和椭圆

1. 最小外接圆

最小外接圆是一个以最小面积完全覆盖物体的圆。可使用函数 cv2.minEnclosingCircle() 查找图像轮廓外接圆的位置信息，获得外接圆的坐标和半径。该函数的语法格式如下：

图 12-5　图形的外接直角矩形和旋转矩形（见彩插）

```
(x, y), radius = cv2.minEnclosingCircle(cnt)
```

其中，输出参数 (x, y) 表示外接圆的圆心坐标，radius 表示外接圆的半径，输入参数 cnt 表示图像的轮廓。

根据给定的圆心和半径，利用函数 cv2.circle() 画出外接圆。该函数的语法格式为：

```
cv2.circle(img, center, radius, color[, thickness[, lineType[, shift]]])
```

其中，输入参数如下：

- img：输入的图形。
- center：圆心位置。
- radius：圆的半径。
- color：圆的颜色。
- thickness：圆形轮廓的粗细（为正）。负厚度表示要绘制实心圆。

- lineType：圆边界的类型。
- shift：中心坐标和半径值中的小数位数。

2. 内接椭圆

OpenCV 中通过最小二乘法把一个椭圆拟合到一个物体上，其椭圆就是旋转矩形的内切圆。函数 fitEllipse 的语法格式为：

```
ellipse = cv2.fitEllipse(cnt)
```

其中，输入参数 cnt 的类型是 numpy.array（[[x,y],[x1,y1]...]），并不是把所有点都包括在椭圆里面，而是拟合出一个椭圆尽量使得点都在圆上。输出参数 ellipse 是椭圆长短轴的长度。

使用 cv2.ellipse 画椭圆，该函数的语法格式为：

```
cv2.ellipse(img, center, axes, angle, startAngle, endAngle, color[, thickness[,
    lineType[, shift]]])
```

其输入和输出参数如下：

- img：图像。
- center：中心坐标。
- axes：椭圆的尺寸（长短轴）。
- angle：旋转角度。
- startAngle：起始角度。
- endAngle：终止角度。

后面参数都是与线条有关的。

【**例 12.6**】求图形轮廓的最小外接圆和内接椭圆，程序如下：

```
import cv2
import numpy as np

img = cv2.imread('D:/pics/contour3.png')
gray = cv2.cvtColor(img, cv2.COLOR_BGR2GRAY)
ret, thresh = cv2.threshold(gray, 127, 255, cv2.THRESH_BINARY)
contours, h = cv2.findContours(thresh, cv2.RETR_TREE, cv2.CHAIN_APPROX_NONE)

# 画出图像的轮廓
draw_img = img.copy()
ret = cv2.drawContours(draw_img, contours, 0, (0, 0, 255), 2)
# 取出单个的轮廓值
cnt = contours[0]
# 获得轮廓外接圆的位置信息
(x, y), radius = cv2.minEnclosingCircle(cnt)
centers = (int(x), int(y))
radius = int(radius)
cv2.circle(ret, centers, radius, (0, 255, 255), 2)    # 画出外接圆的轮廓
ellipse = cv2.fitEllipse(cnt)                          # 画出内接椭圆
cv2.ellipse(ret,ellipse,(0,255,0),2)

cv2.imshow('Result',ret)
cv2.waitKey(0)
cv2.destroyAllWindows()
```

程序运行的结果如图 12-6 所示。两个圆形都显示在一张图像中。黄色显示的外接圆，绿色显示的是内接椭圆。

12.3.4　近似轮廓

有时我们获取的图像边缘并不是平坦的，可能有凹陷或凸起，这时就不能得到一个完美的矩形，可以利用 cv2.aprroxPolyDP() 函数来近似这个形状，即将轮廓形状近似到另外一种由更少点组成的轮廓形状，新轮廓点的数目由我们设定的准确度来决定。cv2. aprroxPolyDP() 函数的语法格式如下：

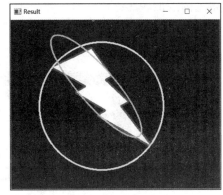

图 12-6　图形的最小外接圆和内接椭圆（见彩插）

```
cv2.aprroxPolyDP(cnt, epsilon, True)
```

其中，第一个参数 cnt 为输入的轮廓值；第二个参数 epsilon 为阈值 T，表示多边形的轮廓接近实际轮廓的程度，通常使用轮廓的周长作为阈值，值越小越精确，也越近似轮廓边界；第三个参数 True 表示轮廓是闭合的。

【例 12.7】获得轮廓的近似值，并使用 cv2.drawCountors 进行画图操作，程序如下：

```
import cv2
import numpy as np

# 1.先找到轮廓
img = cv2.imread('D:/pics/contour6.png',0)
_, thresh = cv2.threshold(img, 0, 255, cv2.THRESH_BINARY + cv2.THRESH_OTSU)
contours, hierarchy = cv2.findContours(thresh, 3, 2)
cnt = contours[0]

# 2.进行多边形逼近，得到多边形的角点
epsilon1 = 0.1*cv2.arcLength(cnt,True)
epsilon2 = 0.01*cv2.arcLength(cnt,True)
epsilon3 = 0.001*cv2.arcLength(cnt,True)

approx1 = cv2.approxPolyDP(cnt, epsilon1, True)
approx2 = cv2.approxPolyDP(cnt, epsilon2, True)
approx3 = cv2.approxPolyDP(cnt, epsilon3, True)

# 3.画出多边形
image = cv2.cvtColor(img, cv2.COLOR_GRAY2BGR)
cv2.imshow('Orignal', img)
image1 = cv2.drawContours(image,[approx1], 0, (0, 0, 255), 2)    # 红色
cv2.imshow('approxPloyDP 10%', image1)
image2 = cv2.drawContours(image,[approx2], 0, (255, 0, 0), 2)    # 蓝色
cv2.imshow('approxPloyDP !%', image2)
image3 = cv2.drawContours(image,[approx3], 0, (0, 255, 255), 2)# 黄色
cv2.imshow('approxPloyDP 0.1%', image3)

print(len(approx1),len(approx2),len(approx3))                    # 角点的个数
cv2.waitKey(0)
cv2.destroyAllWindows()
```

输出图像的近似轮廓如图 12-7 所示，打印出的角点个数为 4、24、45。其中，图 12-7a 为原图像；图 12-7b 为 epsilon = 10% 周长时得到的近似轮廓，角点的个数为 4；图 12-7c 为

epsilon = 1% 周长时得到的近似轮廓，角点的个数为 24；图 12-7d 为 epsilon = 0.1% 周长时得到的近似轮廓，角点的个数为 45。可以看到，cv.approxPolyDP 函数中的参数 epsilon 越小，得到的多边形角点越多，对原图像的多边形近似效果越好。

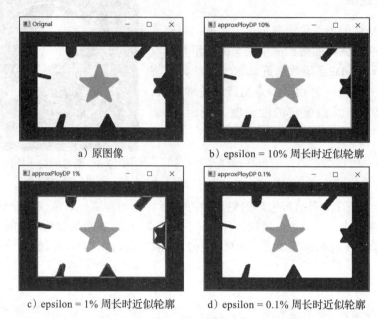

a）原图像　　　　　　　　　b）epsilon = 10% 周长时近似轮廓

c）epsilon = 1% 周长时近似轮廓　　　d）epsilon = 0.1% 周长时近似轮廓

图 12-7　不同 epsilon 阈值得到的近似轮廓

12.3.5　轮廓凸包

轮廓凸包就是给定二维平面上的点集，将最外层的点连接起来构成的凸多边形，它能包含点集中所有的点。凸包的计算函数的语法格式为：

```
hull = cv2.convexHull(points, clockwise, returnpoints)
```

其中，输出参数 hull 为凸包结果，$n*1*2$ 数据结构，n 为外包围圈点数。第一个输入参数 points 是传入的轮廓坐标点，通常为 $1*n*2$ 结构，n 为所有坐标点的数目；第二个参数 clockwise 为方向标记，TRUE 为顺时针，否则为逆时针；第三个输入参数 returnpoints 默认为 TRUE，返回凸包上点的坐标，如果设置为 FALSE，会返回与凸包点对应的轮廓上的点。一般直接写为 hull = cv2.convexHull(points) 即可。但是，如果要查找凸度缺陷，则需要传递参数 returnPoints = False。

【例 12.8】求图形的轮廓凸包点和画线标记，程序如下：

```
import cv2

img = cv2.imread('D:/pics/contour2.png', 1)
gray = cv2.cvtColor(img, cv2.COLOR_BGR2GRAY)
ret, thresh = cv2.threshold(gray, 127, 255, cv2.THRESH_BINARY)
contours, hierarchy = cv2.findContours(thresh, 2, 1)
cnt = contours[0]

# 寻找凸包并绘制凸包（轮廓）
hull = cv2.convexHull(cnt, True, False)
```

```
# 绘制凸包外连接线
length = len(hull)
for i in range(len(hull)):
    cv2.line(img, tuple(hull[i][0]), tuple(hull[(i+1)%length][0]), (0,255,0), 2)
# 显示凸包坐标点
cv2.drawContours(img,hull,-1,(0,0,255),3)

cv2.imshow('line & points', img)
cv2.waitKey()
cv2.destroyAllWindows()
```

输出结果如图 12-8 所示，凸包坐标点用红色标记，连线用绿色标记。

使用函数 cv2.isContourConvex() 可以检查曲线是否凸出，有凸出返回 True，无凸出则返回 False。代码如下：

```
k = cv2.isContourConvex(cnt)
print("是否凸性: ", k)
```

图 12-8　凸包点和连线（见彩插）

12.3.6　拟合直线

可以根据一组点拟合出一条直线，也可以为图像中的白色点拟合出一条直线。在 OpenCV 中，拟合函数 cv2.fitline() 的调用形式如下：

```
[vx, vy, x, y] = cv2.fitLine(points, distType, param, reps, aeps)
```

其输入和输出参数如下：

- points：待拟合直线的集合，矩阵形式。
- distType：距离类型。fitline 为距离最小化函数，拟合直线时，要使输入点到拟合直线的距离和最小化。这里的距离类型有以下几种：
  - cv2.DIST_USER：用户自定义距离。
  - cv2.DIST_L1：distance = $|x1-x2| + |y1-y2|$。
  - cv2.DIST_L2：欧氏距离，此时与最小二乘法相同。
  - cv2.DIST_C：distance = $\max(|x1-x2|, |y1-y2|)$。
  - cv2.DIST_L12：L1-L2 metric: distance = $2(\sqrt{1+x*x/2} - 1))$。
  - cv2.DIST_FAIR：distance = $c^2(|x|/c-\log(1+|x|/c))$, c = 1.3998。
  - cv2.DIST_WELSCH：distance = $c^{2/2(1-\exp(-(x/c)}2))$, c = 2.9846。
  - cv2.DIST_HUBER：distance = $|x|<c ? x^2/2 : c(|x|-c/2)$, c=1.345。
- param：距离参数，与所选的距离类型有关，值可以设置为 0。
- reps, aeps：这两个参数用于表示拟合直线所需的径向和角度精度参数，通常情况下两个值均被设定为 1e-2。
- 输出参数 [vx, vy, x, y]：vx, vy 代表拟合出的直线方向的角度，x, y 代表直线上的一点。

【例 12.9】根据图形拟合出图形直线，程序如下：

```
import cv2
import numpy as np
```

```
# 先找到轮廓
img = cv2.imread('D:/pics/contour3.png',1)
gray = cv2.cvtColor(img, cv2.COLOR_BGR2GRAY)
ret, thresh = cv2.threshold(gray, 0, 255, cv2.THRESH_BINARY + cv2.THRESH_OTSU)
contours, hierarchy = cv2.findContours(thresh, 3, 2)
cnt = contours[0]
[vx,vy,x,y] = cv2.fitLine(cnt, cv2.DIST_L2,0,0.01,0.01)
print([vx,vy,x,y])

rows,cols = img.shape[:2]
lefty = int((-x*vy/vx) + y)
righty = int(((cols-x)*vy/vx)+y)
img = cv2.line(img,(cols-1,righty),(0,lefty),(0,0,255),2)

cv2.imshow('Line', img)
cv2.waitKey()
cv2.destroyAllWindows()
```

程序拟合出的直线如图 12-9 所示。输出显示的 [vx,vy,x,y] 值分别为：[array([0.706464], dtype=float32), array([0.707749], dtype=float32), array([122.86943], dtype=float32), array([116.99682], dtype=float32)]。

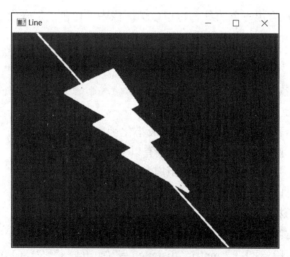

图 12-9　拟合的图形直线

12.3.7　形状特征

1）**长宽比**：即一个图像的长度除以它的宽度所得的比例，OpenCV 中使用如下函数实现：

```
x,y,w,h = cv2.boundingRect(cnt)
aspect_ratio = float(w)/h
```

2）**轮廓面积与边界矩形面积的比**（Extent）：轮廓面积与边界矩形面积的比，使用如下函数实现：

```
area = cv2.contourArea(cnt)
x,y,w,h = cv2.boundingRect(cnt)
```

```
rect_area = w*h
extent = float(area)/rect_area
```

3）**轮廓面积与凸包面积的比**（Solidity）：轮廓面积与凸包面积的比，使用如下函数实现：

```
area = cv2.contourArea(cnt)
hull = cv2.convexHull(cnt)
hull_area = cv2.contourArea(hull)
solidity = float(area)/hull_area
```

4）**求与轮廓面积相等的圆形直径**（Equivalent Diameter）：使用如下函数实现：

```
area = cv2.contourArea(cnt)
equi_diameter = np.sqrt(4*area/np.pi)
```

5）**方向**：图像分析时需要知道物体的具体位置和方向，使用如下函数实现：

```
(x,y),(MA,ma),angle = cv2.fitEllipse(cnt)
```

6）**掩模和像素点**：在需要构成物体对象的所有像素点时，使用如下函数实现：

```
mask = np.zeros(imgray.shape,np.uint8)
cv2.drawContours(mask,[cnt],0,255,-1)    # 使用参数 -1，绘制填充的轮廓
pixelpoints = np.transpose(np.nonzero(mask))
```

7）**最大值和最小值及它们的位置**：使用掩模图像得到最大值和最小值及它们的位置参数为：

```
min_val, max_val, min_loc, max_loc = cv2.minMaxLoc(imgray,mask = mask)
```

8）**平均颜色及平均灰度**：使用相同的掩模可以求得一个对象的平均颜色或平均灰度为：

```
mean_val = cv2.mean(im,mask = mask)
```

9）**极点**：获得图形对象的最上面、最下面、最左边、最右边点的函数如下：

```
leftmost = tuple(cnt[cnt[:,:,0].argmin()][0])
rightmost = tuple(cnt[cnt[:,:,0].argmax()][0])
topmost = tuple(cnt[cnt[:,:,1].argmin()][0])
bottommost = tuple(cnt[cnt[:,:,1].argmax()][0])
```

10）**点到轮廓的距离**：获得图形中点与轮廓之间的最短距离的函数为：

```
dist = cv2.pointPolygonTest(cnt, (x, y), True)
```

其中，第一个参数 cnt 为输入的轮廓值；第二个输入参数 (x, y) 为点的坐标；第三个输入参数为 True 时表示计算距离值，点在轮廓外面值为负，点在轮廓上值为 0，点在轮廓内值为正；当第三个输入参数为 False 时，返回 -1、0、1，表示点相对轮廓的位置，不计算距离。

12.4　图像特征矩

对于一幅图像，我们把像素的坐标看作一个二维随机变量 (X, Y)，那么一幅灰度图像可以用二维灰度密度函数来表示，每个像素点的值可以看作该处的密度，对某点求期望就是该

图像在该点处的矩（原点矩）。一阶矩和零阶矩可以计算某个图像形状的重心，二阶矩可以计算图像形状的方向，因此可以用矩来描述灰度图像的特征。图像的几何矩包括空间矩、中心矩和中心归一化矩。几何矩具有平移、旋转和尺度不变性，通过图像的矩可以计算出图像的质心、面积等。

12.4.1　图像特征矩简介

图像的特征矩信息包含对应目标对象不同类型的几何特征值，如大小、位置、角度、形状等。矩特征被广泛地应用在模式识别、图像分类等方面。

OpenCV 提供了函数 cv2.moments() 来获取图像的矩特征，其语法格式为：

```
retval = cv2.moments( array[, binaryImage] )
```

其中，输入参数如下。

- array：可以是点集，也可以是灰度图像或者二值图像。当 array 是点集时，函数会把这些点集当成轮廓中的顶点，把整个点集作为一条轮廓，而不是把它们当成独立的点。
- binaryImage：该参数为 True 时，array 内所有的非零值都被处理为 1。该参数仅在参数 array 为图像时有效。

函数 cv2.moments() 的输出参数 retval 是特征矩输出值，主要包括：

1）空间矩。

- 零阶矩：m00
- 一阶矩：m10, m01
- 二阶矩：m20, m11, m02
- 三阶矩：m30, m21, m12, m03

2）中心矩。

- 二阶中心矩：mu20, mu11, mu02
- 三阶中心矩：mu30, mu21,mu12, mu03

3）归一化中心矩。

- 二阶 Hu 矩：nu20, nu11, nu02
- 三阶 Hu 矩：nu30, nu21, nu12, nu03

上述矩都是通过数学公式计算得到的抽象特征，但是零阶矩 m00 的含义比较直观，它表示一个轮廓的面积。矩特征函数 cv2.moments() 返回的特征值能够用来比较两个轮廓是否相似。例如，有两个轮廓，不管它们出现在图像的哪个位置，都可以通过函数 cv2. moments() 的 m00 矩判断其面积是否一致。

在位置发生变化时，虽然轮廓的面积、周长等特征不变，但是更高阶的特征会随着位置的变化而发生变化。引入中心矩后，中心矩通过减去均值而获取平移不变性，因而能够比较不同位置的两个对象是否一致。因此，中心矩具有的平移不变性，使它能够忽略两个对象的位置关系，帮助我们比较不同位置上两个对象的一致性。

除了考虑平移不变性外，我们还要考虑经过缩放后大小不一致的目标对象的一致性问题。我们希望图像在缩放前后能够拥有一个稳定的特征值，显然中心矩不具有这个属性，如两个形状一致、大小不一的目标对象的中心矩是有差异的。归一化中心矩通过除以物体总尺寸而获得缩放不变性，它通过 cv2.moments() 函数计算提取目标对象的归一化中心矩属性值，该属性值既具有平移不变性，又具有缩放不变性。在 OpenCV 中，函数 cv2.moments() 同时输出空间矩、中心矩和归一化中心距。

【例 12.10】使用函数 cv2.moments() 提取一幅图像的特征，即空间矩、中心矩和归一化中心矩。程序如下：

```
import cv2
import numpy as np

img = cv2.imread('D:/pics/contours2.png')
cv2.imshow("original",img)
gray = cv2.cvtColor(img,cv2.COLOR_BGR2GRAY)

ret, binary = cv2.threshold(gray,127,255,cv2.THRESH_BINARY)
contours, hierarchy = cv2.findContours(binary,cv2.RETR_LIST,cv2.CHAIN_APPROX_SIMPLE)

n=len(contours)
contoursImg=[]
for i in range(n):
    temp=np.zeros(image.shape,np.uint8)
    contoursImg.append(temp)
    contoursImg[i]=cv2.drawContours(contoursImg[i],contours,i, (0,255,255) ,3)
    cv2.imshow("contours[" + str(i)+"]",contoursImg[i])

print("各轮廓的矩（moments）如下：")
for i in range(n):
    print("轮廓"+str(i)+"的矩:\n",cv2.moments(contours[i]))

print("各轮廓的面积如下：")
for i in range(n):
    print("轮廓"+str(i)+"的面积:%d" %cv2.moments(contours[i])['m00'])

cv2.waitKey(0)
cv2.destroyAllWindows()
```

在实例中，使用函数 cv2.moments() 提取各个轮廓的特征值，通过 cv2.moments(contours[i])['m00']) 语句提取各个轮廓矩的面积信息。运行程序，会显示如图 12-10 所示的图像。同时程序输出各轮廓的矩值和面积。

各轮廓的矩（moments）如下。

- 轮廓 0 的矩

{'m00': 11525.0, 'm10': 5244003.0, 'm01': 3636490.5, 'm20': 2397253322.1666665, 'm11': 1654642234.5833333, 'm02': 1157577087.0, 'm30': 1100945113725.5, 'm21': 756405574513.25, 'm12': 526709691329.4167,'m03': 371658202723.25, 'mu20':11173715.745061398, 'mu11': -1330.8371872901917, 'mu02': 10152951.937939167, 'mu30': -101977.62060546875, 'mu21': -63172.13971328735, 'mu12': 100196.60257816315, 'mu03': 41644.57598876953, 'nu20': 0.08412319343546396, 'nu11':-1.0019431019354824e-05, 'nu02': 0.07643820187512136, 'nu30': -7.151588863331995e-06, 'nu21': -4.430199176682604e-06, 'nu12': 7.026687844717826e-06, 'nu03': 2.920492595249822e-06}

- 轮廓 1 的矩

{'m00': 7062.5, 'm10': 1861003.8333333333, 'm01': 1507184.1666666665, 'm20': 495515231.75, 'm11': 397132802.125, 'm02': 326863087.0833333, 'm30': 133274943683.95001,'m21': 105738333686.48334, 'm12': 86122659797.48334, 'm03': 71979581754.45,'mu20':5131477.034055054, 'mu11': -17712.8068190217, 'mu02': 5220026.941642106,'mu30': -120758.3695526123, 'mu21': 1443855.2641823292, 'mu12': 172701.79757094383, 'mu03': -3137315.5422973633, 'nu20': 0.1028787000327428, 'nu11':-0.0003551161833870746,'nu02': 0.10465399773360318, 'nu30': -2.8808529356439663e-05, 'nu21': 0.0003444510464885352, 'nu12': 4.120033107158499e-05, 'nu03':-0.0007484487181760963}

- 轮廓 2 的矩

{'m00': 9280.0, 'm10': 1057920.0, 'm01': 770240.0, 'm20': 131008853.33333333, 'm11':87807360.0, 'm02': 68879253.33333333, 'm30': 17307571200.0, 'm21': 10873734826.666666, 'm12': 7852234880.0, 'm03': 6538567360.0, 'mu20': 10405973.333333328,'mu11':0.0, 'mu02': 4949333.333333328, 'mu30': 0.0, 'mu21': -2.384185791015625e-07,'mu12':5.960464477539062e-07, 'mu03': 9.5367431640625e-07, 'nu20': 0.12083333333333328, 'nu11': 0.0, 'nu02': 0.057471264367816036, 'nu30': 0.0,'nu21': -2.873890090203737e-17, 'nu12':7.184725225509342e-17, 'nu03': 1.1495560360814947e-16}

各轮廓的面积如下：
- 轮廓 0 的面积：11525
- 轮廓 1 的面积：7062
- 轮廓 2 的面积：9280

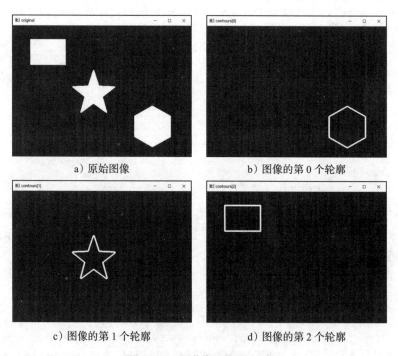

a）原始图像　　　　　　　　b）图像的第 0 个轮廓

c）图像的第 1 个轮廓　　　　　d）图像的第 2 个轮廓

图 12-10　图像各目标的轮廓

12.4.2　Hu 矩

Hu 矩是归一化中心矩的线性组合。Hu 矩在对图像进行旋转、缩放、平移等操作后，仍能保持矩的不变性，经常使用 Hu 矩来识别图像的特征。

可以从图像归一化的二阶和三阶矩推导出 7 个 Hu 矩计算公式，如下式所示：

$$h_1 = m_{20} + m_{02}$$

$$h_2 = (m_{20} - m_{02})^2 + m_{11}^2$$

$$h_3 = (m_{30} - 3m_{12})^2 + (3m_{21} - m_{03})^2$$

$$h_4 = (m_{30} + m_{12})^2 + (m_{21} + m_{03})^2$$

$$h_5 = (m_{30} - 3m_{12})(m_{30} - 3m_{12})[(m_{30} + m_{12})^2 - 3(m_{21} + m_{03})^2] + (3m_{21} - m_{03})(m_{21} + m_{03})$$
$$[3(m_{30} + m_{12})^2 - (m_{21} + m_{03})^2]$$

$$h_6 = (m_{30} - m_{02})[(m_{30} + m_{12})^2 - (m_{21} - m_{03})^2] + 4m_{11}(m_{30} + m_{12})(m_{21} + m_{03})$$

$$h_7 = (3m_{21} - m_{03})(m_{30} + m_{12})[(m_{30} + m_{12})^2 - 3(m_{21} + m_{03})^2] - (m_{30} - 3m_{12})(m_{21} + m_{03})$$
$$[3(m_{30} + m_{12})^2 - (m_{21} + m_{03})^2]$$

在 OpenCV 中，使用函数 cv2.HuMoments() 可以得到 Hu 矩。函数 cv2.HuMoments() 的返回值参数为 7 个 Hu 矩值，其语法格式为：

```
hu = cv2.HuMoments( m )
```

其中，输出参数 hu 表示返回的 Hu 矩阵，输入参数 m 是 cv2.moments() 计算得到的矩特征值。

Hu 矩是归一化中心矩的线性组合，每一个矩都是通过归一化中心矩的组合运算得到的，函数 cv2.moments() 返回的归一化中心矩中包含：

- 二阶 Hu 矩：m20, m11, m02
- 三阶 Hu 矩：m30, m21, m12, m03

【例 12.11】计算 4 种不同形状图像的 Hu 矩，并比较它们的差值。程序如下：

```
import cv2

img1 = cv2.imread('d:/pics/heart1.png')
gray1 = cv2.cvtColor(img1,cv2.COLOR_BGR2GRAY)
HuM1 = cv2.HuMoments(cv2.moments(gray1)).flatten()
print("\nHuM1 = ",HuM1)

img2 = cv2.imread('d:/pics/heart2.png')
gray2 = cv2.cvtColor(img2,cv2.COLOR_BGR2GRAY)
HuM2 = cv2.HuMoments(cv2.moments(gray2)).flatten()
print("\nHuM2 = ",HuM2)

img3 = cv2.imread('d:/pics/heart3.png')
gray3 = cv2.cvtColor(img3,cv2.COLOR_BGR2GRAY)
HuM3 = cv2.HuMoments(cv2.moments(gray3)).flatten()
print("\nHuM3 = ",HuM3)

img4 = cv2.imread('d:/pics/heart4.png')
gray4 = cv2.cvtColor(img3,cv2.COLOR_BGR2GRAY)
HuM4 = cv2.HuMoments(cv2.moments(gray4)).flatten()
print("\nHuM4 = ",HuM4)

# 计算 Hu 矩的差值
print("\nHuM1-HuM2=",HuM1-HuM2)
print("\nHuM2-HuM3=",HuM2-HuM3)
print("\nHuM3-HuM4=",HuM3-HuM4)

cv2.imshow("image1", img1)
```

```
cv2.imshow("image2", img2)
cv2.imshow("image3", img3)
cv2.imshow("image4", img4)

cv2.waitKey(0)
cv2.destroyAllWindows()
```

程序运行的结果如图 12-11 所示，图中显示出了 4 幅大小、位置和形状不同的图形，并输出了它们的 Hu 矩值，列成表格形式如表 12-2 所示。

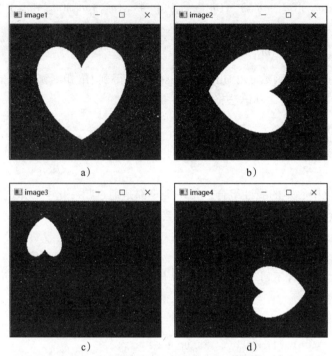

c)   d)

图 12-11　大小、位置和形状不同的 4 幅图形

表 12-2　不同形状图形的 Hu 矩值

	HuM1	HuM2	HuM3	HuM4
H1	6.67160100e-04	6.70139463e-04	6.57820304e-04	6.57820304e-04
H2	1.66216955e-09	5.55801022e-09	2.28088891e-10	2.28088891e-10
H3	4.55809774e-11	4.63720459e-11	3.77019212e-11	3.77019212e-11
H4	5.44173360e-13	7.70626546e-13	1.32673473e-13	1.32673473e-13
H5	−2.70993998e-24	−4.60666585e-24	−2.96594585e-25	−2.96594585e-25
H6	−2.21837171e-17	−5.74502384e-17	2.00369809e-18	2.00369809e-18
H7	3.58783834e-26	−2.68286695e-26	8.88240880e-27	8.88240880e-27

它们的 Hu 之间的差值如下：

```
HuM1-HuM2 = [-2.97936322e-06  -3.89584067e-09  -7.91068532e-13  -2.26453186e-13
    1.89672586e-24   3.52665213e-17   6.27070529e-26]
HuM2-HuM3 = [ 1.23191592e-05   5.32992133e-09   8.67012469e-12   6.37953073e-13  -4.31007126e
```

```
    -24 -5.94539365e-17 -3.57110783e-26]
HuM3-HuM4 = [0. 0. 0. 0. 0. 0. 0.]
```

由表 12-2 可以看出，将图 image1 的 Hu 矩值与图 image2 的 Hu 矩值相减，得到 HuM1-HuM2 的差值；将图 image2 的 Hu 矩值与图 image3 的 Hu 矩值相减，得到 HuM2-HuM3 的差值。如果将它们的差值误差设定小于 1e-5，那么它们的差值将为 0，表明它们是同一个目标对象。将图 12-11c 的 Hu 矩值与图 12-11d 的 Hu 矩值相减，得到 HuM3-HuM4 的差值为0，表明图 12-11c 与图 12-11d 是同一个目标。这说明 Hu 矩在图像进行旋转、缩放、平移等操作后，仍能保持矩的不变性，可以用于目标的分类和识别。

12.4.3　形状匹配

前面说过，可以使用 Hu 矩来找出两个图像之间的距离。如果距离小，图像形状的外观差异较小，如果距离大，图像形状的外观差异较大。OpenCV 提供了一个名为 cv2.matchShapes() 的实用函数，它可以获取两幅图像 (或轮廓)Hu 矩值，并使用 Hu 矩查找它们之间的距离。可以利用两个图像的不变矩来进行距离计算，其函数语法格式为：

```
dist = cv2.matchShapes(contour1, contour2, method, parameter)
```

其中，前两个输入参数 contour1 和 contour2 是两个图像的轮廓值，第三个参数 method 是进行距离计算的方法；第四个输入参数 parameter 一般设置为 0。

如果两个图像 (img1 和 img2) 是相似的，那么返回值越小，匹配就越好。

图像形状匹配的步骤如下：

1）将待识别图像变换为灰度图像，然后再变换为二值图像。

2）通过轮廓检索函数 cv.findContours 找到待识别图像的所有轮廓。

3）将模板图像变换为灰度图像，然后再变换为二值图像。

4）通过轮廓检索函数 cv.findContours 找到模板图像中待识别目标对象的外轮廓。

5）将第 2 步得到的轮廓逐一和第 4 步得到的轮廓通过 cv2.matchShapes() 函数进行形状匹配，找到其中的最小值，最小值对应的待识别图像即为匹配得到的模板图像。

6）标出在待识别图像中与模板图像最匹配的图像。

【例 12.12】进行五角星、四角星和六角形三种形状匹配，五角星为模板图像。程序如下：

```
import cv2
import numpy as np

img1 = cv2.imread('D:/pics/star1.png',0)
img2 = cv2.imread('D:/pics/star2.png',0)
img3 = cv2.imread('D:/pics/star3.png',0)

ret, thresh1 = cv2.threshold(img1, 127, 255,0)
ret, thresh2 = cv2.threshold(img2, 127, 255,0)
ret, thresh3 = cv2.threshold(img3, 127, 255,0)

contours,hierarchy = cv2.findContours(thresh1,2,1)
cnt1 = contours[0]
contours,hierarchy = cv2.findContours(thresh2,2,1)
cnt2 = contours[0]
contours,hierarchy = cv2.findContours(thresh3,2,1)
cnt3 = contours[0]
```

```
ret11 = cv2.matchShapes(cnt1,cnt1,1,0.0)
print('Star1 & Satr2 = ',ret11)
ret12 = cv2.matchShapes(cnt1,cnt2,1,0.0)
print('Star1 & Satr2 = ',ret12)
ret13 = cv2.matchShapes(cnt1,cnt3,1,0.0)
print('Star1 & Satr3 = ',ret13)
ret23 = cv2.matchShapes(cnt2,cnt3,1,0.0)
print('Star2 & Satr3 = ',ret23)

cv2.imshow('Satr1', img1)
cv2.imshow('Satr2', img2)
cv2.imshow('Satr3', img3)

cv2.waitKey(0)
cv2.destroyAllWindows()
```

程序运行的结果如图 12-12 所示，Star1 & Satr1、Star1 & Satr2、Star1 & Satr3 和 Star2 & Satr3 的匹配度数据如下所示。从数据上可以看出，五角星与它本身的匹配度最高，五角星与四角星、四角星与六角星的匹配度次之，匹配度最差的是五角星与六角星。

```
Star1 & Satr1 =  0.0
Star1 & Satr2 =  0.2448418720508366
Star1 & Satr3 =  0.34405236724255
Star2 & Satr3 =  0.29230866027893376
```

a) 五角星   b) 四角星   c) 六角星

图 12-12   三种星形的匹配

【例 12.13】利用 cv2.matchShapes() 函数实现数字 0～9 的识别，模板数字为 5 (或其他数字)，如图 12-13 所示，程序如下：

a) 待识别图像数字   b) 模板图像

图 12-13   0～9 数字图像及模板图像

```
import cv2
import numpy as np

img = cv2.imread('d:/pics/digital0_9.png', 0)  # 载入原图像
image1 = cv2.cvtColor(img,cv2.COLOR_GRAY2BGR)

# 二值化图像
ret, thresh = cv2.threshold(img, 0, 255, cv2.THRESH_BINARY + cv2.THRESH_OTSU)
```

```
# 搜索轮廓
contours, hierarchy = cv2.findContours(thresh, 3, 2)
hierarchy = np.squeeze(hierarchy)

# 载入标准模板图
img_a = cv2.imread('d:/pics/digital5.png', 0)
ret1, th = cv2.threshold(img_a, 0, 255, cv2.THRESH_BINARY + cv2.THRESH_OTSU)
contours1, hierarchy1 = cv2.findContours(th, 3, 2)
template_a = contours1[0]   # 数字 5 的轮廓

# 记录最匹配的值的大小和位置
min_pos = 0
min_value = 9
for i in range(len(contours)):
    value = cv2.matchShapes(template_a,contours[i],1,0.0)
    if value < min_value:
        min_value = value
        min_pos = i

# 绘制本条轮廓 contours[min_pos]
cv2.drawContours(image1,[contours[min_pos]],0,[ 0,0,255],2)
cv2.imshow('result',image1)
cv2.waitKey(0)
cv2.destroyAllWindows()
```

程序运行结果如图 12-14 所示，有红色轮廓的数字 5 是匹配出的数字。

图 12-14　数字匹配结果（见彩插）

12.5　图像的角点检测

特征检测是指计算机对一幅图像中最明显的特征进行识别检测并将其勾画出来。特征点是一幅图像中最典型的特征标志之一，它在图像匹配、图像拼接、运动估计及形状描述等方面都具有重要作用。大多数特征检测都会涉及图像的角点、边和斑点的识别或者物体的对称轴的识别。

计算机视觉领域中的图像特征匹配就是以特征点为基础进行的，角点是特征点中最主要的一类，由景物曲率较大处的两条或多条边缘的交点形成，如线段的末端、轮廓的拐角等，反映了图像中的重要信息。角点特征与直线、圆、边缘等特征相比，具有提取过程简单、结果稳定、提取算法适应性强的特点，是图像拼接中特征匹配算法的首选。

本节主要介绍 Harris 角点、SIFT 特征点、SURF 特征点和与之相关的检测方法与技术。

12.5.1　Harris 角点检测

Harris 角点检测的基本思想是使用一个固定窗口在图像上进行任意方向的滑动，比较滑动前与滑动后的情况、窗口中的像素灰度变化程度。如果任意方向上的滑动都有较大灰度变化，那么可以认为该窗口中存在角点。

在 OpenCV 中，函数 cv2.cornerHarris 用于对输入图像进行 Harris 角点检测，其语法格式为：

```
dst = cv2.cornerHarris(src, blockSize, ksize,k[,borderType]])
```

其输入和输出参数如下：

- src：输入的单通道 8 位或者浮点图像，数据类型为 float32。
- blockSize：扫描时窗口的大小。
- ksize：使用 Sobel 算子，该参数定义了角点检测的敏感度，其值是 3~31 之间的奇数。
- k：Harris 角点检测方程中的自由参数，一般取值为 0.04~0.06。
- borderType：像素插值方法。
- dst：输出一幅浮点值图像，大小与输入图像相同，浮点值越高，表明越可能是特征角点。

【例 12.14】使用函数 cv2.cornerHarris 对图像中的角点进行检测，程序如下：

```
import cv2
import numpy as np

img = cv2.imread('d:/pics/jianzhu.jpg')
gray = cv2.cvtColor(img, cv2.COLOR_BGR2GRAY)

gray = np.float32(gray)                  # cornerHarris 函数图像格式要求为 float32
dst = cv2.cornerHarris(src=gray, blockSize=2, ksize=5, k=0.04)
                                         # 求 Harris 角点

# 设一变量 d，阈值为 0.01*dst.max()
# 如果 dst 的像素值大于阈值，那么该图像的像素点设为 True，否则为 False
d = 0.01 * dst.max()
img[dst>d] = [0, 0, 255]                 # 标记红色点

cv2.imshow('corners', img)
cv2.waitKey(0)
cv2.destroyAllWindows()
```

程序运行的结果如图 12-15 所示。

图 12-15   Harris 角点检测图

12.5.2　SIFT 角点检测

上节介绍的 Harris 角点检测方法，在图像旋转的情况下也可以检测到角点，但是如果缩小或扩大图像，可能会丢失图像的某些部分，甚至导致检测到的角点发生改变。这样的损失现象需要一种与图像比例无关的角点检测方法来解决。尺度不变特征变换（Scale-Invariant Feature Transform，SIFT）角点检测方法可以解决这个问题，它使用一个变换来进行特征变换，并且该变换会对不同的图像尺度输出相同的结果。

SIFT 算法利用 DoG（差分高斯）来提取关键点（即特征点）。DoG 的思想是用不同的尺度空间因子（高斯正态分布的标准差 σ）对图像进行平滑，然后比较平滑后图像的区别，差别大的像素就是特征明显的点，可能就是特征点。对于得到的所有特征点，剔除一些不好的特征点，SIFT 算子会把剩下的每个特征点用一个 128 维的特征向量进行描述。

SIFT 算法的步骤为：

1）通过 sift = cv2.xfeatures2d.SIFT_create() 创建 SIFT 对象。

2）通过语句 keypoints, descriptor = sift.detectAndCompute(gray, None) 找到关键点。

3）用关键点绘制函数 cv2.drawKeyPoints() 绘制出关键点的一个个小圆圈。

OpenCV 提供的绘制关键点的函数是 cv2.drawKeyPoints()，其语法格式为：

```
outImage = cv2.drawKeyPoints(image, keypoints, color, flags)
```

其输入和输出参数如下：

- outImage：特征点绘制的输出图像，可以是原图像。
- image：原始图像，可以是三通道或单通道图像。
- keypoints：特征点向量，向量内每一个元素是一个关键点对象，包含特征点的各种属性信息。
- color：颜色设置，通过修改（b、g、r）的值更改画笔的颜色，默认绘制的颜色是随机彩色。
- flags：特征点的标识设置，就是设置特征点的哪些信息需要绘制，哪些不需要绘制。flags 有以下几种模式。
  - cv2.DRAW_MATCHES_FLAGS_DEFAULT：只绘制特征点的坐标点，显示在图像上就是一个个小圆点，每个小圆点的圆心坐标都是特征点的坐标。
  - cv2.DRAW_OVER_OUTIMG：函数不创建输出的图像，而是直接在输出图像变量空间绘制，size 与 type 都是已经初始化好的变量。
  - cv2.NOT_DRAW_SINGLE_POINTS：单点的特征点不被绘制。
  - cv2.DRAW_RICH_KEYPOINTS：绘制特征点时绘制的是一个个带有方向的圆，这种方法同时显示图像的坐标、尺寸和方向，是最能显示特征的一种绘制方式。
  - cv2.DRAW_MATCHES_FLAGS_DRAW_RICH：绘制代表关键点大小的圆圈甚至可以绘制出关键点的方向。

这里的 keypoints 就是关键点，它包含的信息如下。

- angle：角度，表示关键点的方向。为了保证方向不变性，SIFT 算法通过对关键点周围邻域进行梯度运算，求得该点方向，−1 为初值。
- class_id：当要对图像进行分类时，可以用 class_id 对每个特征点进行区分，未设定时为 −1，需要自行设定。

- octave：代表是从金字塔哪一层提取得到的数据。
- pt：关键点的坐标。
- response：响应程度，代表该点为角点的程度。
- size：该点的直径。

【例 12.15】利用 DoG 和 SIFT 算法检测图像中的角点，程序如下：

```
import cv2

img = cv2.imread('d:/pics/jianzhu.jpg')
gray = cv2.cvtColor(img, cv2.COLOR_BGR2GRAY)

# 创建 SIFT 对象
sift = cv2.xfeatures2d.SIFT_create()
# 将图像进行 SIFT 计算，并找出角点 keypoints，descriptor 是描述符
keypoints, descriptor = sift.detectAndCompute(gray, None)
out_img = cv2.drawKeypoints(img,keypoints, cv2.DRAW_MATCHES_FLAGS_DEFAULT,(0,255,0))

cv2.imshow('sift_keypoints', out_img)
cv2.waitKey(0)
cv2.destroyAllWindows()
```

运行程序，输出结果如图 12-16 所示，图中绿色圆圈就是检测出的角点。

图 12-16　SIFT 角点检测图像（见彩插）

12.5.3　SURF 特征检测算法

SIFT 算法对旋转、尺度缩放、亮度变化等保持不变性，对视角变换、仿射变化、噪声也能保持一定程度的稳定性，是一种非常优秀的局部特征描述算法，但是其实时性相对不高。SURF(Speeded Up Robust Feature) 算法改进了特征提取和描述方式，用一种更为高效的方式完成特征点的提取和描述。

SURF 采用 Hessian 算法检测关键点，它通过一个特征向量来描述关键点周围区域的情

况。SURF 算法是通过语句 surf = cv2.xfeatures2d.SURF_create(float(4000)) 创建 SURF 对象的，对象参数 float(4000) 为阈值，阈值越高，识别的特征越小，其余步骤与 SIFT 算法一样。

【**例 12.16**】利用 SURF 特征对图像中的角点进行检测，程序如下：

```python
import cv2
import numpy as np

img = cv2.imread('d:/pics/jianzhu.png')
gray = cv2.cvtColor(img, cv2.COLOR_BGR2GRAY)
# 创建 SURF 对象
surf = cv2.xfeatures2d.SURF_create(np.float(4000))
# 将图像进行 SURF 计算，并找出角点 keypoints, descriptor 是描述符
keypoints, descriptor = surf.detectAndCompute(gray, None)
out_img = cv2.drawKeypoints(img,keypoints,
                            cv2.DRAW_MATCHES_FLAGS_DEFAULT,(51,163,236))

cv2.imshow('surf_keypoints', out_img)
cv2.waitKey(0)
cv2.destroyAllWindows()
```

程序运行的结果如图 12-17 所示，图中黄色圆圈就是检测出的角点。

图 12-17　SURF 特征检测图像（见彩插）

注意：如果在运行语句 surf = cv2.xfeatures2d.SURF_create(np.float(4000)) 时出现报错信息"此算法已获专利，不包括在此配置中"，则是由于使用的 OpenCV 中的 SURF 算法涉及专利，有些 OpenCV 版本没有这个算法，需要将 OpenCV 调低到 3.4.2 或之前的版本。解决的方法是首先卸载当前版本，如 pip uninstall opencv-python、pip uninstall opencv-contrib-python；再重新安装 3.4.2.16 版本 pip install opencv-python==3.4.2.16，pip install opencv-contrib-python==3.4.2.16；最后重启 Anaconda 的 Spider 编辑器，问题就解决了。

12.6　图像匹配

图像匹配是指通过一定的匹配算法在两幅或多幅图像之间识别同名特征数据点。特征点匹配后，会得到两幅图像中相互匹配的特征点对，以及每个特征点对应的特征点描述符。但是，我们得到的特征点对中会有一部分是误匹配点，因此需要进行匹配点对的消除，通过不断优化两幅图像之间的位置关系来验证特征点匹配点对是否正确。

图像匹配可分为以灰度为基础的匹配和以特征为基础的匹配。本节主要介绍基于特征点的 ORB 算法 + 暴力匹配、KNN 最近邻匹配算法和 FLANN 匹配算法。

12.6.1　ORB 特征检测 + 暴力匹配

ORB（Oriented FAST and Rotated BRIEF）是一种快速提取和描述特征点的算法。ORB 算法分为两部分，分别是特征点提取和特征点描述。特征点提取是由 FAST（Features from Accelerated Segment Test）算法发展来的，特征点描述是根据 BRIEF（Binary Robust Independent Elementary Features）特征描述算法改进的。ORB 特征是将 FAST 特征点的检测方法与 BRIEF 特征点描述结合起来，并在它们的基础上做了改进与优化。ORB 算法最大的特点就是计算速度快。图像暴力匹配（Brute Force DMatch）用于比较两个描述符并产生匹配的结果。

使用 ORB 特征检测器和描述符，计算关键点和描述符的函数为 cv2.ORB_create，其语法格式为：

```
orb = cv2.ORB_create()
```

通过暴力匹配 BFMatcher 函数，遍历描述符，确定描述符是否匹配，然后计算匹配距离并排序。暴力匹配函数 cv2.BFMatcher 的语法格式如下：

```
bf = cv2.BFMatcher(normType=cv2.NORM_HAMMING, crossCheck=True)
```

其中输入参数如下：

- normType：包含 NORM_L1、NORM_L2、NORM_HAMMING、NORM_HAMM-ING2。NORM_L1 和 NORM_L2 是 SIFT 和 SURF 描述符的优先选择，NORM_HAM-MING 和 NORM_HAMMING2 用于 ORB 算法。
- crossCheck：如果 crossCheck=False，当它为每个查询描述符找到 k 个最近邻时，False 为默认值。如果 crossCheck=True，那么 $k = 1$ 的 knnMatch 方法将只返回描述符对 (i, j)，这样对于第 i 个查询描述符，匹配器集合中的第 j 个描述符最接近，反之亦然，即 BFMatcher 只返回一致对。当有足够的匹配时，这种技术通常以最少的离群值产生最佳结果。

描述符语句的格式为：

```
matches = bf.match(des1,des2)
matches = sorted(matches, key = lambda x:x.distance)
```

其中 matches 是 DMatch 对象，具有以下属性：

- DMatch.distance：对应特征点之间的欧氏距离，值越小表明匹配度越高。
- DMatch.trainIdx：训练描述符中描述符的索引，特征点在 keypoints2 中的下标号。

- DMatch.queryIdx：查询描述符中描述符的索引，特征点在 keypoints1 中的下标号。
- DMatch.imgIdx：当前匹配点对应训练图像（如果有若干个）的索引，如果只有一个训练图像与查询图像配对，即两两配对，则 imgIdx=0。

【例 12.17】使用 ORB 算法实现特征检测，并通过暴力匹配的方法对两幅图像进行匹配。本例中，我们将使用 ORB 检测关键点，并对检测到的关键点进行勾画，然后将两幅图像的关键点进行暴力匹配，匹配的图像如图 12-18a 和图 12-18b 所示。

a)　　　　　　　　　　b)

图 12-18　待 ORB 检测和匹配的两幅图像

程序如下：

```
import cv2
import numpy as np
from matplotlib import pyplot as plt

# 读取两幅图像
img1 = cv2.imdecode(np.fromfile('d:/pics/paa.jpg',dtype=np.uint8),1)
img1 = cv2.cvtColor(img1, cv2.COLOR_BGR2RGB)
img2 = cv2.imdecode(np.fromfile('d:/pics/pbb.jpg',dtype=np.uint8),1)
img2 = cv2.cvtColor(img2, cv2.COLOR_BGR2RGB)

# 创建 ORB 特征检测器和描述符
orb = cv2.ORB_create()
# 对两幅图像检测特征和描述符
kp1, des1 = orb.detectAndCompute(img1,None)
kp2, des2 = orb.detectAndCompute(img2,None)

# 获得一个暴力匹配器的对象
bf = cv2.BFMatcher(normType=cv2.NORM_HAMMING, crossCheck=True)
# 利用匹配器匹配两个描述符的相近程度
matches = bf.match(des1,des2)
# 按照相近程度进行排序
matches = sorted(matches, key = lambda x:x.distance)

# 画出匹配项，使用 plt 将两个图像的匹配结果显示出来
img3 = cv2.drawMatches(img1=img1,keypoints1=kp1,img2=img2,keypoints2=kp2, matches1to2=
    matches, outImg=img2, flags=2)
plt.imshow(img3) ,plt.axis('off')
plt.show()
```

程序运行的结果如图 12-19 所示，可以看到，两幅图像中的匹配特征点用不同颜色的线连接了起来。

图 12-19　ORB 检测 + 暴力匹配结果 (见彩插)

如果使用 SURF 和 SIFT 算法 + 暴力匹配进行匹配, 可将上述例子改为使用 SURF 和 SIFT 算法, 只需修改以下代码, 即将 orb = cv2.ORB_create() 改为 orb = cv2.xfeatures2d. SURF_create(np.float(4000)) 或 orb = cv2.xfeatures2d.SIFT_create(); 再将 bf = cv2.BFMatcher (normType=cv2.NORM_HAMMING, crossCheck=True) 改为 bf = cv2.BFMatcher(normType=cv2. NORM_L1, crossCheck=True) 即可。

12.6.2　特征匹配关键点的获取

在例 12.17 中, matches 是 DMatch 对象。DMatch 以列表的形式表示, 每个元素代表两图能匹配的点。如果想获取某个点的坐标位置, 需要添加获取图 paa.jpg 的关键点位置和获取图 pbb.jpg 的关键点位置的代码。

由于匹配顺序是 matches = bf.match(des1,des2), 即先 des1 后 des2。因此, kp1 的索引由 DMatch 对象属性为 queryIdx 决定, kp2 的索引由 DMatch 对象属性为 trainIdx 决定。获取两幅图特征匹配关键点的步骤如下。

1) 获取 paa.jpg 的第一个关键点位置:

```
x,y = kp1[matches[0].queryIdx].pt
cv2.rectangle(img1, (int(x),int(y)), (int(x) + 5, int(y) + 5), (0, 255, 0), 2)
cv2.imshow('Paa', img1)
```

2) 获取 pbb.jpg 的第一个关键点位置:

```
x1,y1 = kp2[matches[0].trainIdx].pt
cv2.rectangle(img2, (int(x1),int(y1)), (int(x1) + 5, int(y1) + 5), (0, 255, 0), 2)
cv2.imshow('Pbb', img2)
```

3) 显示两个图像的第一个关键点匹配结果:

```
img3 = cv2.drawMatches(img1=img1,keypoints1=kp1,img2=img2, keypoints2=kp2, matches1to2=
    matches[:1], outImg=img2, flags=2)
```

【例 12.18】获取两幅图第一个匹配关键点的坐标位置, 程序如下:

```
import cv2
from matplotlib import pyplot as plt

# 读取两幅图像
img1 = cv2.imread('d:/pics/paa.jpg')
img1 = cv2.cvtColor(img1, cv2.COLOR_BGR2RGB)
img2 = cv2.imread('d:/pics/pbb.jpg')
```

```
img2 = cv2.cvtColor(img2, cv2.COLOR_BGR2RGB)

# 使用 ORB 特征检测器和描述符，计算关键点和描述符
orb = cv2.ORB_create()
kp1, des1 = orb.detectAndCompute(img1,None)
kp2, des2 = orb.detectAndCompute(img2,None)

# 获得一个暴力匹配器的对象，并利用匹配器匹配两个描述符的相近程度
bf = cv2.BFMatcher(normType=cv2.NORM_HAMMING, crossCheck=True)
matches = bf.match(des1,des2)
matches = sorted(matches, key = lambda x:x.distance)

# 获取图 paa.jpg 的第一个关键点位置
x,y = kp1[matches[0].queryIdx].pt
cv2.rectangle(img1, (int(x),int(y)), (int(x) + 5, int(y) + 5), (0, 255, 255), 2)

# 获取图 pbb.jpg 的第一个关键点位置
x1,y1 = kp2[matches[0].trainIdx].pt
cv2.rectangle(img2, (int(x1),int(y1)), (int(x1) + 5, int(y1) + 5), (0, 255,255), 2)

# 使用 plt 将两个图像的第一个关键点匹配结果显示出来
img3 = cv2.drawMatches(img1=img1,keypoints1=kp1,img2=img2,keypoints2=kp2, matches1to2=
    matches[:1], outImg=img2, flags=5)
plt.imshow(img3) ,plt.axis('off')
plt.show()
```

程序运行的结果如图 12-20 所示，仔细观察可以看到左边图像中"原理后的顿号"与右边图像中"原理后的顿号"相匹配，用红色线条进行了连接。

图 12-20　两幅图特征匹配第一个关键点的匹配（见彩插）

12.6.3　K- 最近邻匹配

K- 最近邻（K-Nearest Neighbor，KNN）匹配算法是从训练集中找到和新数据最接近的 K 条记录，然后根据它们的主要分类来决定新数据的类别。该算法涉及 3 个主要因素：训练集、距离或相似的衡量、K 的大小。KNN 算法的核心思想是如果一个样本在特征空间中的 K 个最相邻的样本中的大多数属于某一个类别，则该样本也属于这个类别，并具有这个类别上样本的特性。该方法在确定分类决策上只依据最邻近的一个或者几个样本的类别来决定待分样本所属的类别。在所有机器学习的算法中，KNN 是最简单的算法。

【例 12.19】使用 K- 最近邻匹配（KNN）进行两幅图像的匹配，程序如下：

```
import numpy as np
import cv2
from matplotlib import pyplot as plt

# 读取图像内容
img1 = cv2.imread('d:/pics/paa.jpg')
img1 = cv2.cvtColor(img1, cv2.COLOR_BGR2RGB)
img2 = cv2.imread('d:/pics/pbb.jpg')
img2 = cv2.cvtColor(img2, cv2.COLOR_BGR2RGB)

# 使用 ORB 特征检测器和描述符，计算关键点和描述符
orb = cv2.ORB_create()
kp1, des1 = orb.detectAndCompute(img1,None)
kp2, des2 = orb.detectAndCompute(img2,None)

# 获得一个暴力匹配器的对象
bf = cv2.BFMatcher(normType=cv2.NORM_HAMMING, crossCheck=True)
# knnMatch 函数参数 k 返回符合匹配的个数，暴力匹配 match 返回最佳匹配结果
matches = bf.knnMatch(des1,des2,k=1)

# 使用 knnMatch 进行匹配，通过 drawMatchesKnn 函数将结果显示
img3 = cv2.drawMatchesKnn(img1=img1,keypoints1=kp1,img2=img2, keypoints2=kp2,
    matches1to2=matches, outImg=img2, flags=2)
plt.imshow(img3) ,plt.axis('off')
plt.show()
```

程序运行的结果如图 12-21 所示。

图 12-21　KNN 图像匹配

12.6.4　FLANN 匹配

FLANN 是快速最近邻搜索（Fast Library for Approximate Nearest Neighbors）包的简称，它是一个对大数据集和高维特征进行最近邻搜索的算法集合，而且这些算法都已经被优化过了。在面对大数据集时，它的效果要好于 BFMatcher。相对暴力匹配 BFMatcher 算法来讲，FLANN 匹配算法更加准确、快速和方便。FLANN 具有一种内部机制，可以根据数据本身选择最合适的算法来处理数据集。值得注意的是，FLANN 匹配器只能使用 SURF 和 SIFT 算法。

使用 FLANN 匹配，需要传入两个字典作为参数，用来确定要使用的算法和其他相关参数。FLANN 匹配器函数 cv2.FlannBasedMatcher 的语法格式如下：

```
flann = cv2.FlannBasedMatcher(indexParams, searchParams)
```

其中，第一个输入参数是 indexParams，配置要使用的算法；第二个参数字典是 searchParams，用来指定递归遍历的次数。值越高结果越准确，但是消耗的时间也越多。如果要修改

这个值，可以传入参数 search_params=dict(checks = 10)。

【**例 12.20**】使用 FLANN 算法匹配两幅图像，程序如下：

```python
import numpy as np
import cv2
from matplotlib import pyplot as plt

img1 = cv2.imread('d:/pics/paa.jpg')
queryImage = cv2.cvtColor(img1, cv2.COLOR_BGR2RGB)
img2 = cv2.imread('d:/pics/pbb.jpg')
trainingImage = cv2.cvtColor(img2, cv2.COLOR_BGR2RGB)

# 只使用 SIFT 或 SURF 检测角点
sift = cv2.xfeatures2d.SIFT_create()
# sift = cv2.xfeatures2d.SURF_create(float(4000))
kp1, des1 = sift.detectAndCompute(queryImage,None)
kp2, des2 = sift.detectAndCompute(trainingImage,None)

# 设置 FLANN 匹配器参数
indexParams = dict(algorithm=0, trees=5)
searchParams = dict(checks=50)
# 定义 FLANN 匹配器
flann = cv2.FlannBasedMatcher(indexParams,searchParams)
# 使用 FLANN 算法实现匹配
matches = flann.knnMatch(des1,des2,k=2)

# 根据 matches 生成相同长度的 matchesMask 列表
matchesMask = [[0,0] for i in range(len(matches))]

# 去除错误匹配
for i,(m,n) in enumerate(matches):
    if m.distance < 0.7*n.distance:
        matchesMask[i] = [1,0]

# 显示匹配图像，matchColor 是两图像的匹配连接线，连接线与 matchesMask 相关
# singlePointColor 勾画关键点
drawParams = dict(matchColor = (0,255,0),
                  singlePointColor = (255,0,0),
                  matchesMask =matchesMask,
                  fags = 0)
resultImage = cv2.drawMatchesKnn(queryImage,kp1,trainingImage,kp2,matches,None,
    **drawParams)
plt.imshow(resultImage,)
plt.show()
```

程序运行的结果如图 12-22 所示。

图 12-22　使用 FLANN 算法匹配两幅图像

12.7   综合实例

本节将根据前面介绍的特征点匹配方法完成三个综合实例。第一个实例是利用 SIFT+KNN 匹配算法实现两幅图像的拼接；第二个实例是利用 SIFT+ 暴力匹配算法实现两幅图像的拼接；第三个实例是根据模板图像的特征点，在较多数量的图像中搜索出与模板图像最接近的图像。

12.7.1   利用 SIFT+KNN 匹配算法实现图像拼接

基于 SIFT 比较最近邻距离与次近邻距离的 SIFT 匹配方式，可以检测出最近邻远优于次近邻的匹配最优特征点，通过 KNN 匹配，根据投影映射关系，使用计算出来的单应性矩阵 H 进行透视变换，最后将图 12-23 所示的两幅图像拼接成一幅图像。

单应性矩阵描述的是针对同一事物，在不同的视角下拍摄的两幅图像之间的关系。假设这两幅图像之间是透视变换，则单应性矩阵就是透视变换矩阵 H。进行透视变换时，由于透视变换会改变图像场景的大小，导致部分图像内容看不到，因此对图像进行扩展时，高度应取最高的，宽度应为两幅图像宽度之和。

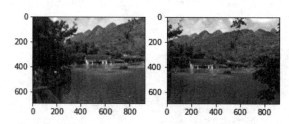

图 12-23　待拼接的两幅图像

【例 12.21】使用 SIFT+KNN 匹配算法实现两幅图像的拼接，程序如下：

```python
import cv2
import matplotlib.pyplot as plt
import numpy as np

#### 第一步：定义检测关键点函数
def detect(image):
    # 创建 SIFT 生成器，descriptor 为一个对象的描述符
    descriptor = cv2.xfeatures2d.SIFT_create()
    # 检测特征点及其描述子（128 维向量）
    kps, features = descriptor.detectAndCompute(image, None)
    return (kps, features)

# 定义查看特征点情况的函数——show_points，
def show_points(image):
    descriptor = cv2.xfeatures2d.SIFT_create()
    kps, features = descriptor.detectAndCompute(image, None)
    print(f" 特征点数: {len(kps)}")
    img_left_points = cv2.drawKeypoints(img_left, kps, img_left)
    plt.figure(), plt.axis('off')
    plt.imshow(img_left_points)
```

查看图像中检测到的特征点，运行下面的第一步主程序部分，显示结果如图 12-24 所示，输出的特征点数为 4971。

```
### 第一步: 主程序部分 ###
if __name__ == '__main__':
    img_left = cv2.imread('d:/pics/IMGL.png', 1)
    img_right = cv2.imread('d:/pics/IMGR.png', 1)
    plt.subplot(121), plt.axis('off')
    plt.imshow(cv2.cvtColor(img_left, cv2.COLOR_BGR2RGB))
    plt.subplot(122), plt.axis('off')
    plt.imshow(cv2.cvtColor(img_right, cv2.COLOR_BGR2RGB))
    plt.show()
    show_points(img_left)
```

a) 待拼接的左图   b) 待拼接的右图   c) 待拼接的左图特征点图像

图 12-24　待拼接的图像和特征点图像

第二步是定义匹配特征点函数, 要使用 KNNMatch 最近邻匹配算法。在例 12.21 的两个函数下面添加 match_keypoints 函数和第二步主程序。

```
def match_keypoints(kps_left,kps_right,features_left,features_right,ratio,threshold):
    # 创建暴力匹配器
    matcher = cv2.DescriptorMatcher_create("BruteForce")
    # 使用 KNN 检测, 匹配 left、right 图像的特征点
    raw_matches = matcher.knnMatch(features_left, features_right, 2)
    print(len(raw_matches))
    matches = []                                              # 记录坐标
    good = []                                                 # 记录特征点
    for m in raw_matches:                                     # 筛选匹配点
        if len(m) == 2 and m[0].distance < m[1].distance * ratio: # 筛选条件
            good.append([m[0]])
            matches.append((m[0].queryIdx, m[0].trainIdx))

    # 特征点对数大于 4, 就可以构建变换矩阵
    kps_left = np.float32([kp.pt for kp in kps_left])
    kps_right = np.float32([kp.pt for kp in kps_right])
    print(len(matches))
    if len(matches) > 4:
        # 获取匹配点坐标
        pts_left = np.float32([kps_left[i] for (i,_) in matches])
        pts_right = np.float32([kps_right[i] for (_,i) in matches])
        # 计算变换矩阵 H
        H,status = cv2.findHomography(pts_right, pts_left, cv2.RANSAC, threshold)
        return (matches, H, good)
    return None
```

查看两幅图像中特征点的连线, 运行下面的第二步主程序部分, 显示结果如图 12-25 所示。其中, 输出左右图的匹配特征点数为 4971, 筛选后匹配点数为 641。

```
### 第二步主程序部分 ###
if __name__ == '__main__':
    img_left = cv2.imread('d:/pics/IMGL.png', 1)
    img_right = cv2.imread('d:/pics/IMGR.png', 1)
    kps_left, features_left = detect(img_left)
    kps_right, features_right = detect(img_right)
    matches, H, good = match_keypoints(kps_left,kps_right,features_left, features_
        right, 0.5,0.99)
    img = cv2.drawMatchesKnn(img_left,kps_left,img_right,kps_right,good[:30],None,
        flags=cv2.DrawMatchesFlags_NOT_DRAW_SINGLE_POINTS)
    plt.figure(figsize=(20,20)),plt.axis('off')
    plt.imshow(img)
```

图 12-25   两幅图像匹配的特征点连线图

第三步是定义变换拼接函数，获取左边图像到右边图像的投影映射关系。透视变换将左图放在相应的位置，将图像拷贝到特定位置完成拼接。

```
def drawMatches(img_left, img_right, kps_left, kps_right, matches, H):
    # 获取图像宽度和高度
    h_left, w_left = img_left.shape[:2]
    h_right, w_right = img_right.shape[:2]
    image = np.zeros((max(h_left, h_right), w_left+w_right, 3), dtype='uint8')
    image[0:h_left, 0:w_left] = img_right
    # 利用获得的单应性矩阵进行变透视换
    image = cv2.warpPerspective(image, H, (image.shape[1], image.shape[0]))#(w,h
    # 将透视变换后的图像与另一张图像进行拼接
    image[0:h_left, 0:w_left] = img_left
    return image


### 第三步主程序部分 ###
if __name__ == '__main__':
    img_left = cv2.imread('d:/pics/IMGL.png', 1)
    img_right = cv2.imread('d:/pics/IMGR.png', 1)
    # 模块一：提取特征
    kps_left, features_left = detect(img_left)
    kps_right, features_right = detect(img_right)
    # 模块二：特征匹配
    matches, H, good = match_keypoints(kps_left,kps_right,features_left,features_
        right,0.5,0.99)
    # 模块三：透视变换 - 拼接
    vis = drawMatches(img_left, img_right, kps_left, kps_right, matches, H)
    # 显示拼接图像
    plt.figure(),plt.axis('off')
    plt.imshow(cv2.cvtColor(vis, cv2.COLOR_BGR2RGB))
    plt.show()
```

第三步是两幅图像的拼接，程序运行的效果如图 12-26 所示。可以看出，除了右边部分有点暗，匹配的效果是不错的。

图 12-26 两幅图像的拼接图

12.7.2 利用 SIFT+ 暴力匹配算法实现图像拼接

本节利用 SIFT+ 暴力匹配算法实现将图 12-27 所示的两幅图像去除相同部分，拼接在一起的效果。其实现步骤如下：

1）读取两张图像。

2）使用 SIFT 检测关键点及描述因子。

3）匹配关键点。

4）处理并保存关键点。

5）得到变换矩阵。

6）图像变换并拼接。

图 12-27 待拼接的两幅图

【例 12.22】使用 SIFT+ 暴力匹配算法实现两幅图像的拼接，程序如下：

```python
import cv2
import numpy as np

# 读取两幅图像
imageL = cv2.imread('d:/pics/building_left.png')
grayL = cv2.cvtColor(imageL, cv2.COLOR_BGR2GRAY)
imageR = cv2.imread('d:/pics/building_right.png')
grayR = cv2.cvtColor(imageR, cv2.COLOR_BGR2GRAY)

# 检测两幅图像关键点以及特征描述因子
sift = cv2.SIFT_create()
kp1, des1 = sift.detectAndCompute(grayL, None)
kp2, des2 = sift.detectAndCompute(grayR, None)

# 进行暴力匹配
matcher = cv2.BFMatcher(cv2.NORM_L2)
rawMatcher = matcher.knnMatch(des1, des2, 2)

# 对匹配得到的特征点进行处理
matchersTrain = []
matchersQuery = []
for matchA, matchB in rawMatcher:
    print(matchA,"第一个 match 的距离 ",matchA.distance)
    print(matchB, "第 2 个 match 的距离 ", matchB.distance)
    print("*"*50)
    # 两个 match 的距离从小到大进行排列
    if matchA.distance < matchB.distance*0.75:
        matchersTrain.append(matchA.trainIdx)
        matchersQuery.append(matchA.queryIdx)


H = 0
# 得到大于 4 个坐标后，计算变换矩阵
if len(matchersTrain) > 4:
    # 获取关键点的列表
    locL = np.float32([kp1[i].pt for i in matchersQuery])
    locR = np.float32([kp2[i].pt for i in matchersTrain])
    # 获取变换矩阵
    H, status = cv2.findHomography(locR, locL, cv2.RANSAC)
    print(H)
else:
    print(" 没有找到足够的点来进行匹配 ")

# 对右边图像进行变换，左边图像为 query，右边为 train
change = cv2.warpPerspective(imageR, H, (imageL.shape[1] + imageR.shape[1], imageL.
    shape[0]))
# 两幅图像合并
change[0:imageL.shape[0], 0:imageL.shape[1]] = imageL
# 显示原图像和合并后图像
cv2.imshow('left', imageL)
cv2.imshow('right', imageR)
cv2.imshow('result', change)
cv2.waitKey(0)
cv2.destroyAllWindows()
```

运行程序的结果如图 12-28 所示。

a）左图像   b）右图像

c）拼接得到的图像

图 12-28 两幅图像的拼接

12.7.3 搜索匹配的图像

在实际中，我们可以根据一幅模板图像在图像集中查找匹配率最高的图像。首先，保存模板图像的特征数据，然后对需要匹配的图像集内的每幅图像进行特征点的提取，最后将模板图像的特征点与图像集中的特征点进行匹配，查找出匹配率最高的图像。我们以图 12-29a 为模板图像，图 12-29b 为图像集，在图像集中查找与模板图像最近似的图像。

a）模板图像

图 12-29 模板图像和图像数据集

b) 图像数据集

图 12-29 （续）

1）根据图 12-29a 的模板图像在图 12-29b 的图像集中查找最佳匹配的图像。首先获取图 12-29b 中图像集的全部图像的特征数据。

【例 12.23】获取图像集中的特征数据，程序如下:

```python
import cv2
import numpy as np
from os import walk
from os.path import join

def create_descriptors(folder):
    files = []
    for (dirpath, dirnames, filenames) in walk(folder):
        files.extend(filenames)
    for f in files:
        if '.jpg' in f:
            save_descriptor(folder, f, cv2.xfeatures2d.SIFT_create())

def save_descriptor(folder, image_path, feature_detector):
    # 判断图像是否为 npy 格式
    if image_path.endswith("npy"):
        return
    # 读取图像并检查特征
    img = cv2.imread(join(folder,image_path), 0)
    keypoints, descriptors = feature_detector.detectAndCompute(img, None)
    # 设置文件名并将特征数据保存到 npy 文件
    descriptor_file = image_path.replace("jpg", "npy")
    np.save(join(folder, descriptor_file), descriptors)

if __name__=='__main__':
    path = 'd:/pics/logopics'
    create_descriptors(path)
```

运行程序，结果如图 12-30 所示。可以看出，多出了好多后缀为 .npy 的文件，图像集的图像特征数据就保存在 npy 文件中。

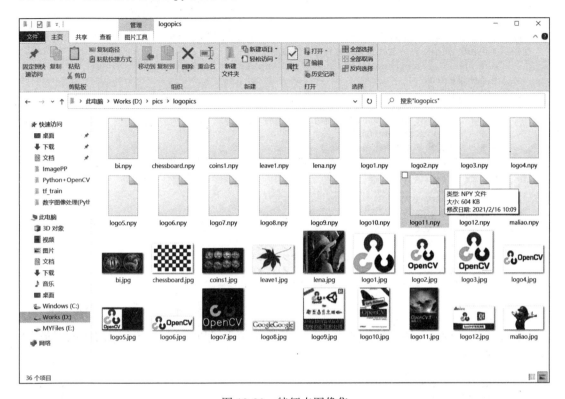

图 12-30 特征点图像集

2）将模板图像的特征值与图像集中的特征数据文件进行匹配，从而找出最佳匹配的图像。

【例 12.24】将模板图像与图像集的数据文件进行匹配，程序如下：

```python
from os.path import join
from os import walk
import numpy as np
import cv2

query = cv2.imread('d:\pics\ lena.jpg', 0)
folder = 'd:/pics/logopics'
descriptors = []
# 获取特征数据文件名
for (dirpath, dirnames, filenames) in walk(folder):
    for f in filenames:
        if f.endswith("npy"):
            descriptors.append(f)
    print(descriptors)

# 使用 SIFT 算法检查图像的关键点和描述符
sift = cv2.xfeatures2d.SIFT_create()
query_kp, query_ds = sift.detectAndCompute(query, None)

# 创建 FLANN 匹配器
```

```
index_params = dict(algorithm=0, trees=5)
search_params = dict(checks=50)
flann = cv2.FlannBasedMatcher(index_params, search_params)

potential_culprits = {}
for d in descriptors:
    # 将图像 query 与特征数据文件的数据进行匹配
    matches = flann.knnMatch(query_ds, np.load(join(folder, d)), k=2)
    # 清除错误匹配
    good = []
    for m, n in matches:
        if m.distance < 0.7 * n.distance:
            good.append(m)
    # 输出每张图像与目标图像的匹配数目
    print("img is %s ! matching rate is (%d)" % (d, len(good)))
    potential_culprits[d] = len(good)

# 获取最多匹配数目的图像
max_matches = None
potential_suspect = None
for culprit, matches in potential_culprits.items():
    if max_matches == None or matches > max_matches:
        max_matches = matches
        potential_suspect = culprit

print("potential suspect is %s" % potential_suspect.replace("npy", "").upper())
```

程序代码运行后，输出结果如下所示。从输出结果可以看到，lena.jpg 的匹配度最高，匹配率达到 215。

```
['bi.npy', 'chessboard.npy', 'coins1.npy', 'leave1.npy', 'lena.npy', 'logo1.npy',
    'logo10.npy', 'logo11.npy', 'logo12.npy', 'logo2.npy', 'logo3.npy', 'logo4.
    npy', 'logo5.npy', 'logo6.npy', 'logo7.npy', 'logo8.npy', 'logo9.npy', 'maliao.
    npy']
img is bi.npy ! matching rate is (0)
img is chessboard.npy ! matching rate is (0)
img is coins1.npy ! matching rate is (8)
img is leave1.npy ! matching rate is (0)
img is lena.npy ! matching rate is (215)
img is logo1.npy ! matching rate is (1)
img is logo10.npy ! matching rate is (0)
img is logo11.npy ! matching rate is (3)
img is logo12.npy ! matching rate is (4)
img is logo2.npy ! matching rate is (0)
img is logo3.npy ! matching rate is (1)
img is logo4.npy ! matching rate is (0)
img is logo5.npy ! matching rate is (4)
img is logo6.npy ! matching rate is (0)
img is logo7.npy ! matching rate is (0)
img is logo8.npy ! matching rate is (2)
img is logo9.npy ! matching rate is (0)
img is maliao.npy ! matching rate is (1)
```

可知，匹配概率最大的是 lena。

12.8 习题

1. 什么是图像特征？图像特征的作用是什么？

2. 图像的几何特征有哪些？举例说明如何求解这些几何特征？

3. 图像的特征矩有哪些？如何利用这些特征矩来识别、分类物体？

4. 如何进行图像的角点检测？编写程序实现 Harris、SIFT 和 SURF 角点检测。

5. 图像匹配的关键点有哪些？如何获取关键点？

6. 编写程序，实现图像的 KNN 和 FLANN 算法的匹配。

第 13 章　综合应用实例

本章从实际应用角度出发，结合前面介绍的图像处理基础知识和例程，给出 6 个应用实例。前 3 个应用实例是将前面学过的图像处理基础综合应用于实际中，后 3 个实例涉及到深度学习的神经网络知识和模式识别，读者可根据自己的具体情况来学习⊖。

13.1　使用 OpenCV 进行车牌提取及识别

要完成车牌定位提取以及车牌字符识别，需要添加如下 2 个库文件。

1. imutils 库

imutils 是 Adrian Rosebrock 开发的一个 Python 工具包，它整合了 OpenCV、Numpy 和 matplotlib 的相关操作，主要是用于图形图像的处理，如图像的平移、旋转、缩放、骨架提取、显示，等等，后期又加入了针对视频的处理，如摄像头、本地文件等。在 cmd 下安装 imutils 库需使用 pip install imutils 命令，在 Anaconda 下安装 win-64 imutils v0.5.3 版本应使用以下命令：

```
conda install -c conda-forge imutils
```

或

```
conda install -c conda-forge/label/cf202003 imutils
```

在 imutil 库中用于车牌检测中的函数是 imutils.grab_contours，它经常和寻找轮廓的 cv2.findContours 函数一起使用，其语法格式为：

```
cnts = cv2.findContours(thresh.copy(), cv2.RETR_EXTERNAL,cv2.CHAIN_APPROX_SIMPLE)
```

其输入参数如下：
- thresh.copy()：输入图像（二值图像，黑色作为背景，白色作为目标）。
- cv2.RETR_EXTERNAL：轮廓检索方式。
- cv2.CHAIN_APPROX_SIMPLE：轮廓近似方法。

再使用 cnts = imutils.grab_contours(cnts) 语句返回 cnts 中的 countors（轮廓）。

2. pytesseract 库

pytesseract 是一款用于光学字符识别（OCR）的 Python 工具，即从图像中识别出其中嵌入的文字。pytesseract 对 Tesseract-OCR 进行了一层封装，也可以单独作为对 Tesseract 引擎的调用脚本，支持使用 PIL 库（Python Imaging Library）读取各种图像文件类型，包括 jpg、png、gif、bmp、tiff 等格式的图像。

在 Anaconda Prompt 下安装 pytesseract 库可使用如下命令：pip install pytesseract。安装 pytesseract 库后还需要安装 Tesseract-OCR.exe，再进行变量配置就可以使用了。

⊖　实例程序在不同的运行环境下有可能出现不同的结果，因此要特别注意运行环境。

在 pytesseract 库中，提供了如下函数将图像转换成字符串，其语法格式如下：

```
image_to_string(image, lang=None, boxes=False, config=None)
```

上述函数用于在指定的图像上运行 tesseract。首先将图像写入磁盘，然后在图像上运行 tesseract 命令进行识别读取，最后删除临时文件。其中，image 表示图像，lang 表示语言，默认使用英文。例如，添加 lang='chi_sim' 表示可以识别简体中文。如果 boxes 设为 True，那么" batch.nochop makebox"被添加到 tesseract 调用中；如果设置了 config，则配置会添加到命令中，例如 config = " - psm 6"。

config 中，psm 参数的设置如下：

- 0：定向脚本监测（OSD）。
- 1：使用 OSD 自动分页。
- 2：自动分页，但是不使用 OSD 或 OCR（Optical Character Recognition，光学字符识别）。
- 3：全自动分页，但是不使用 OSD（默认）。
- 4：假设可变大小的一个文本列。
- 5：假设垂直对齐文本的单个统一块。
- 6：假设一个统一的文本块。
- 7：将图像视为单个文本行。
- 8：将图像视为单个词。
- 9：将图像视为圆中的单个词。
- 10：将图像视为单个字符。

当有多个语言包组合并且视为统一的文本块时，通过" +"来合并使用多个语言包，使用方法如下：

```
pytesseract.image_to_string(image,lang="chi_sim+eng",config="-psm 6")
```

13.1.1　车牌的提取过程

车牌识别系统一般包括 4 个部分：车辆图像获取、车牌定位、车牌字符分割和车牌字符识别。本节只介绍车牌的提取分割过程。

1. 车辆图像获取

车辆图像获取是车牌识别的第一步，也是很重要的一步，获取的车辆图像的好坏对后面的工作有很大的影响。如果车辆图像的质量太差，连人眼都无法分辨，那么肯定无法被机器所识别。车辆图像都是在现场拍摄出来的，实际环境情况比较复杂，图像受天气和光线等因素影响较大，在恶劣的工作条件下系统性能将显著下降。现有的车辆图像获取方式主要有两种：一种是通过彩色摄像机和图像采集卡获取，其工作过程是：当车辆检测器（如地感线圈、红外线等）检测到车辆进入拍摄范围时，向主机发送启动信号，主机通过采集卡采集一幅车辆图像。为了提高系统对天气、环境、光线等的适应性，摄像机一般采用自动对焦和自动光圈的一体机，光照不足时还可以自动补光照明，保证拍摄图像的质量；另一种是通过数码相机获取，其工作过程是：当车辆检测器检测到车辆进入拍摄范围时，给数码相机发送一个信号，数码相机自动拍摄一幅车辆图像，再传到主机上，数码相机的一些技术参数可以通过与其相连的主机进行设置，光照不足时也需要自动开启补光照明，保证拍摄图像的质量。

2. 车牌定位

车牌定位的主要工作是从拍摄到的车辆图像中找到汽车牌照所在位置，并把车牌从该区域中准确地分割出来。因此，牌照区域的确定是影响系统性能的重要因素之一，牌照的定位直接影响到字符分割和字符识别的准确率。目前车牌定位的方法很多，总的来说可以分为以下4类。

1）基于颜色的分割方法：这种方法主要利用颜色空间的信息，实现车牌分割，包括彩色边缘算法、颜色距离和相似度算法等。

2）基于纹理的分割方法：这种方法主要利用车牌区域水平方向的纹理特征进行分割，包括小波纹理、水平梯度差分纹理等。

3）基于边缘检测的分割方法。

4）基于数学形态法的分割方法。

本章采用的是基于边缘检测的分割方法，主要是利用水平投影方法和垂直投影方法进行车牌定位。

3. 车牌字符分割

要识别车牌字符，应先进行车牌字符的正确分割与提取。字符分割的任务是把多列或多行字符图像中的每个字符从图像中分割出来成为单个字符。正确分割车牌字符对字符的识别是很关键的。传统的字符分割算法可以归纳为以下三类：直接分割法、基于识别的分割法、自适应分割线聚类法。直接分割法比较简单，它的局限是分割点的确定需要较高的准确性；基于识别的分割法是把识别和分割结合起来，但是需要识别的高准确性，它根据分类和识别的耦合程度又有不同的划分；自适应分割线聚类法是要建立一个分类器，用它来判断图像的每一列是否是分割线。它是根据训练样本来进行自适应学习的神经网络分类器，但对于粘连字符的训练困难。也有直接把字符组成的单词当作一个整体来识别的方法，诸如运用马尔科夫数学模型等方法进行处理，这些算法主要应用于印刷体文本识别。

4. 字符识别

对于获得的带有字符（数字/字母）的图像，可使用 OCR（光学字符识别）识别出车牌字符的具体文字。

13.1.2 车牌的检测与提取

以汽车图像为例，首先检测该汽车上的车牌，然后使用相同的图像进行字符分割和字符识别。本例使用的车牌图像如图 13-1 所示。

图 13-1　车牌图像

1. 调整图像大小，并灰度化

首先将图像调整为所需大小，从而避免因使用较大分辨率的图像而出现处理时间过长的问题。但是，要确保在调整大小后，车牌仍保留在图像中。在处理图像时，如果不需要处理颜色细节，那么灰度化就必不可少，这样可以加快后续处理的速度。程序如下：

```
img = cv2.resize(img, (640, 480))
gray_img = cv2.cvtColor(img, cv2.COLOR_BGR2GRAY)
```

2. 双边滤波

车牌图像中会包含有用和无用的信息。在这种情况下，只有牌照是有用的信息，其余部分几乎是无用的。这种无用的信息称为噪声。通常，使用双边滤波可以从图像中删除不需要的细节。

```
gray = cv2.bilateralFilter(gray,13,15,15)
```

其中，双边滤波的函数语法为：

```
dst_image = cv2.bilateralFilter(source_image, diameter of pixel, sigmaColor,
    sigmaSpace)
```

可以将 sigmaColor 颜色和 sigmaSpace 空间从 15 增加到更高的值，以模糊更多的背景信息。

3. 边缘检测

可以使用 OpenCV 中的 Canny 算子进行边缘检测，程序语句为 edged = cv2.Canny(gray, 30, 200)。

4. 图像中寻找轮廓

使用以下程序从图像中寻找轮廓：

```
contours = cv2.findContours(edged.copy(), cv2.RETR_TREE, cv2.CHAIN_APPROX_SIMPLE)
contours = imutils.grab_contours(contours)
contours = sorted(contours, key=cv2.contourArea, reverse = True)[:10]
screenCnt = None
```

一旦检测到图像轮廓，我们就将它们从大到小进行排序，并只考虑前 10 个轮廓而忽略其后的轮廓。由于车牌是四边形的矩形，为了获得车牌图像，我们将遍历所有轮廓，并检查其具有四个侧面和闭合图形的矩形轮廓。

```
for c in cnts:
    # 近似轮廓
    peri = cv2.arcLength(c, True)                      # 计算轮廓的周长
    approx = cv2.approxPolyDP(c, 0.018 * peri, True)   # 用于获得轮廓的近似值
    # 参数说明：第一个参数为输入的轮廓值；第二个参数为阈值T，通常使用轮廓的周长作为阈值；第三
        个参数 True 表示轮廓是闭合的
    # 如果近似轮廓有四个点，那么我们已经找到了车牌字符位置
    if len(approx) == 4:
        screenCnt = approx
        break
```

找到正确的车牌字符轮廓后，将其保存为 screenCnt，然后在其周围绘制一个矩形框，以确保我们已正确检测到车牌，如图 13-2 所示。

图 13-2　车牌轮廓图像

5. 提取车牌

对车牌区域进行掩模，去除车牌外的图像部分，只保留车牌所在的区域。程序如下：

```
mask = np.zeros(gray.shape, np.uint8)
new_image = cv2.drawContours(mask, [screenCnt], 0, 255, -1,)
new_image = cv2.bitwise_and(img, img, mask=mask)
```

提取的车牌图像如图 13-3 所示。

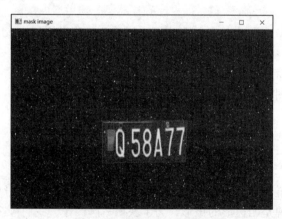

图 13-3　提取的车牌图像

13.1.3　字符分割

车牌识别的下一步是通过裁剪车牌并将其保存为新图像，将车牌从图像中分割出来，然后使用此图像来检测其中的字符。下面是从主图像中裁剪出 ROI（感兴趣区域）图像的代码：

```
(x, y) = np.where(mask == 255)
(topx, topy) = (np.min(x), np.min(y))
(bottomx, bottomy) = (np.max(x), np.max(y))
cropped = gray[topx:bottomx+1, topy:bottomy+1]
```

【例 13.1】车牌字符图像的定位与剪切的完整程序如下：

```
import cv2
import imutils
import numpy as np

img = cv2.imread('D:/pics/chepai1.jpg',cv2.IMREAD_COLOR)
img = cv2.resize(img, (600,400) )
cv2.imshow('Origin image',img)

img_gray = cv2.cvtColor(img, cv2.COLOR_BGR2GRAY)
img_gray = cv2.bilateralFilter(img_gray, 13, 15, 15)      # 双边滤波

img_edged = cv2.Canny(img_gray, 30, 200)
cv2.imshow('edged image',img_edged)
# 寻找轮廓。三个输入参数：输入图像、轮廓检索方式、轮廓近似方法
img_contours = cv2.findContours(img_edged.copy(), cv2.RETR_TREE, cv2.CHAIN_APPROX_
    SIMPLE)
# 返回 countors 中的轮廓
img_contours = imutils.grab_contours(img_contours)
img_contours = sorted(img_contours, key = cv2.contourArea, reverse = True)[:10]
                                                        # 排序
#print('contours',contours)
screenCnt = None

for c in img_contours:
    peri = cv2.arcLength(c, True)                        # 计算轮廓的周长
    approx = cv2.approxPolyDP(c, 0.018 * peri, True)    # 多边形拟合曲线
    if len(approx) == 4:
        screenCnt = approx
        break

if screenCnt is None:
    detected = 0
    print ("No contour detected")
else:
     detected = 1

if detected == 1:
    cv2.drawContours(img, [screenCnt], -1, (0, 0, 255), 3)

mask = np.zeros(img_gray.shape,np.uint8)
new_image = cv2.drawContours(mask,[screenCnt],0,255,-1,)
cv2.imshow('mask_image',new_image)                      # 找到车牌位置，并掩模
new_image = cv2.bitwise_and(img,img,mask=mask)          # 与原图像 " 与 " 操作
#cv2.imshow('bitwisenew_image',new_image)

(x, y) = np.where(mask == 255)
(topx, topy) = (np.min(x), np.min(y))
(bottomx, bottomy) = (np.max(x), np.max(y))
cropped = img_gray[topx:bottomx+1, topy:bottomy+1]      # 切割车牌图像
cropped = cv2.resize(cropped,(400,200))
cv2.imshow('Cropped',cropped)

cv2.waitKey(0)
cv2.destroyAllWindows()
```

程序运行的结果如图 13-4 所示。

a）原图像

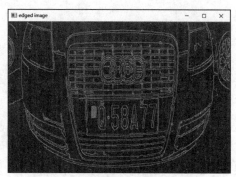

b）边缘检测图像

c）车牌掩模图像

d）剪切的车牌图像

图 13-4　车牌字符区域的提取

13.1.4　基于 Haar 特征分类器的车牌检测

Haar 特征分类器是一种基于机器学习的方法，它利用积分图像（或总面积）的概念有效地提取特征（例如，边缘、线条等）的数值。级联分类器意味着不是一次就为图像中的许多特征应用数百个分类器，而是一对一地应用分类器。基于 Haar 分类器的车牌检测步骤如下：

1）导入要使用的汽车图像。

2）使用 OpenCV 的 CascadeClassifier 函数为车牌引入 Haar Cascade 功能集 XML 文件。

3）使用 detectMultiScaleCascadeClassifier 分类器方法进行检测。detectMultiScale 函数允许输入不同大小的图像，并返回检测图像的矩形边界列表。对于每个矩形，将返回 4 个值，它们分别对应矩形（x）左下角的 x 坐标、矩形（y）的左下角的 y 坐标、矩形宽度（w）和矩形高度（h）。其语法格式为：

```
objects = detectMultiScale(image, scaleFactor, minNeighbors, flags, minSize, maxSize)
```

其输入和输出参数如下：

- image：待检测图像，一般为灰度图像，可加快检测速度。
- objects：被检测物体的矩形框向量组。
- scaleFactor：表示在前后两次扫描中，搜索窗口的比例系数。默认为 1.1，即每次搜索窗口依次扩大 10%。
- minNeighbors：表示构成检测目标的相邻矩形的最小个数（默认为 3 个）。如果组成检测目标的小矩形的个数和小于 min_neighbors -1，就会被排除。如果 min_neighbors

为 0，则函数不做任何操作就返回所有被检候选矩形框，这种设定值一般用在用户自定义对检测结果的组合程序上。

- flags：使用默认值或使用 CV_HAAR_DO_CANNY_PRUNING。如果设置为 CV_HAAR_DO_CANNY_PRUNING，那么函数将会使用 Canny 边缘检测来排除边缘过多或过少的区域，因此这些区域通常不会是车牌所在区域。
- minSize 和 maxSize 用来限制得到的目标区域的范围。

【例 13.2】基于 Haar 的特征分类器进行车牌检测，程序如下：

```
import cv2
carplate_haar = cv2.CascadeClassifier('D:/anaconda3/Lib/site-packages/''cv2/data/
    haarcascade_russian_plate_number.xml')

def carplate_detect(image):
    carplate_overlay = image.copy()
    carplate_rects = carplate_haar.detectMultiScale(carplate_overlay, scaleFactor=
        1.1, minNeighbors=3)
    for x, y, w, h in carplate_rects:
        cv2.rectangle(carplate_overlay, (x, y), (x + w, y + h), (255, 0, 0), 5)
        return carplate_overlay

def carplate_extract(image):
    carplate_rects = carplate_haar.detectMultiScale(image, scaleFactor=1.1, minNeig
        hbors=5)
    for x, y, w, h in carplate_rects:
        carplate_img = image[y + 15:y + h - 10, x + 15:x + w - 20]
        return carplate_img

if __name__ == '__main__':
    img=cv2.imread('D:/pics/chepai4.jpg')
    img1 = carplate_detect(img)      # 检测车牌
    cv2.imshow('Carimage',img1)
    img2=carplate_extract(img)       # 截取车牌
    cv2.imshow('Plateimage',img2)
    cv2.waitKey(0)
    cv2.destroyAllWindows()
```

程序运行的结果如图 13-5 和图 13-6 所示。

图 13-5　Haar 检测车牌轮廓

图 13-6 截取车牌字符区域

13.1.5　字符识别

车牌识别的最后一步是从分割的图像中识别出车牌字符文字信息。目前，常用的车牌字符识别方法有三种：

1）使用字符库进行识别，如使用 pytesseract、paddleocr 等。

2）使用 SVM 支持向量机进行车牌字符识别。

3）使用卷积神经网络（CNN）进行车牌字符识别。

【例 13.3】车牌检测与定位，并使用 pytesseract 库进行字符的识别，程序如下：

```python
import cv2
import imutils
import numpy as np
import pytesseract
pytesseract.pytesseract.tesseract_cmd = r'C:\Program Files (x86)\Tesseract-OCR\
    tesseract.exe'

img = cv2.imread('D:/pics/chepai7.jpg',cv2.IMREAD_COLOR)
img = cv2.resize(img, (600,400) )

gray = cv2.cvtColor(img, cv2.COLOR_BGR2GRAY)
gray = cv2.bilateralFilter(gray, 13, 15, 15)

edged = cv2.Canny(gray, 30, 200)
contours = cv2.findContours(edged.copy(), cv2.RETR_TREE, cv2.CHAIN_APPROX_SIMPLE)
contours = imutils.grab_contours(contours)
contours = sorted(contours, key = cv2.contourArea, reverse = True)[:10]
screenCnt = None

for c in contours:
    peri = cv2.arcLength(c, True)
    approx = cv2.approxPolyDP(c, 0.018 * peri, True)

    if len(approx) == 4:
        screenCnt = approx
        break

if screenCnt is None:
    detected = 0
    print ("No contour detected")
else:
     detected = 1

if detected == 1:
    cv2.drawContours(img, [screenCnt], -1, (0, 0, 255), 3)

mask = np.zeros(gray.shape,np.uint8)
new_image = cv2.drawContours(mask,[screenCnt],0,255,-1,)
new_image = cv2.bitwise_and(img,img,mask=mask)

(x, y) = np.where(mask == 255)
(topx, topy) = (np.min(x), np.min(y))
(bottomx, bottomy) = (np.max(x), np.max(y))
Cropped = gray[topx:bottomx+1, topy:bottomy+1]

text = pytesseract.image_to_string(Cropped, config='--psm 11')
print(" 车牌号码是 :",text)
img = cv2.resize(img,(500,300))
Cropped = cv2.resize(Cropped,(400,200))
cv2.imshow('car',img)
cv2.imshow('Cropped',Cropped)
```

```
cv2.waitKey(0)
cv2.destroyAllWindows()
```

程序运行的结果如图 13-7 所示，车牌号码是 K88888。

a）原图像

b）车牌字符图像

图 13-7 车牌字符提取与识别

13.2 人脸检测

人脸检测与识别是基于人的脸部特征信息进行身份识别的一种生物识别技术，主要用摄像机或相机采集含有人脸的视频流或图像，并自动在图像中检测和跟踪人脸，进而对检测到的人脸进行脸部识别，通常也叫作人像识别、面部识别。调用 OpenCV 训练好的分类器和自带的检测函数检测人脸、人眼等的步骤如下：

1）加载分类器，找到分类器的位置，如 *\opencv\sources\data\haarcascades（Harr 分类器）。

2）调用 detectMultiScale() 函数进行检测，调整函数的参数可以使检测结果更加精确。

3）把检测到的人脸等用矩形（或者圆形等其他图形）标记出来。

13.2.1 图像预处理

图像预处理时，要先把图像转化为灰度图像。使用的 OpenCV 函数为：

```
gray = cv2.cvtColor(image, cv.COLOR_BGR2GRAY)
```

这样的转化可能会造成图像的灰度值分布不均匀，通常认为，对所有可用像素强度值均衡使用，才是一幅高质量的图像，所以，我们需要让图像的灰度直方图尽可能平稳。OpenCV 提供了一个简单好用的均衡化函数：

```
cv2.equalizeHist(gray, gray)
```

直方图均衡化是通过拉伸像素强度分布范围来增强图像对比度的一种方法。在一个完全均衡化的直方图中，图像中包含的像素数量是相等的，也就是说，像素大于 128 的有一半，像素值小于 128 的也有一半，像素值小于 64 的是小于 128 的一半，以此类推。

提高对比度和增加亮度使用的 OpenCV 函数为：

```
new_img = cv2.addWeighted(img, c, new_img, 1-c, b)
```

其中 c 是对比度倍数，b 是亮度增加数。

图像对比度指的是一幅图像中明暗区域最亮的白和最暗的黑之间不同亮度层级的量化级数，即一幅图像灰度反差的大小。差异范围越大代表对比度越大，差异范围越小代表对比度越小。图像亮度是指画面的明亮程度，通常用像素值来表示。

13.2.2　Haar 特征分类器

利用 OpenCV 自带的 xml 文件可以实时检测摄像头中人脸的 Haar 特征或 LBP 特征。它们描述不同的局部信息，Haar 描述的是图像在局部范围内像素值明暗变换信息，LBP 描述的是图像在局部范围内对应的纹理信息，Haar 与 LBP 区别如下：

1）Haar 特征是浮点数计算，LBP 特征是整数计算。

2）LBP 训练需要的样本数量比 Haar 大。

3）LBP 的速度一般比 Haar 快。

4）使用同样的样本，Haar 训练出来的检测结果比 LBP 准确。

5）扩大 LBP 的样本数据可达到 Haar 的训练效果。

Haar 特征分类器是一个 xml 文件，文件描述了检测物体的 Haar 特征值，Haar 分类器需要通过大量的数据来训练。Haar 特征包括三类：边缘特征、线性特征、中心特征和对角线特征，它们组合成特征模板。特征模板内有白色和黑色两种矩形，并定义该模板的特征值为白色矩形像素和减去黑色矩形像素和。Haar 特征值反映了图像的灰度变化情况，如脸部的一些特征能由矩形特征进行描述，如眼睛要比脸颊颜色要深、鼻梁两侧比鼻梁颜色要深、嘴巴比周围颜色要深等。但矩形特征只对一些简单的图形结构（如边缘、线段）敏感，所以只能描述特定走向（水平、垂直、对角）的结构。

13.2.3　人脸检测程序

对图像进行人脸特征矩形检测，符合人脸特征的区域会被认定为人脸。在开始人脸检测时，需要加载 Haar 分类器。循环读取人脸的矩形对象列表，获得人脸矩形的坐标和宽高，然后在原图像中画出该矩形框，调用的是 OpenCV 的 rectangle 方法，其中矩形框的颜色等是可调整的。putText 函数用于在图像上加文字信息（如文字、位置、字体、大小、颜色、粗细等）。

在人脸检测中用到的检测函数是 detectMultiScale()，它可以检测出图像中所有的人脸，并用向量保存人脸的坐标、大小（用矩形表示），其语法格式为：

```
objects = cv2.CascadeClassifier.detectMultiScale(image[,scaleFactor[,minNeighbors
    [,flags[,minSize[,maxSize]]]]])
```

其输入和输出参数如下：

- objects：表示被检测物体的矩形框向量组。
- image：表示要检测的输入图像，一般为灰度图像，可加快检测速度。
- scaleFactor：表示在前后两次扫描中，搜索窗口的比例系数。默认为 1.1，即每次搜索窗口依次扩大 10%。
- minNeighbors：表示构成检测目标的相邻矩形的最小个数（默认为 3 个）。如果组成检测目标的小矩形的个数和小于 min_neighbors-1，就会被排除。如果 min_neighbors 为 0，则函数不做任何操作就返回所有的被检候选矩形框，这种设定值一般用在用户自定义对检测结果的组合程序上。
- flags：使用默认值或使用 CV_HAAR_DO_CANNY_PRUNING。如果设置为 CV_HAAR_DO_CANNY_PRUNING，那么函数将会使用 Canny 边缘检测来排除边缘过多或过少的区域，这些区域通常不会是人脸所在区域。

- minSize 为目标的最小尺寸，用来限制得到的目标区域的范围。
- maxSize 为目标的最大尺寸，用来限制得到的目标区域的范围。

经过适当调整后，三个参数可以用来排除检测结果中的干扰项。

【例 13.4】使用 Haar 分类器对人脸进行检测，并检测出眼睛和是否微笑。程序如下：

```python
import cv2
facehaar = 'C:/ProgramData/anaconda3/Lib/
site-packages/cv2/data/haarcascade_frontalface_default.xml'
eyehaar = 'C:/ProgramData/anaconda3/Lib/site-packages/cv2/data/haarcascade_eye.xml'
smilehaar = 'C:/ProgramData/anaconda3/Lib/site-packages/cv2/data/haarcascade_smile.xml'

face_detector = cv2.CascadeClassifier(facehaar)        # 人脸分类器
eye_detector = cv2.CascadeClassifier(eyehaar)          # 眼睛分类器
smile_detector = cv2.CascadeClassifier(smilehaar)      # 微笑分类器

image = cv2.imread('d:/pics/face_smile1.jpg')
gray = cv2.cvtColor(image, cv2.COLOR_BGR2GRAY)
cv2.equalizeHist(gray, gray)
cv2.imshow("Origin_img", image)

faces = face_detector.detectMultiScale(gray, 1.15, 5)
print("face", faces)
for x, y, w, h in faces:
    cv2.rectangle(image, (x, y), (x+w, y+h), (0, 0, 255), 2)
    cv2.imshow("face_rect", image)
    # 把人脸单独拿出来检测
    face_img = gray[y:y+h, x:w+x]
    cv2.imshow("face_img", face_img)
    eyes = eye_detector.detectMultiScale(face_img, 1.3, 5, 0, (40, 40))
    for ex, ey, ew, eh in eyes:
        cv2.rectangle(image, (x+ex, y+ey), (x+ex+ew, y+ey+eh), (255, 0, 0), 2)
        #cv2.imshow("eyes_rect", image)
        smile = smile_detector.detectMultiScale(face_img, 1.16, 25, 0, (25,25))
        if(len(smile) >= 0):
            print("检测到微笑")
        cv2.putText(image, 'Smile', (x, y-20), 3, 1.3, (0, 255, 0), 2)

cv2.imshow("Result", image)
cv2.waitKey(0)
cv2.destroyAllWindows()
```

程序运行的结果如图 13-8 所示。

a）原图像　　　　　　　　　b）检测到人脸图像

图 13-8　Haar 分类器对人脸的检测

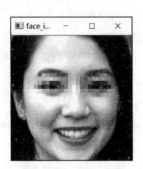

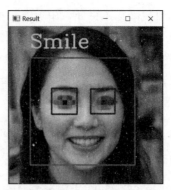

c）截取的人脸部位　　　　　d）检测到的人脸、眼睛和微笑图像

图 13-8　（续）

13.3　答题卡的检测与分割

近年来，随着信息技术的快速发展，计算机阅卷系统，特别是针对客观题的答题卡，可通过电子扫描、图像识别技术实现自动评分，大大提高了阅卷效率。目前采用计算机网络技术和扫描技术的网上评卷作为一种新的评卷方式，已得到了广泛应用。其方法是，先将考生答题卡通过高速扫描仪以图像方式扫描到系统中，形成电子版答卷。在该过程中，对考生的原始图像不作任何识别性修改，扫描到系统中的电子版答卷与考生实际答卷完全一致，并通过计算机各类存储设备加以存储和管理。

图像识别软件首先识别答题卡周边已经印好的定位标记块（这些标记块的尺寸标准、黑度标准，容易识别），据此建立图像的坐标系。图像识别软件根据已经存储在内存中的各个选项的印刷位置（相对于标记块的位置），定位各道题的各个选项在图像上的位置（坐标）。以这些位置为中心，选取一定区域的像素（通常比允许答题者涂的范围小一些），计算每个区域内所有像素的灰度值的总和，与某个阈值进行比对，高于阈值就认为答题者选择了这个选项。图像识别软件把识别出的选项集与标准答案进行比对，确定答题者涂中的每道题的答案是否正确。答题卡分割与检测流程如图 13-9 所示。

图 13-9　答题卡分割与检测流程图

13.3.1　答题卡轮廓检测

答题卡在图中一般具有明显的轮廓，对图像的矫正可以对轮廓进行筛选，提取出具有四个顶点的近似轮廓（即为答题卡的位置），获得图像中最大轮廓的坐标。

【例 13.5】答题卡各部分轮廓的检测与提取，程序如下：

```
import cv2
import imutils
from imutils.perspective import four_point_transform
```

```
def getFourPtTrans(img):
    gray = cv2.cvtColor(img, cv2.COLOR_BGR2GRAY) # 转换为灰度图像
    blurred = cv2.GaussianBlur(gray, (7, 7), 0)  # 高斯滤波
    # 自适应二值化方法
    blurred=cv2.adaptiveThreshold(blurred,255,cv2.ADAPTIVE_THRESH_MEAN_C, cv2.THRESH_
        BINARY,15,2)
    edged = cv2.Canny(blurred, 10, 100)          #Canny 边缘检测
    # 从边缘图中寻找轮廓，然后初始化答题卡对应的轮廓
    cnts=cv2.findContours(edged,cv2.RETR_EXTERNAL,cv2.CHAIN_APPROX_SIMPLE)
    cnts = cnts[1] if imutils.is_cv3() else cnts[0]
    docCnt = None
    if len(cnts) > 0:                            # 确保至少有一个轮廓被找到，并将轮廓按大小降序排序
    cnts = sorted(cnts, key=cv2.contourArea, reverse=True)
    for c in cnts:                               # 对排序后的轮廓循环处理
        peri = cv2.arcLength(c, True)            # 获取近似的轮廓
        approx = cv2.approxPolyDP(c, 0.02 * peri, True)
        if len(approx) == 4:                     # 如果近似轮廓有四个顶点，那么就认为找到了答题卡
            docCnt = approx.
            break
    docCnt=docCnt.reshape(4,2)
    return docCnt


def getXY(docCnt):
    minX,minY=docCnt[0]
    maxX,maxY=docCnt[0]
    for i in range(1,4):
        minX=min(minX,docCnt[i][0])
        maxX=max(maxX,docCnt[i][0])
        minY=min(minY,docCnt[i][1])
        maxY=max(maxY,docCnt[i][1])
    return minX,minY,maxX,maxY
```

13.3.2　答题卡不同区域的提取

经过校正后识别出的最大方框为答题部分，根据答题区域的轮廓可以寻找出答题卡的其他部分，包括答题区域、答题卡的左上部、答题卡的右上部。其中答题卡的左上部最大轮廓为准考证号区域，答题卡的右上部为考试科目区域。程序如下所示（下面的代码可接在例 13.5 的代码之后）：

```
def solve(imgPath):
    image=cv2.imread(imgPath)
    cv2.imshow("origin image",cv2.resize(image.copy(),(400,600)))
    ansCnt=getFourPtTrans(image)          # 答案的四点坐标
    xy=getXY(ansCnt)
    ansImg=image[xy[1]:xy[3],xy[0]:xy[2]]
    ansImg=fourpointtransform(image,ansCnt)
    ansImg=cv2.resize(ansImg,(400,400))
    cv2.imshow("answer",ansImg)

    xy=getXY(ansCnt)
    stuNum=image[0:xy[1],xy[0]:xy[2]] # 截取上半部分的图
    numCnt=getFourPtTrans(stuNum)
    cv2.imshow("stu_f",cv2.resize(four_point_transform(stuNum,numCnt),(400,400)))

    xy=getXY(numCnt)
    # 截取右半部分的图，方便识别科目
```

```
course=image[0:int(xy[3]*1.1),xy[2]:len(image)]
courseCnt=getFourPtTrans(course)        # 找到科目矩形的四点
cv2.imshow("course_f",cv2.resize(four_point_transform(course,courseCnt),(400,400)))
cv2.waitKey()
cv2.destroyAllWindows()

if __name__ == "__main__":
    solve('d:/pics/answersheet1.jpg')
```

程序运行的结果如图 13-10 所示。

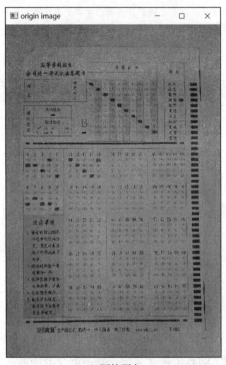

a）原答题卡

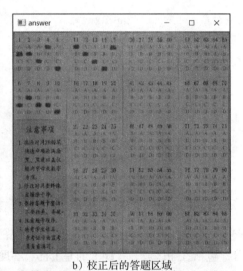

b）校正后的答题区域

c）答题卡的准考证号区域

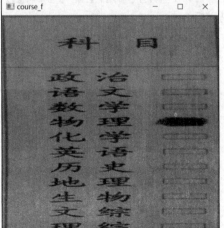

d）答题卡的科目区域

图 13-10　答题卡不同区域提取

13.3.3 识别填涂答案

在四点标记的答题卡区域上标记涂黑选项。在二值图中，涂黑的选项与答题卡环境有差别，将查找到的选项轮廓涂黑并画圈注明，并取得其坐标位置，定义判定方式。根据坐标位置断定答案是否正确。读取 / 扫描答题卡的主程序命名为 sheet.py。

【例 13.6】识别答题卡填涂的答案，程序如下：

```
import cv2
import imutils
from imutils.perspective import four_point_transform

def getFourPtTrans(img):
    gray = cv2.cvtColor(img, cv2.COLOR_BGR2GRAY)    # 转换为灰度图像
    blurred = cv2.GaussianBlur(gray, (7, 7), 0)     # 高斯滤波
    # 自适应二值化方法
    blurred=cv2.adaptiveThreshold(blurred,255,cv2.ADAPTIVE_THRESH_MEAN_C, cv2.
        THRESH_BINARY,15,2)
    edged = cv2.Canny(blurred, 10, 100)             #Canny 边缘检测
    # 从边缘图中寻找轮廓，然后初始化答题卡对应的轮廓
    cnts=cv2.findContours(edged,cv2.RETR_EXTERNAL,cv2.CHAIN_APPROX_SIMPLE)
    cnts = cnts[1] if imutils.is_cv3() else cnts[0]
    docCnt = None
    if len(cnts) > 0:                               # 确保至少有一个轮廓被找到，并将轮廓按大小降序排序
        cnts = sorted(cnts, key=cv2.contourArea, reverse=True)
        for c in cnts:                              # 对排序后的轮廓循环处理
            peri = cv2.arcLength(c, True)           # 获取近似的轮廓
            approx = cv2.approxPolyDP(c, 0.02 * peri, True)
            if len(approx) == 4:                    # 如果近似轮廓有四个顶点，那么就认为找到了答题卡
                docCnt = approx
                break
    docCnt=docCnt.reshape(4,2)
    return docCnt

def getXY(docCnt):
    minX,minY=docCnt[0]
    maxX,maxY=docCnt[0]
    for i in range(1,4):
        minX=min(minX,docCnt[i][0])
        maxX=max(maxX,docCnt[i][0])
        minY=min(minY,docCnt[i][1])
        maxY=max(maxY,docCnt[i][1])
    return minX,minY,maxX,maxY

# 判断题号
def judgeQ(x,y):
    # 传入时记得 x+1,y+1
    if x<6:
        return x+(y-1)//4*5
    else:
        return ((x-1)//5-1)*25+10+(x-1)%5+1+(y-1)//4*5

# 判断答案
def judgeAns(y):
    if y%4==1:
        return 'A'
```

```
        if y%4==2:
            return 'B'
        if y%4==3:
            return 'C'
        if y%4==0:
            return 'D'

def judge0(x,y):
    return (judgeQ(x,y),judgeAns(y))


# 人工标记答题卡格子的边界坐标
xt1=[0,110,210,310,410,565,713,813,913,1013,1163,1305,1405,1505,1605,1750,1895,
    1995,2095,2195,2295]
yt1=[0,125,175,225,300,422,471,520,600,716,766,817,902,1012,1064,1113,1195,1309,
    1357,1409,1479]

def markOnImg(img,width,height):
    # 在四点标记的图像上，将涂黑的选项标记，并返回(图像，坐标)
    docCnt=getFourPtTrans(img)
    gray=cv2.cvtColor(img, cv2.COLOR_BGR2GRAY)
    paper=four_point_transform(img,docCnt)
    warped=four_point_transform(gray,docCnt)

    # 灰度图二值化
    thresh=cv2.adaptiveThreshold(warped,255,cv2.ADAPTIVE_THRESH_MEAN_C,cv2.THRESH_
        BINARY,15,2)
    thresh = cv2.resize(thresh, (width, height), cv2.INTER_LANCZOS4)
    paper = cv2.resize(paper, (width, height), cv2.INTER_LANCZOS4)
    warped = cv2.resize(warped, (width, height), cv2.INTER_LANCZOS4)

    ChQImg = cv2.blur(thresh, (13, 13))
    # 二值化, 120是阈值
    ChQImg = cv2.threshold(ChQImg, 120, 225, cv2.THRESH_BINARY)[1]
    Answer=[]

    # 二值图中寻找答案轮廓
    cnts=cv2.findContours(ChQImg,cv2.RETR_TREE,cv2.CHAIN_APPROX_SIMPLE)
    cnts=cnts[1] if imutils.is_cv3() else cnts[0]
    for c in cnts:
        x,y,w,h=cv2.boundingRect(c)
        if w>50 and h>20 and w<100 and h<100:
            M=cv2.moments(c)
            cX=int(M["m10"]/M["m00"])
            cY=int(M["m01"]/M["m00"])

            cv2.drawContours(paper,c,-1,(0,0,255),5)
            cv2.circle(paper,(cX,cY),7,(255,255,255),2)
            Answer.append((cX,cY))
    return paper,Answer


def solve(imgPath):
    # 传入图像，返回(image(准考证号，科目，答题),(考号，科目名,[答案选择情况]))
    image=cv2.imread(imgPath)
    ansCnt=getFourPtTrans(image)   # 获得答案的四点坐标
    xy=getXY(ansCnt)

    xy=getXY(ansCnt)
```

```
# 截取上半部分的图
stuNum=image[0:xy[1],xy[0]:xy[2]]
numCnt=getFourPtTrans(stuNum)

xy=getXY(numCnt)
# 截取右半部分的图，方便识别科目
course=image[0:int(xy[3]*1.1),xy[2]:len(image)]

# 处理答案
width1,height1=2300,1500
ansImg,Answer=markOnImg(image,width1,height1)

# [(题号，答题卡上的答案)]
IDAnswer=[]
for a in Answer:
    for x in range(0,len(xt1)-1):
        if a[0]>xt1[x] and a[0]<xt1[x+1]:
            for y in range(0,len(yt1)-1):
                if a[1]>yt1[y] and a[1]<yt1[y+1]:
                    IDAnswer.append(judge0(x+1,y+1))

IDAnswer.sort()
ansImg=cv2.resize(ansImg,(600,400))

# 处理学号
width2,height2=1000,1000
numImg,Answer=markOnImg(stuNum,width2,height2)

Answer.sort()
yt2=[227,311,374,442,509,577,644,711,781,844]

NO='"
for a in Answer:
    for y in range(len(yt2)-1):
        if a[1]>yt2[y] and a[1]<yt2[y+1]:
            NO+=str(y)
if NO=='":
    NO="Nan"
numImg=cv2.resize(numImg,(300,200))

"'处理科目'"
width3,height3=300,1000
courseImg,Answer=markOnImg(course,width3,height3)
yt3=list(range(250,1000,65))
course_list=['政治','语文','数学','物理','化学','英语','历史','地理','生物',
    '文综','理综']

s=-1
if len(Answer)>0:
    for y in range(len(yt3)-1):
        if Answer[0][1]>yt3[y] and Answer[0][1]<yt3[y+1]:
            s=y

courseImg=cv2.resize(courseImg,(150,400))
course_checked="Nan"
if s!=-1:
    course_checked=course_list[s]

return ((numImg,courseImg,ansImg),(NO,course_checked,IDAnswer))
```

```
if __name__ == "__main__":
    (numImg, courseImg, ansImg), (NO, course, IDAnswer) = solve("d:/pics/answer
        sheet1.jpg")
    cv2.imshow('answer', ansImg)
    cv2.imshow('SNO', numImg)
    cv2.imshow('course', courseImg)
    print(NO)
    print(course)
    print(IDAnswer)
    cv2.waitKey()
    cv2.destroyAllWindows()
```

程序运行的结果如图 13-11 所示。输出的准考证号、考试科目和答案如下：

```
012345678
物理
[(1, 'B'), (2, 'B'), (3, 'C'), (4, 'A'), (5, 'D'), (6, 'C'), (7, 'B'), (8, 'C'),
    (9, 'C'), (10, 'D'), (11, 'A'), (12, 'B'), (13, 'C'), (14, 'D'), (15, 'A')]
```

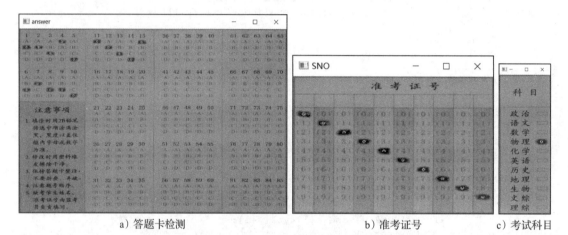

a）答题卡检测　　　　　　　　　　　　　b）准考证号　　　　　c）考试科目

图 13-11　答题卡答案的检测与提取

至此，检测主程序已经完成，为了方便，可以采用 Python 中特有的窗口设计 PyQt5 对程序进行封装，以便使用。

13.3.4　答题卡用户界面的设计与封装

可以使用 PyQt5 来设计与封装用户界面。在 PyCharm 工程下新建 Python 文件（取名为 mainwindow 且与主程序同在一个文件夹下），安装好 PyQt5 与 Scipy 数据库文件。

【例 13.7】答题卡用户界面的设计与封装，程序如下：

```
import os
import sheet
import cv2
import sys
from PyQt5 import QtCore, QtWidgets
from PyQt5.QtGui import QPixmap
from PyQt5.QtWidgets import QApplication,QMainWindow


class Ui_MainWindow(object):
```

```python
def setupUi(self, MainWindow):
    MainWindow.setObjectName("答题卡检测")
    MainWindow.resize(909, 752)
    self.centralwidget = QtWidgets.QWidget(MainWindow)
    self.centralwidget.setObjectName("centralwidget")
    self.numImgLabel = QtWidgets.QLabel(self.centralwidget)
    self.numImgLabel.setGeometry(QtCore.QRect(30, 30, 300, 200))
    self.numImgLabel.setObjectName("numImgLabel")
    self.ansImgLabel = QtWidgets.QLabel(self.centralwidget)
    self.ansImgLabel.setGeometry(QtCore.QRect(20, 280, 600, 400))
    self.ansImgLabel.setObjectName("ansImgLabel")
    self.courseImgLabel = QtWidgets.QLabel(self.centralwidget)
    self.courseImgLabel.setGeometry(QtCore.QRect(710, 280, 150, 400))
    self.courseImgLabel.setObjectName("courseImgLabel")
    self.textEdit = QtWidgets.QTextEdit(self.centralwidget)
    self.textEdit.setGeometry(QtCore.QRect(450, 20, 421, 201))
    self.textEdit.setReadOnly(True)
    self.textEdit.setObjectName("textEdit")
    MainWindow.setCentralWidget(self.centralwidget)
    self.menubar = QtWidgets.QMenuBar(MainWindow)
    self.menubar.setGeometry(QtCore.QRect(0, 0, 909, 23))
    self.menubar.setObjectName("menubar")
    self.menuFIle = QtWidgets.QMenu(self.menubar)
    self.menuFIle.setObjectName("menuFIle")
    MainWindow.setMenuBar(self.menubar)
    self.statusbar = QtWidgets.QStatusBar(MainWindow)
    self.statusbar.setObjectName("statusbar")
    MainWindow.setStatusBar(self.statusbar)
    self.action_scan = QtWidgets.QAction(MainWindow)
    self.action_scan.setObjectName("action_scan")
    self.action_in = QtWidgets.QAction(MainWindow)
    self.action_in.setObjectName("action_in")
    self.action_check = QtWidgets.QAction(MainWindow)
    self.action_check.setObjectName("action_check")
    self.menuFIle.addAction(self.action_scan)
    self.menuFIle.addAction(self.action_in)
    self.menuFIle.addAction(self.action_check)
    self.menubar.addAction(self.menuFIle.menuAction())

    # 变量
    self.ans=[]
    self.checkState=[]
    self.correctNum=0
    self.NO="Nan"
    self.course="Nan"
    self.IDAnswer=[]
    # 连接槽
    self.action_scan.triggered.connect(self.selectImg)
    self.action_in.triggered.connect(self.readAns)
    self.action_check.triggered.connect(self.check)

    self.retranslateUi(MainWindow)
    QtCore.QMetaObject.connectSlotsByName(MainWindow)


def retranslateUi(self, MainWindow):
    _translate = QtCore.QCoreApplication.translate
    MainWindow.setWindowTitle(_translate("MainWindow", "MainWindow"))
    self.numImgLabel.setText(_translate("MainWindow", "学号"))
```

```
        self.numImgLabel.setStyleSheet("QLabel{background:white;}"
                "QLabel{color:rgb(100,100,100,250);font-size:20px;font-weight:
                    bold;font-family:Roman times;}"
                "QLabel:hover{color:rgb(100,100,100,120);}")
        self.ansImgLabel.setText(_translate("MainWindow", "答题"))
        self.ansImgLabel.setStyleSheet("QLabel{background:white;}"
                "QLabel{color:rgb(100,100,100,250);font-size:20px;font-weight:
                    bold;font-family:Roman times;}"
                "QLabel:hover{color:rgb(100,100,100,120);}")
        self.courseImgLabel.setText(_translate("MainWindow", "科目"))
        self.courseImgLabel.setStyleSheet("QLabel{background:white;}"
                "QLabel{color:rgb(100,100,100,250);font-size:20px;font-weight:
                    bold;font-family:Roman times;}"
                "QLabel:hover{color:rgb(100,100,100,120);}")
        self.menuFIle.setTitle(_translate("MainWindow", "文件"))
        self.action_scan.setText(_translate("MainWindow", "打开并扫描答题卡"))
        self.action_in.setText(_translate("MainWindow", "导入标准答案"))
        self.action_check.setText(_translate("MainWindow", "校对答案"))

    def flash(self):
        self.checkState=['N' for i in range(len(self.ans)+1)]
        self.correctNum=0

    def selectImg(self):
        fileName, fileType = QtWidgets.QFileDialog.getOpenFileName(None, "选取文件",
            os.getcwd(), "Image Files(*.jpg)")
        print("select"+fileName)
        if (fileName==' '):
            return
        self.flash()
        (numImg, courseImg, ansImg),(NO, course, IDAnswer) = sheet.solve(fileName)
        cv2.imwrite("numImg.jpg",numImg)
        cv2.imwrite("courseImg.jpg",courseImg)
        cv2.imwrite("ansImg.jpg",ansImg)
        self.NO=NO
        self.course=course
        self.IDAnswer=IDAnswer
        pix=QPixmap("numImg.jpg")
        self.numImgLabel.setPixmap(pix)
        pix=QPixmap("courseImg.jpg")
        self.courseImgLabel.setPixmap(pix)
        pix=QPixmap("ansImg.jpg")
        self.ansImgLabel.setPixmap(pix)

    def readAns(self):
        fileName,fileType = QtWidgets.QFileDialog.getOpenFileName(None, "选取文件",
            os.getcwd(),"Text Files(*.txt)")
        print("select"+fileName)
        if(fileName==''):
            return
        with open(fileName) as f:
            self.ans=f.read().split()
        self.flash()

    def check(self):
        for i,a in self.IDAnswer:
            if i<=len(self.ans) and i>0:
                # 一空多填则判断为错
                if a==self.ans[i-1] and self.checkState[i]=='N':
```

```
                    self.checkState[i]='T'
            else:
                    self.checkState[i]='F'

        for s in self.checkState:
            if s=='T':
                    self.correctNum+=1
        s=''
        s+="考试科目：{}\n".format(self.course)
        s+="学号：{}\n".format(self.NO)
        s+="正确率：{}/{}".format(self.correctNum,len(self.ans))
        s+="\n答题情况为（N 表示没涂卡，T 表示正确，F 表示错误）："
        for i in range(1,len(self.checkState)):
            s+="\n"+str(i)+"："+self.checkState[i]
        self.textEdit.setText(s)

if __name__ == "__main__":
    app=QApplication(sys.argv)
    mainwindow=QMainWindow()
    ui=Ui_MainWindow()
    ui.setupUi(mainwindow)
    mainwindow.show()
    sys.exit(app.exec())
```

运行程序，在 MainWindows 界面左上角的"文件"菜单栏内单击"打开并扫描答题卡"，输入答题卡图像；然后单击"导入标准答案"，找到存放标准答案的文件 ans1.txt；最后单击"校对答案"，在 MainWindows 界面右上部会显示如图 13-12 所示的答题情况。

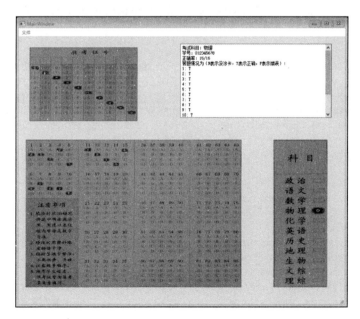

图 13-12　答题卡程序运行图

13.4　基于 CNN 模型的手势识别

远古时代，语言和文字还没有被发明出来时，人类的主要交流方式是身体语言，手势就是身体语言中最重要的一部分。即便在人类社会文明高度发达的今天，手势识别依然有着广泛的应用，操作电脑键盘、移动鼠标、触摸智能手机屏幕等都是手势识别，并应用在各个领域之中。手势识别如今已经成为许多行业技术的基础，例如，使用手势与各种智能设备进行人机交互（智能家居的应用，智能手机的手势命令等），VR 技术也将手势识别作为主要的交互方式，还有面向盲人研发的手语翻译器，等等。但是，目前利用 VR 手柄或者数据手套进行手势识别需要高昂的成本。

本例先采集神经网络训练需要的数据集，如采集 0~9 这十个手势的图像，搭建 CNN 神经网络，使用 AlexNet 卷积神经网络对图像进行特征提取，并用 TensorFlow 对模型进行训练，实现通过摄像头实时采集手势并进行识别的功能。

13.4.1 手势图像数据的采集

在该项目中，新建一个 GESTURE 文件夹用于存放手势图像。在该文件夹内再新建 test-data 文件夹和 dataset 文件夹，分别用于存放训练和测试的图像数据。然后，设定 300×300 的拍摄窗口大小，打开摄像头，采集数据，并将数据经过预处理后存入 dataset 文件夹内。

为了更精确地提取出各种手势，可根据手的肤色进一步提取。有五种肤色提取方法，分别为基于 RGB 颜色空间筛选法、基于 HSV 颜色空间筛选法、椭圆肤色检测模型法、基于 YC_rC_b 颜色空间 C_r 分量筛选法和基于 YC_rC_b 颜色空间 C_r、C_b 分量筛选法。在这五种方法中，利用 YCrCb 颜色空间的 Cr 分量 +Otsu 阈值分割算法进行肤色检测提取效果最好，可用函数 def skinMask(frame) 来实现该方法。

【例 13.8】开启摄像头进行手势数据采集（Gesture acquisition.py）。程序如下：

```python
import cv2

def skinMask(frame):                                    #YCrCb 颜色空间的 Cr 分量 +Otsu 法阈值分割算法
    YCrCb = cv2.cvtColor(frame, cv2.COLOR_BGR2YCR_CB)   # 转换至 YCrCb 空间
    (y,cr,cb) = cv2.split(YCrCb)                         # 拆分出 Y,Cr,Cb 值
    cr1 = cv2.GaussianBlur(cr, (5,5), 0)
    _, skin = cv2.threshold(cr1, 0, 255, cv2.THRESH_BINARY + cv2.THRESH_OTSU)
    res = cv2.bitwise_and(frame,frame, mask = skin)
    return res

if __name__ == "__main__":
    capture = cv2.VideoCapture(0)
    m = 0
    while True:
        flag, frame = capture.read()                    # 读取摄像头的内容，按帧读取
        frame = cv2.flip(frame, 2)
        src_image = frame
        res= skinMask(frame)#, x0, y0, width, height)    # 取手势所在框图并进行处理
        cv2.imshow("res", res)                           # 黑色背景肤色提取
        k = cv2.waitKey(30)
        if k == 27:                                      # 按下 ESC 退出
            break
        elif k == ord('a'):                              # 按下 'a' 会保存 0 图像到指定目录下
            cv2.imwrite("d:\\ImagePP\\Gesture\\0\\%s.jpg" % m, res)
            m += 1
            print(' 正在保存 0-roi 图像 , 本次图像数量 :', m)
        elif k == ord('s'):                              # 按下 's' 会保存 1 图像到指定目录下
```

```
            cv2.imwrite("d:\\ImagePP\\Gesture\\1\\%s.jpg" % m, res)
            m += 1
            print(' 正在保存 1-roi 图像, 本次图像数量:', m)
        elif k == ord('d'):    # 按下 'd' 会保存 2 图像到指定目录下
            cv2.imwrite("d:\\ImagePP\\Gesture\\2\\%s.jpg" % m, res)
            m += 1
            print(' 正在保存 2-roi 图像, 本次图像数量:', m)
        elif k == ord('f'):    # 按下 'f' 会保存 3 图像到指定目录下
            cv2.imwrite("d:\\ImagePP\\Gesture\\3\\%s.jpg" % m, res)
            m += 1
            print(' 正在保存 3-roi 图像, 本次图像数量:', m)
        elif k == ord('g'):    # 按下 'g' 会保存 4 图像到指定目录下
            cv2.imwrite("d:\\ImagePP\\Gesture\\4\\%s.jpg" % m, res)
            m += 1
            print(' 正在保存 4-roi 图像, 本次图像数量:', m)
        elif k == ord('h'):    # 按下 'h' 会保存 5 图像到指定目录下
            cv2.imwrite("d:\\ImagePP\\Gesture\\5\\%s.jpg" % m, res)
            m += 1
            print(' 正在保存 5-roi 图像, 本次图像数量:', m)
        elif k == ord('j'):    # 按下 'j' 会保存 6 图像到指定目录下
            cv2.imwrite("d:\\ImagePP\\Gesture\\6\\%s.jpg" % m, res)
            m += 1
            print(' 正在保存 6-roi 图像, 本次图像数量:', m)
        elif k == ord('k'):    # 按下 'k' 会保存 7 图像到指定目录下
            cv2.imwrite("d:\\ImagePP\\Gesture\\7\\%s.jpg" % m, res)
            m += 1
            print(' 正在保存 7-roi 图像, 本次图像数量:', m)
        elif k == ord('l'):    # 按下 'l' 会保存 8 图像到指定目录下
            cv2.imwrite("d:\\ImagePP\\Gesture\\8\\%s.jpg" % m, res)
            m += 1
            print(' 正在保存 8-roi 图像, 本次图像数量:', m)
        elif k == ord('m'):    # 按下 'm' 会保存 9 图像到指定目录下
            cv2.imwrite("d:\\ImagePP\\Gesture\\9\\%s.jpg" % m, res)
            m += 1
            print(' 正在保存 9-roi 图像, 本次图像数量:', m)
    cv2.imshow("frame", frame)
    c = cv2.waitKey(30)
    if c == 27:
        break
cv2.waitKey(0)
capture.release()
cv2.destroyAllWindows()
```

程序运行的结果如图 13-13 所示, 其中显示的是采集 "0" 手势时的图像, 其他如 1～9 的手势分别存入对应的文件夹中。全部存入后, 就完成了数据集的采集。

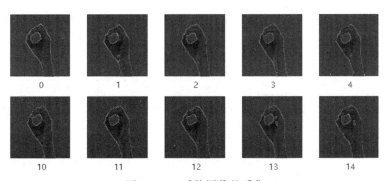

图 13-13　手势图像的采集

13.4.2　神经网络模型的创建与训练

第一步，读取数据，并对数据集归一化等处理。

【例 13.9】搭建神经网络模型（classify.py），程序如下：

```
import tensorflow as tf
from tensorflow import keras
from tensorflow.keras import optimizers
from tensorflow.python.framework.convert_to_constants import convert_variables_
    to_constants_v2
import os
import pathlib
import random

os.environ['TF_CPP_MIN_LOG_LEVEL'] = '2'

# 读取数据信息
def read_data(path):
    path_root = pathlib.Path(path)
    image_paths = list(path_root.glob('*/*'))
    image_paths = [str(path) for path in image_paths]
    random.shuffle(image_paths)
    image_count = len(image_paths)
    label_names = sorted(item.name for item in path_root.glob('*/') if item.is_
        dir())
    label_name_index = dict((name, index) for index, name in enumerate(label_names))
    image_labels = [label_name_index[pathlib.Path(path).parent.name] for path in
        image_paths]
    return image_paths, image_labels, image_count

# 对数据集中图像进行统一大小及归一化，便于训练
def preprocess_image(image):
    image = tf.image.decode_jpeg(image, channels=3)
    image = tf.image.resize(image, [100, 100])
    image /= 255.0    # 归一化
    # image = tf.reshape(image,[100*100*3])
    return image

def load_and_preprocess_image(path, label):
    image = tf.io.read_file(path)
    return preprocess_image(image), label

def creat_dataset(image_paths, image_labels, bitch_size):
    db = tf.data.Dataset.from_tensor_slices((image_paths, image_labels))
    dataset = db.map(load_and_preprocess_image).batch(bitch_size)
    return dataset
```

第二步，搭建神经网络，搭建 Alexnet 神经网络。程序如下（下面的代码可接在例 13.8 的代码后）：

```
def train_model(train_data, test_data):
    # 构建 Alexnet 模型
    network = keras.Sequential([
keras.layers.Conv2D(96, (11, 11), padding='same', activation='relu',
                        kernel_initializer='uniform'),
        keras.layers.MaxPool2D(pool_size=(3, 3), strides=(2, 2)),
        keras.layers.Conv2D(256, (5, 5), strides=(1, 1), padding='same',
                        activation='relu', kernel_initializer='uniform'),
        keras.layers.MaxPool2D(pool_size=(3, 3), strides=(2, 2)),
        keras.layers.Conv2D(384, (3, 3), strides=(1, 1), padding='same',
```

```
                            activation='relu', kernel_initializer='uniform'),
        keras.layers.Conv2D(384, (3, 3), strides=(1, 1), padding='same',
                            activation='relu', kernel_initializer='uniform'),
        keras.layers.Conv2D(256, (3, 3), strides = (1, 1), padding = 'same',
                            activation = 'relu', kernel_initializer = 'uniform'),
        keras.layers.MaxPool2D(pool_size=(3, 3), strides=(2, 2)),
        keras.layers.Flatten(),
        keras.layers.Dense(4096, activation='relu'),
        keras.layers.Dropout(0.5),   # 防止过拟合
        keras.layers.Dense(4096, activation='relu'),
        keras.layers.Dropout(0.5),
        keras.layers.Dense(10, activation='softmax')])
    network.build(input_shape=(None, 100, 100, 3))
    network.summary()
    network.compile(optimizer=optimizers.SGD(lr=0.001),
                    loss=tf.losses.SparseCategoricalCrossentropy(from_logits=True),
                    metrics=['accuracy']
                    )
```

第三步，训练神经网络，利用数据集中的手势图像对网络进行训练，并将训练后的模型转换成 .pb 格式保存起来。程序如下（下面的代码可继续接在例 13.9 的代码之后）：

```
    network.fit(train_data, epochs=30, validation_data=test_data, validation_freq=2)
    network.evaluate(test_data)
    tf.saved_model.save(network, 'model')
    print("保存模型成功")
    full_model = tf.function(lambda x: network(x))
    full_model = full_model.get_concrete_function(
        tf.TensorSpec(network.inputs[0].shape, network.inputs[0].dtype))
    frozen_func = convert_variables_to_constants_v2(full_model)
    frozen_func.graph.as_graph_def()
    layers = [op.name for op in frozen_func.graph.get_operations()]
    print("-" * 50)
    print("Frozen model layers: ")
    for layer in layers:
        print(layer)

    print("-" * 50)
    print("Frozen model inputs: ")
    print(frozen_func.inputs)
    print("Frozen model outputs: ")
    print(frozen_func.outputs)

    tf.io.write_graph(graph_or_graph_def=frozen_func.graph,
                      logdir="frozen_model",
                      name="frozen_graph_alexnet.pb",
                      as_text=False)
    print("模型转换完成，训练结束")

if __name__ == "__main__":
    train_path = 'D:/ImagePP/Gesture Recognition/GESTURE/Dataset'
    test_path = 'D:/ImagePP/Gesture Recognition/GESTURE/testdata'
    image_paths, image_labels, _ = read_data(train_path)
    train_data = creat_dataset(image_paths, image_labels, 16)
    image_paths, image_labels, _ = read_data(test_path)
    test_data = creat_dataset(image_paths, image_labels, 16)
    train_model(train_data, test_data)
```

运行程序，训练出的模型结构如图 13-14 所示。

```
Model: "sequential"
_____
Layer (type)                 Output Shape              Param #
=================================================================
conv2d (Conv2D)              (None, 100, 100, 96)      34944
_____
max_pooling2d (MaxPooling2D) (None, 49, 49, 96)        0
_____
conv2d_1 (Conv2D)            (None, 49, 49, 256)       614656
_____
max_pooling2d_1 (MaxPooling2 (None, 24, 24, 256)       0
_____
conv2d_2 (Conv2D)            (None, 24, 24, 384)       885120
_____
conv2d_3 (Conv2D)            (None, 24, 24, 384)       1327488
_____
conv2d_4 (Conv2D)            (None, 24, 24, 256)       884992
_____
max_pooling2d_2 (MaxPooling2 (None, 11, 11, 256)       0
_____
flatten (Flatten)            (None, 30976)             0
_____
dense (Dense)                (None, 4096)              126881792
_____
dropout (Dropout)            (None, 4096)              0
_____
dense_1 (Dense)              (None, 4096)              16781312
_____
dropout_1 (Dropout)          (None, 4096)              0
_____
dense_2 (Dense)              (None, 10)                40970
=================================================================
Total params: 147,451,274
Trainable params: 147,451,274
```

图 13-14　网络模型

13.4.3　实时手势数字的识别

【例 13.10】实现手势识别，并连接相应程序，实现最终的手势识别功能（main.py），程序如下：

```python
import cv2
import numpy as np

font = cv2.FONT_HERSHEY_SIMPLEX                          # 设置字体
size = 0.5                                               # 设置大小
width, height = 300, 300                                 # 设置拍摄窗口大小
x0,y0 = 300, 100                                         # 设置选取位置
cnt = 1
cap = cv2.VideoCapture(0,cv2.CAP_DSHOW)                  # 开摄像头

class_name = ['0', '1', '2', '3', '4', '5', '6', '7', '8', '9']
net = cv2.dnn.readNetFromTensorflow('D:/ImagePP/Gesture Recognition0/frozen_model/
    frozen_graph_alexnet1.pb')
i = 0

def skinMask(frame):# roi):
    YCrCb = cv2.cvtColor(frame, cv2.COLOR_BGR2YCR_CB)   # 转换至 YCrCb 空间
    (y,cr,cb) = cv2.split(YCrCb)                        # 拆分出 Y,Cr,Cb 值
    cr1 = cv2.GaussianBlur(cr, (5,5), 0)
```

```
    _, skin = cv2.threshold(cr1, 0, 255, cv2.THRESH_BINARY + cv2.THRESH_OTSU)
    res = cv2.bitwise_and(frame,frame, mask = skin)
    return res

while True:
    fflag, frame = cap.read()           #读取摄像头的内容
    frame = cv2.flip(frame, 2)
    src_image = frame
    res = skinMask(frame)
    cv2.imshow("res", res)              #黑色背景肤色提取
    key = cv2.waitKey(1) & 0xFF         #按键判断并进行一定的调整
    if key == 27:
            break
        blob = cv2.dnn.blobFromImage(res, scalefactor=1.0 / 225., size=(100, 100),
            mean=(0, 0, 0), swapRB=False, crop=False)
net.setInput(blob)
out = net.forward()
out = out.flatten()

classId = np.argmax(out)
print("预测结果为: ", class_name[classId])
src_image = cv2.putText(src_image, str(classId), (300, 100), cv2.FONT_HERSHEY_
    SIMPLEX, 2, (0, 0, 255), 2, 4)
cv2.imshow("image", src_image)
cap.release()
cv2.destroyAllWindows()
```

程序运行的结果如图 13-15 所示。

图 13-15　实时显示手势识别结果

13.5　基于深度学习的花卉识别系统

本例主要是利用谷歌的 TensorFlow 框架来实现对五种花卉（雏菊、蒲公英、玫瑰、向日葵和郁金香）进行分类和识别。利用已有的大量花卉图像数据集，设计卷积神经网络（CNN）对花卉图像数据集进行训练并且将训练好的模型放到指定的文件夹中，然后利用 Python GUI 框架中的 PyQT5 编写用户交互的界面，实现花卉图像的读入。根据训练的模型将其识别出来，最终将识别结果显示在用户界面上。

本例的程序运行环境是 Windows10 系统，编程语言是 Python3.8，运用谷歌的 TensorFlow2.3 框架在 PyCharm 上进行编写。

13.5.1　花卉图像数据的采集

本例用到的图像选取了雏菊、蒲公英、玫瑰、向日葵和郁金香五种常见的花卉作为识别对象（下载地址为 http://download.tensorflow.org/ example_images/flower_photos.tgz）。五种花卉样本图像共有 2500 幅，其中每类花卉各 500 幅，把它们分别放在指定的文件夹（如 daisy、dandelion、rose、sunflower、tulip）中作为训练集。注意，图像的数量不能太少，因为花卉图像是像素比较高、比较复杂的图像，若训练的图像不够多，训练出来的神经网络模型会因为训练不足导致识别准确率低。首先检查数据集内的图像数量。

【例 13.11】检查数据集内每种图像的数量（data_read. py），程序如下：

```python
import os
import matplotlib.pyplot as plt

# 查看图像数量
def read_flower_data(folder_name):
    folders = os.listdir(folder_name)
    flower_names = []
    flower_nums = []
    for folder in folders:
        folder_path = os.path.join(folder_name, folder)
        images = os.listdir(folder_path)
        images_num = len(images)
        print("{}:{}".format(folder, images_num))
        flower_names.append(folder)
        flower_nums.append(images_num)

    return flower_names, flower_nums

if __name__ == '__main__':
    x, y = read_flower_data("d:/ImagePP/flower/flower-photos")
```

运行程序，输出数据库中五种花卉的数量如下：

```
daisy:500
dandelion:500
rose:500
sunflower:500
tulip:500
```

13.5.2　数据集的分类

本例采用有监督学习的方法对神经网络进行训练，所以全部样本图像都是事先知道分类的。定义一个函数在另一个文件夹下创建三个文件夹，名称分别是 train、val 和 test，分别作为卷积神经网络的训练集、验证集和测试集。然后，将事先收集到的花卉图像按照 0.8 : 0 : 0.2 的比例分别复制到刚才创建的三个文件夹中。

【例 13.12】将数据集分成训练集、验证集和测试集，程序如下：

```python
import os
import random
from shutil import copy2

def data_set_split(src_data_folder, target_data_folder, train_scale=0.8, val_scale=
```

```
                   0.0, test_scale=0.2):
    class_names = os.listdir(src_data_folder)
    # 在目标目录下创建文件夹
    split_names = ['train', 'val', 'test']
    for split_name in split_names:
        split_path = os.path.join(target_data_folder, split_name)
        if os.path.isdir(split_path):
            pass
        else:
            os.mkdir(split_path)
        # 然后在 split_path 的目录下创建类别文件夹
        for class_name in class_names:
            class_split_path = os.path.join(split_path, class_name)
            if os.path.isdir(class_split_path):
                pass
            else:
                os.mkdir(class_split_path)

    # 按照比例划分数据集，并进行数据图像的复制
    # 首先进行分类遍历
    for class_name in class_names:
        current_class_data_path = os.path.join(src_data_folder, class_name)
        current_all_data = os.listdir(current_class_data_path)
        current_data_length = len(current_all_data)
        current_data_index_list = list(range(current_data_length))
        random.shuffle(current_data_index_list)

        train_folder = os.path.join(os.path.join(target_data_folder, 'train'), class_
            name)
        val_folder = os.path.join(os.path.join(target_data_folder, 'val'), class_
            name)
        test_folder = os.path.join(os.path.join(target_data_folder, 'test'), class_
            name)
        train_stop_flag = current_data_length * train_scale
        val_stop_flag = current_data_length * (train_scale + val_scale)
        current_idx = 0
        train_num = 0
        val_num = 0
        test_num = 0
        for i in current_data_index_list:
            src_img_path = os.path.join(current_class_data_path, current_all_data[i])
            if current_idx <= train_stop_flag:
                copy2(src_img_path, train_folder)
                # print("{} 复制到了 {}".format(src_img_path, train_folder))
                train_num = train_num + 1
            elif (current_idx > train_stop_flag) and (current_idx <= val_stop_flag):
                copy2(src_img_path, val_folder)
                # print("{} 复制到了 {}".format(src_img_path, val_folder))
                val_num = val_num + 1
            else:
                copy2(src_img_path, test_folder)
                # print("{} 复制到了 {}".format(src_img_path, test_folder))
                test_num = test_num + 1

            current_idx = current_idx + 1

print("{} 类按照 {}: {}: {} 的比例划分完成，一共 {} 张图像 ".format(class_name, train_scale,
    val_scale, test_scale, current_data_length))
print(" 训练集 {}: {} 张 ".format(train_folder, train_num))
print(" 验证集 {}: {} 张 ".format(val_folder, val_num))
```

```
print("测试集{}: {}张".format(test_folder, test_num))

if __name__ == '__main__':
src_data_folder =("D:/ImagePP/flower/flower-photos")
target_data_folder = ("D:/ImagePP/flower/flower-split")
data_set_split(src_data_folder, target_data_folder)
```

程序运行的结果如下（按照 0.8 : 0.0 : 0.2 的比例划分完成，一共 500 张图像）：

```
训练集 D:\ImagePP\flower\flower-split\train\tulip: 401 张
验证集 D:\ImagePP\flower\flower-split\val\tulip: 0 张
测试集 D:\ImagePP\flower\flower-split\test\tulip: 99 张
```

13.5.3 MobileNet 神经网络模型的设计与测试

MobileNet 是为移动和嵌入式设备开发的高效模型。MobileNets 基于流线型架构，使用深度可分离卷积（depthwise separable convolution，即 Xception 的变体结构）来构建轻量级深度神经网络。

1. 分批加载图像数据

为了能更快地处理图像，我们增加了一个小批量处理环节。

【例 13.13】加载图像数据，创建深度学习模型（train_model. py），程序如下：

```
import tensorflow as tf
import matplotlib.pyplot as plt

# 数据加载，按照 8:2 的比例加载花卉数据
def data_load(data_dir, img_height, img_width, batch_size):
    train_ds = tf.keras.preprocessing.image_dataset_from_directory(
        data_dir,
        label_mode='categorical',              # 标签被编码为分类变量 #
        validation_split=0.2,                  # 保留一定比例数据作验证 #
        subset="training",
        seed=123,
        image_size=(img_height, img_width),    # 读取数据后对其重新调整大小 #
        batch_size=batch_size)
    val_ds = tf.keras.preprocessing.image_dataset_from_directory(
        data_dir,
        label_mode='categorical',
        validation_split=0.2,
        subset="validation",
        seed=123,
        image_size=(img_height, img_width),
        batch_size=batch_size)
    class_names = train_ds.class_names

    return train_ds, val_ds, class_names
```

2. 创建 MobilNet 深度学习模型

我们采用具有强大特征提取能力的 MobileNetV2 网络结构模型，其语法格式为：

```
model = tf.kerasapplications.MobileNetV2()
```

当执行上述代码时，TensorFlow 会自动从网络上下载 MobileNetV2 网络结构。因为我们只想使用该模型进行特征提取，而不是使用该模型进行分类，所以在模型下载时，指定参数 include_top=False，使得下载的模型不包含全连接层。如果想将预训练模型用在新的分类

任务上，需要自己构建模型的分类模块，而且需要将该模块在新的数据集上进行训练，这样才能使模型适应新的分类任务。

将预先训练的模型 MobileNetV2 导入为基础模型，代码如下：

```
base_model = keras.applications.MobileNetV2(input_shape=IMG_SHAPE, include_top=
    False, weights='imagenet)
base_model.trainable ＿ False
```

查看基本模型架构代码 base_model.summary()。

我们将预训练模型作为一个特征提取器，特征提取器可以理解为一个特征映射过程，最终的输出特征是输入的多维表示，在新的特征空间中，这样更加利于图像的分类。在编译和训练模型之前，冻结卷积模块是很重要的。通过设置 layer.trainable=False，可以防止在训练期间更新这些层中的权重。代码如下（下面的代码可继续接在例 13.13 的代码之后）：

```
# 模型加载，指定图像处理的大小
def model_load(IMG_SHAPE=(224, 224, 3)):
    # 微调的过程中不需要进行归一化处理
    base_model = tf.keras.applications.MobileNetV2(input_shape=IMG_SHAPE,
                          include_top =False, # 网络最后是否包含全连接层
                          weights ='imagenet') # 预训练权重，imagenet 默认值
    base_model.trainable = False                 # 冻结卷积模块
    # 描述神经网络结构
    model = tf.keras.models.Sequential([
        tf.keras.layers.experimental.preprocessing.Rescaling(1./127.5, offset=-1,
            input_shape=IMG_SHAPE), base_model, # 全局均值池化
        tf.keras.layers.GlobalAveragePooling2D(),
        tf.keras.layers.Dense(5, activation='softmax')
        ])
    # 输出模型各层的参数状况
    model.summary()
    # 模型训练（优化器，损失函数，准确率）
    model.compile(optimizer='adam', loss='categorical_crossentropy', metrics=
        ['accuracy'])
    return model
```

MobilNet 训练模型如图 13-16 所示。

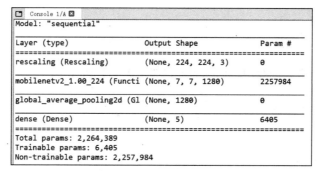

图 13-16　MobilNet 训练模型

然后把训练好的神经网络模型放在 models 文件夹中。

3. 训练模型

接下来是最重要的一步——训练神经网络模型，并且我们要保存训练好的模型，以供调用模型使用。程序如下（下面的代码可接在例 13.13 的代码之后）：

```
def train(epochs, is_transfer=False):
    train_ds, val_ds, class_names = data_load("D:/Image/flower/flower-split/train",
        224, 224, 4)
    model = model_load()
    history = model.fit(train_ds, validation_data=val_ds, epochs=epochs)   #保存训练模型
    model.save("D:/Image/flower/models/mobilenet_flower.h5")
    show_loss_acc(history)

if __name__ == '__main__':
    train(epochs=10)
```

4. 训练曲线

为了更好地观察训练的效果，要定义一个函数来展示训练的过程。程序如下（下面的代码可继续接在例 13.13 的代码之后）：

```
def show_loss_acc(history):
    acc = history.history['accuracy']
    val_acc = history.history['val_accuracy']

    loss = history.history['loss']
    val_loss = history.history['val_loss']

    plt.figure(figsize=(8, 8))
    plt.subplot(2, 1, 1)
    plt.plot(acc, label='Training Accuracy')
    plt.plot(val_acc, label='Validation Accuracy')
    plt.legend(loc='lower right')
    plt.ylabel('Accuracy')
    plt.ylim([min(plt.ylim()), 1])
    plt.title('Training and Validation Accuracy')

    plt.subplot(2, 1, 2)
    plt.plot(loss, label='Training Loss')
    plt.plot(val_loss, label='Validation Loss')
    plt.legend(loc='upper right')
    plt.ylabel('Cross Entropy')
    plt.ylim([0, 1.0])
    plt.title('Training and Validation Loss')
    plt.xlabel('epoch')
    plt.show()

if __name__ == '__main__':
    show_loss_acc(history)
```

运行程序，可以看到神经网络训练的过程如图 13-17 所示。

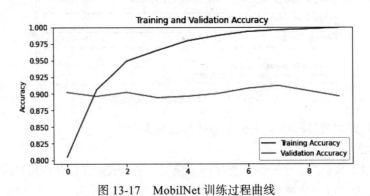

图 13-17　MobilNet 训练过程曲线

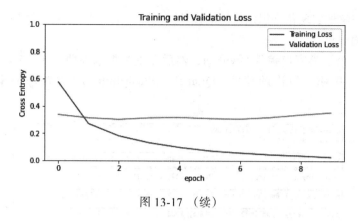

图 13-17 （续）

5. 神经网络模型测试

为了测试训练模型的准确率，需要使用其他没有参与训练的图像，刚才划分到 test 文件中的图像正是没有参与训练的模型，所以可以用这些图像测试神经网络模型的准确率。

【例 13.14】神经网络模型的测试（test_model），程序如下：

```python
import tensorflow as tf

# 加载数据，按照 8:2 的比例加载花卉数据
def data_load(data_dir, img_height, img_width, batch_size):
    train_ds = tf.keras.preprocessing.image_dataset_from_directory(
        data_dir,
        label_mode='categorical',
        validation_split=0.2,
        subset="training",
        seed=123, image_size=(img_height, img_width),
        batch_size=batch_size)

    val_ds = tf.keras.preprocessing.image_dataset_from_directory(
        data_dir,
        label_mode='categorical',
        validation_split=0.2,
        subset="validation",
        seed=123,
        image_size=(img_height, img_width),
        batch_size=batch_size)

    class_names = train_ds.class_names
    return train_ds, val_ds, class_names

def test(is_transfer=True):
    train_ds, val_ds, class_names = data_load("d:/ImagePP/flower/flower-split/
        test", 224, 224, 4)
    model = tf.keras.models.load_model("models/mobilenet_flower.h5")
    model.summary()
    loss, accuracy = model.evaluate(val_ds)
    print('Test accuracy :', accuracy)

if __name__ == '__main__':
    test(True)
```

程序运行的结果如图 13-18 所示。

13.5.4 图形用户界面的设计

本例利用 QT Designer 制作 GUI 用户界面，再通过 pyuic 将其转换成 Python 代码，最

后利用 PyQt5 完整地实现花卉识别系统的设计。

1. 窗口界面设计

首先定义一个主类窗口控件 Qwidget，然后在主类里添加两个子类窗口控件 Qwidget，进而在两个窗口中添加所需的控件（QLabel，QPushButton），设置每个控件的属性，如图 13-19 所示。

```
Using 465 files for validation.
Model: "sequential"

Layer (type)                 Output Shape              Param #
=================================================================
rescaling (Rescaling)        (None, 224, 224, 3)       0

mobilenetv2_1.00_224 (Functi (None, 7, 7, 1280)        2257984

global_average_pooling2d (Gl (None, 1280)              0

dense (Dense)                (None, 5)                 6405
=================================================================
Total params: 2,264,389
Trainable params: 6,405
Non-trainable params: 2,257,984

117/117 [==============================] - 11s 98ms/step - loss: 0.0918 -
accuracy: 0.9806
```

图 13-18　测试神经网络模型

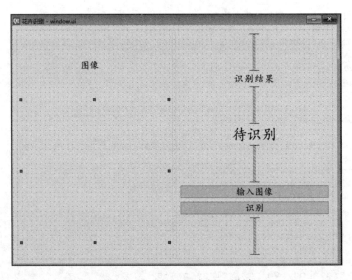

图 13-19　GUI 用户界面设计

【例 13.15】利用 QT Designer 制作 GUI 用户界面（windows.py），程序如下：

```python
import tensorflow as tf
from PyQt5.Qt import *
import sys
import cv2
from PIL import Image                          # PIL 图像处理标准库
import numpy as np

class MainWindow(QWidget):
    def __init__(self):                        # 初始化界面
        super().__init__()                     # 继承父类
        self.setWindowIcon(QIcon('D:/ImagePP/flower/flower-tf/images/logo.png'))
        self.setWindowTitle(' 花卉识别 ')       # 设置窗口标题
```

```python
        self.model = tf.keras.models.load_model("D:/ImagePP/flower/flower-tf/models/
            mobilenet_flower.h5")
        self.to_predict_name = ("D:/ImagePP/flower/flower-tf/images/init.png")
        self.class_names = ['雏菊', '蒲公英', '玫瑰', '向日葵', '郁金香']
        self.resize(700, 500)                       #设置窗口大小
        self.initUI()                               #调用窗口控件函数

    #生成界面控件
    def initUI(self):
        #main_widget = QWidget()
        main_layout = QHBoxLayout()                              #水平布局
        font = QFont('楷体', 15)                                 #设置字体

        #左边可视化控件
        left_widget = QWidget()
        left_layout = QVBoxLayout()                              #左边的窗口垂直布局
        img_title = QLabel("图像")
        img_title.setFont(font)                                 #设置标签的字体格式
        img_title.setAlignment(Qt.AlignCenter)                  #设置标签居中
        self.img_label = QLabel()
        img_init = cv2.imread(self.to_predict_name)             #读入数据
        img_init = cv2.resize(img_init, (224, 224))             #设置读入的图像为224*224
        cv2.imwrite('D:\\ImagePP\\flower\\flower-tf\\images\\target.png', img_init)
        #将图像显示在标签 img_label 上
        self.img_label.setPixmap(QPixmap('D:\\ImagePP\\flower\\flower-tf\\images\\
            target.png'))
        left_layout.addWidget(img_title)        #添加标签控件 img_title

        left_layout.addWidget(self.img_label, 1, Qt.AlignCenter) #添加标签控件
        left_widget.setLayout(left_layout)              #将左边的 widget 设置为垂直布局

        #右边可视化控件
        right_widget = QWidget()                                #右边添加窗口控件
        right_layout = QVBoxLayout()                            #右边垂直布局
        btn_change = QPushButton("输入图像")                    #添加按钮控件 btn_chage
        btn_change.clicked.connect(self.change_img)             #建立信号和槽的连接
        btn_change.setFont(font)                                #设置按钮的字体
        btn_predict = QPushButton("识别")                       #添加按钮控件 btn_predict
        btn_predict.setFont(font)                               #设置按钮字体
        btn_predict.clicked.connect(self.predict_img)           #建立信号和槽的连接

        label_result = QLabel('识别结果')                       #添加控件标签 label_result
        label_result.setFont(QFont('楷体', 16))                 #设置标签字体格式
        self.result = QLabel("待识别")                          #添加控件标签 self.result
        self.result.setFont(QFont('楷体', 24))                  #设置标签字体格式
        right_layout.addStretch()                               #添加弹簧
        #右边布局中加入标签 label_result，居中显示
        right_layout.addWidget(label_result, 0, Qt.AlignCenter)
        right_layout.addStretch()
        right_layout.addWidget(self.result, 0, Qt.AlignCenter)
        right_layout.addStretch()
        right_layout.addWidget(btn_change)
        right_layout.addWidget(btn_predict)
        right_layout.addStretch()
        right_widget.setLayout(right_layout)            #将右边的 widget 设置为垂直布局

        #窗口布局
```

```
main_layout.addWidget(left_widget)          # 主窗口加入子控件窗口 left_widget
main_layout.addWidget(right_widget)
self.setLayout(main_layout)                 # 主窗口设置水平布局
```

2. 信号和槽

（1）定义槽函数 chang_img()

要实现面向对象功能，即控件和外部的交互，必须把信号和槽连接起来。定义 chang_img() 函数，利用语句 btn_change.clicked.connect(self.change_img) 将两者连接起来，即建立了信号和槽的连接。我们目的是实现按下输入图像（btn_change）按钮，读取本地资源图像的功能。首先定义 chang_img() 函数，然后调用 QFileDialog.getOpenFileName() 打开本地资源，选择所需的图像资源。代码如下（下面的代码可接在例 13.15 的代码后）：

```
# 定义槽函数 chang_img()
def change_img(self):
    # 选择文件
    openfile_name = QFileDialog.getOpenFileName(self, '选择文件', '', 'Image
        files(*.jpg , *.png)')
    img_name = openfile_name[0]
    if img_name == '':
        pass
    else:
        self.to_predict_name = img_name
        img_init = cv2.imread(self.to_predict_name)
        img_init = cv2.resize(img_init, (224, 224))
        cv2.imwrite('D:\\ImagePP\\flower\\flower-tf\\images\\target.png',
            img_init)
        self.img_label.setPixmap(QPixmap('D:\\ImagePP\\flower\\flower-tf\\
            images\\target.png'))
```

（2）定义槽函数 predict_img()

同理，我们需要定义识别（btn_predict）按钮，并和识别结果连接起来。首先，定义槽函数 predict_img() 函数，然后把读入的图像转换为一维的数组，利用函数 self.model = tf.keras.models.load_model("D:\\ImagePP\\flower\\flower-tf\\models\\mobilenet_flower.h5") 加载我们所保存的训练模型，以便进行识别，最后将结果显示在标签 self.result 上。代码如下（下面的代码可继续接在例 13.15 的代码后）：

```
# 定义槽函数 predict_img()
def predict_img(self):
    img = Image.open('D:\\ImagePP\\flower\\flower-tf\\images\\target.png')
    img = np.asarray(img)                              # 将输入的转换成数组
    outputs = self.model.predict(img.reshape(1, 224, 224, 3))
    result_index = np.argmax(outputs)                  # 取出数组中最大值的索引
    result = self.class_names[result_index]  # 读出数组 class_names 对应索引的数据
    self.result.setText(result)                        # 把识别结果显示出来
```

3. 调用主函数

代码如下（下面的代码可继续接在接例 13.15 的代码后）：

```
if __name__ == "__main__":
    + app = QApplication(sys.argv)  # pyqt 窗口必须在 QApplication 方法中使用
    x = MainWindow()                    # 生成 MainWindow 类的实例 x
    x.show()                            # x 调用 show 方法
    sys.exit(app.exec_())               # 消息结束时，进程结束并返回 0，再调用 sys.exit(0) 退出程序
```

程序运行的结果如图 13-20 所示。

图 13-20　花卉图像识别

13.6　口罩佩戴的检测

佩戴口罩已成为防控疫情、保护自己的必要的措施。但是，总会有一些人降低了对新冠疫情的警惕性，不佩戴口罩就进入公共场所，为此我们可以设计一个检测是否佩戴口罩的小程序。本例基于 TensorFlow 深度学习框架，利用 keras 模块来实现口罩佩戴检测的主程序。

13.6.1　口罩数据集的采集与处理

1. 口罩数据的采集

我们首先获取大量佩戴口罩与没有戴口罩的照片，然后对获取的照片进行筛选，最终确定了 4800 张佩戴口罩的照片和 5051 张没有佩戴口罩的照片。由于获取的图像大小、文件名不统一，因此需要对这些照片进行预处理，将大小调整为 250×250，并给图像规范命名，即将图像命名为 0.jpg，1.jpg，2.jpg，……的格式。我们建立了两个文件夹，一个文件夹命名为 have-mask，里面存放的是筛选后的 4800 张佩戴口罩的照片；另一个文件夹命名为 no-mask，里面存放的是 5051 张没有佩戴口罩的照片。

运行环境中包含 TensorFlow、keras 以及 dlib 库。安装命令为 pip install dlib==19.19.0，pip install tensorflow-gpu==2.3.1，pip install keras==2.4.3。

【例 13.16】对采集的口罩图像数据进行预处理，批量重命名文件夹中的图像文件，程序如下：

```
import os

class BatchRename():
    def __init__(self):      # 设置图像文件的路径
        self.path = 'D:/ImagePP/Maskdetection/Maskdataset/train/have-mask'

    def rename(self):
```

```
        filelist = os.listdir(self.path)
        total_num = len(filelist)
        i = 0
        for item in filelist:
            if item.endswith('.jpg'):
                src = os.path.join(os.path.abspath(self.path), item)
                dst = os.path.join(os.path.abspath(self.path), str(i) + '.jpg')
                try:
                    os.rename(src, dst)
                    print('converting %s to %s ...' % (src, dst))
                    i = i + 1
                except:
                    continue
        print('total %d to rename & converted %d jpgs' % (total_num, i))

if __name__ == '__main__':
    rename = BatchRename()
    rename.rename()
```

修改程序中的图像文件路径，分别以戴口罩（have-mask）和不戴口罩（no-mask）文件夹运行程序，将 have-mask 与 no-mask 两个文件夹中的图像重新命名为统一的格式。

2. 图像归一化

由于收集到的图像尺寸不一，因此需要对图像尺寸进行归一化调整，得到分辨率为250*250 的图像。程序中用到的 glob 模块用来查找符合特定规则的文件名"路径 + 文件名"，其功能是检索路径。

【例 13.17】对图像分辨率做归一化调整，程序如下：

```
from PIL import Image
import os.path
import glob

def convertjpg(jpgfile, outdir, width=250, height=250):
    img = Image.open(jpgfile)
    try:
        new_img = img.resize((width, height), Image.BILINEAR)
        new_img.save(os.path.join(outdir, os.path.basename(jpgfile)))
    except Exception as e:
        print(e)

for jpgfile in glob.glob(r"D:/ImagePP/ Maskdetection/Maskdataset/ train/have-
    mask/*.jpg"):  # 读取文件
    convertjpg(jpgfile,r"D:/ImagePP/Maskdetection/Maskdataset/train/have-mask1")
        # 保存文件
```

3. 图像增强

对这些图像再进行一次增强，以获得更多的图像数据。对这些图像使用七种变换，分别是左右变换、向左旋转 20°、向右旋转 20°、颜色增强、对比度增强、亮度增强和随机颜色变换。

【例 13.18】对图像进行七种变换增强，程序如下：

```
from PIL import Image
from PIL import ImageEnhance
import os
import cv2
```

```
import numpy as np

def flipLF(root_path, img_name):                                    # 左右翻转图像
    img = Image.open(os.path.join(root_path, img_name))
    filp_img = img.transpose(Image.FLIP_LEFT_RIGHT)
    return filp_img

def rotation20(root_path, img_name):
    img = Image.open(os.path.join(root_path, img_name))
    rotation_img = img.rotate(20)                                   # 旋转角度
    return rotation_img

def rotation340(root_path, img_name):
    img = Image.open(os.path.join(root_path, img_name))
    rotation_img = img.rotate(340)                                  # 旋转角度
    return rotation_img

def randomColor(root_path, img_name):                               # 随机颜色
    image = Image.open(os.path.join(root_path, img_name))
    random_factor = np.random.randint(0, 31) / 10.                  # 随机因子
    # 调整图像的饱和度
    color_image = ImageEnhance.Color(image).enhance(random_factor)
    random_factor = np.random.randint(10, 21) / 10.                 # 随机因子
    # 调整图像的亮度
    brightness_image = ImageEnhance.Brightness(color_image).enhance(random_factor)
    random_factor = np.random.randint(10, 21) / 10.                 # 随机因子
    # 调整图像对比度
    contrast_image = ImageEnhance.Contrast(brightness_image).enhance(random_factor)
    random_factor = np.random.randint(0, 31) / 10.                  # 随机因子
    # 调整图像锐度
    return ImageEnhance.Sharpness(contrast_image).enhance(random_factor)

def contrastEnhancement(root_path, img_name):                       # 对比度增强
    image = Image.open(os.path.join(root_path, img_name))
    enh_con = ImageEnhance.Contrast(image)
    contrast = 1.5
    image_contrasted = enh_con.enhance(contrast)
    return image_contrasted

def brightnessEnhancement(root_path, img_name):                     # 亮度增强
    image = Image.open(os.path.join(root_path, img_name))
    enh_bri = ImageEnhance.Brightness(image)
    brightness = 1.5
    image_brightened = enh_bri.enhance(brightness)
    return image_brightened

def colorEnhancement(root_path, img_name):                          # 颜色增强
    image = Image.open(os.path.join(root_path, img_name))
    enh_col = ImageEnhance.Color(image)
    color = 1.5
    image_colored = enh_col.enhance(color)
    return image_colored

imageDir = "D:/ImagePP/Maskdetection/Maskdataset/train/have-mask1"  # 读取图像路径文件夹
saveDir = "D:/ImagePP/Maskdetection/Maskdataset/train/have-mask2"   # 保存图像路径文件夹

for name in os.listdir(imageDir):
    # 原始图像
    saveName=name[:-4]+"id.jpg"
```

```
image=Image.open(os.path.join(imageDir,name))
image.save(os.path.join(saveDir,saveName))
# 亮度增强
saveName = name[:-4] + "bright.jpg"
saveImage = brightnessEnhancement(imageDir, name)
saveImage.save(os.path.join(saveDir, saveName))
# 左右变换
saveName = name[:-4] + "l_r.jpg"
saveImage = flipLF(imageDir, name)
saveImage.save(os.path.join(saveDir, saveName))
# 左旋转 20
saveName = name[:-4] + "ro20.jpg"
saveImage = rotation20(imageDir, name)
saveImage.save(os.path.join(saveDir, saveName))
# 右旋转 20
saveName = name[:-4] + "ro340.jpg"
saveImage = rotation340(imageDir, name)
saveImage.save(os.path.join(saveDir, saveName))
# 颜色增强
saveName = name[:-4] + "color.jpg"
saveImage = colorEnhancement(imageDir, name)
saveImage.save(os.path.join(saveDir, saveName))
# 随机颜色
saveName = name[:-4] + "random.jpg"
saveImage = randomColor(imageDir, name)
saveImage.save(os.path.join(saveDir, saveName))
# 对比度增强
saveName = name[:-4] + "contrast.jpg"
saveImage = contrastEnhancement(imageDir, name)
saveImage.save(os.path.join(saveDir, saveName))
```

运行程序，得到有七种不同效果的图像，如图 13-21 所示。这样就扩充了数据集，使得目前戴口罩照片为 4800×8=38400 张，不戴口罩照片为 5051×8=40408 张。我们再将这些照片根据例 13.16 的程序进行重新命名。

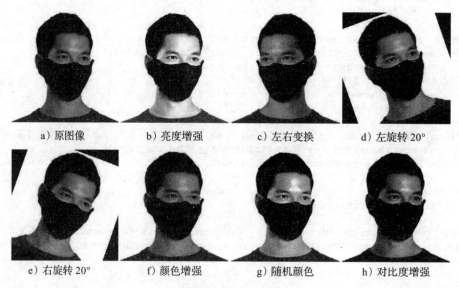

a) 原图像   b) 亮度增强   c) 左右变换   d) 左旋转 20°

e) 右旋转 20°   f) 颜色增强   g) 随机颜色   h) 对比度增强

图 13-21　图像增强

13.6.2 数据集的划分

前面已经对所有图像进行了预处理，得到了一个完整的数据集，现在需要将这些数据划分为训练集、验证集和测试集。训练集的作用是拟合模型，通过设置分类器的参数来训练分类模型；验证集的作用是当通过训练集训练出多个模型后，为了找出效果最佳的模型，使用各个模型对验证集数据进行预测，并记录模型准确率，选出效果最佳的模型所对应的参数，即用来调整模型参数。通过训练集和验证集得出最优模型后，使用测试集进行模型预测，可用来衡量该最优模型的性能和分类能力。

【例 13.19】将数据集划分为训练集、验证集和测试集，程序如下：

```python
import os
import shutil

# 原始数据集
original_dataset_dir = 'D:/ImagePP/Maskdetection/Maskdataset/train/have-mask/'
original_dataset_dir2 = 'D:/ImagePP/Maskdetection/Maskdataset/train/no-mask/'

# 创建的文件夹
base_dir = 'D:/ImagePP/Maskdetection/Maskdataset/train/datasets/'
os.mkdir(base_dir)

# 在口罩数据文件夹下创建 train、test、validation 三个文件夹
train_dir = os.path.join(base_dir, 'train')
os.mkdir(train_dir)
validation_dir = os.path.join(base_dir, 'validation')
os.mkdir(validation_dir)
test_dir = os.path.join(base_dir, 'test')
os.mkdir(test_dir)

# 在 train 文件夹下创建 have-mask 和 no-mask 文件夹
train_havemask_dir = os.path.join(train_dir, 'have-mask')
os.mkdir(train_havemask_dir)
train_nomask_dir = os.path.join(train_dir, 'no-mask')
os.mkdir(train_nomask_dir)

# validation 文件夹下创建 have-mask 和 no-mask 文件夹
validation_havemask_dir = os.path.join(validation_dir, 'have-mask')
os.mkdir(validation_havemask_dir)
validation_nomask_dir = os.path.join(validation_dir, 'no-mask')
os.mkdir(validation_nomask_dir)

# test 文件夹下创建 have-mask 文件夹和 no-mask 文件夹
test_havemask_dir = os.path.join(test_dir, 'have-mask')
os.mkdir(test_havemask_dir)
test_nomask_dir = os.path.join(test_dir, 'no-mask')
os.mkdir(test_nomask_dir)

# 复制 15000 张戴口罩图像，放在 train_have-mask 中
fnames = ['{}.jpg'.format(i) for i in range(15000)]
for fname in fnames:
    src = os.path.join(original_dataset_dir, fname)
    dst = os.path.join(train_havemask_dir, fname)
    shutil.copyfile(src, dst)

# 复制 15000 张戴口罩图像，放在 validation_have-mask 中
```

```
fnames = ['{}.jpg'.format(i) for i in range(15000, 30000)]
for fname in fnames:
    src = os.path.join(original_dataset_dir, fname)
    dst = os.path.join(validation_havemask_dir, fname)
    shutil.copyfile(src, dst)

# 复制 8400 张图像，放在 test_have-mask 中
fnames = ['{}.jpg'.format(i) for i in range(30000, 38400)]
for fname in fnames:
    src = os.path.join(original_dataset_dir, fname)
    dst = os.path.join(test_havemask_dir, fname)
    shutil.copyfile(src, dst)

# 复制不戴口罩的 15000 张图像，放在 train_no-mask 中
fnames = ['{}.jpg'.format(i) for i in range(15000)]
for fname in fnames:
    src = os.path.join(original_dataset_dir2, fname)
    dst = os.path.join(train_nomask_dir, fname)
    shutil.copyfile(src, dst)

# 复制不戴口罩的 15000 张图像，放在 validation_no-mask 中
fnames = ['{}.jpg'.format(i) for i in range(15000, 30000)]
for fname in fnames:
    src = os.path.join(original_dataset_dir2, fname)
    dst = os.path.join(validation_nomask_dir, fname)
    shutil.copyfile(src, dst)

# 复制不戴口罩的 10408 张图像，放在 test_no-mask 中
fnames = ['{}.jpg'.format(i) for i in range(30000, 40408)]
for fname in fnames:
    src = os.path.join(original_dataset_dir2, fname)
    dst = os.path.join(test_nomask_dir, fname)
    shutil.copyfile(src, dst)

print('total training havemask images:', len(os.listdir(train_havemask_dir)))
print('total training nomask images:', len(os.listdir(train_nomask_dir)))
print('total testing havemask images:', len(os.listdir(test_havemask_dir)))
print('total testing nomask images:', len(os.listdir(test_nomask_dir)))
print('total validation havemask images:', len(os.listdir(validation_havemask_dir)))
print('total validation nomask images:', len(os.listdir(validation_nomask_dir)))
```

运行程序，在资源管理器中查看数据集划分结果。每个文件夹下面都有对应数量的图像数量。运行例 13.16 的程序，把文件夹下的图像名重新规范为 0.jpg，1.jpg，2.jpg，……的形式。

13.6.3 数据集的训练

1. 加载数据文件

【例 13.20】用数据集训练 CNN，程序如下：

```
import keras
import os, shutil
from keras import layers
from keras import models
from keras import optimizers
from keras.preprocessing.image import ImageDataGenerator
import matplotlib.pyplot as plt
```

```
from keras.preprocessing import image
import tensorflow as tf
```

```
# 加载数据
train_havemask_dir="D:/ImagePP/Maskdetection/Maskdataset/train/have-mask/"
train_nomask_dir="D:/ImagePP/Maskdetection/Maskdataset/train/no-mask/"
test_havemask_dir="D:/ImagePP/Maskdetection/Maskdataset/test/have-mask/"
test_nomask_dir="D:/ImagePP/Maskdetection/Maskdataset/test/no-mask/"
validation_havemask_dir="D:/ImagePP/Maskdetection/Maskdataset/validation/have-mask/"
validation_nomask_dir="D:/ImagePP/Maskdetection/Maskdataset/validation/no-mask/"

train_dir="D:/ImagePP/Maskdetection/Maskdataset/train/"
test_dir="D:/ImagePP/Maskdetection/Maskdataset/test/"
validation_dir="D:/ImagePP/Maskdetection/Maskdataset/validation/"
```

2. 构建卷积神经网络模型

构建卷积神经网络模型的程序如下：

```
# 创建模型
model = models.Sequential()
model.add(layers.Conv2D(32, (3, 3), activation='relu', input_shape=(224, 224, 3)))
model.add(layers.MaxPooling2D((2, 2)))
model.add(layers.Conv2D(64, (3, 3), activation='relu'))
model.add(layers.MaxPooling2D((2, 2)))
model.add(layers.Conv2D(128, (3, 3), activation='relu'))
model.add(layers.MaxPooling2D((2, 2)))
model.add(layers.Conv2D(128, (3, 3), activation='relu'))
model.add(layers.MaxPooling2D((2, 2)))
model.add(layers.Flatten())
model.add(layers.Dense(512, activation='relu'))
model.add(layers.Dense(1, activation='sigmoid'))

model.summary()
model.compile(loss='binary_crossentropy', optimizer=optimizers.RMSprop(lr=1e-4),
    metrics=['acc'])
```

3. 归一化处理

进行归一化处理的代码如下：

```
# 归一化处理
train_datagen = ImageDataGenerator(rescale=1./255)
validation_datagen=ImageDataGenerator(rescale=1./255)
test_datagen = ImageDataGenerator(rescale=1./255)

train_generator = train_datagen.flow_from_directory(
        # 目标文件目录
        train_dir,
        # 所有图像的 size 必须是 224×224
        target_size=(224, 224),
        batch_size=100,
        # Since we use binary_crossentropy loss, we need binary labels
        class_mode='binary')

validation_generator = test_datagen.flow_from_directory(validation_dir, target_
    size=(224, 224), batch_size=100, class_mode='binary')
test_generator = test_datagen.flow_from_directory(test_dir, target_size=(224,
    224), batch_size=100, class_mode='binary')
```

```
for data_batch, labels_batch in train_generator:
    print('data batch shape:', data_batch.shape)
    print('labels batch shape:', labels_batch)
    break
```

4. 训练模型并保存模型

训练模型并保存模型的代码如下：

```
history = model.fit_generator(
    train_generator,
    steps_per_epoch=300,
    epochs=10,
    validation_data=validation_generator,
    validation_steps=300)
```

```
# 保存模型
model.save('D:/ImagePP/Maskdetection/Maskdataset/model/mask.h5 ')
```

5. 绘制训练集与验证集准确率和损失率曲线

绘制训练集与验证集准确率和损失率的曲线的代码如下：

```
acc = history.history['acc']
val_acc = history.history['val_acc']
loss = history.history['loss']
val_loss = history.history['val_loss']
epochs = range(len(acc))
plt.plot(epochs, acc, 'bo', label='Training acc')
plt.plot(epochs, val_acc, 'b', label='Validation acc')
plt.title('Training and validation accuracy')
plt.legend()
plt.figure()
plt.plot(epochs, loss, 'bo', label='Training loss')
plt.plot(epochs, val_loss, 'b', label='Validation loss')
plt.title('Training and validation loss')
plt.legend()
plt.show()
```

运行程序，绘制出如图 13-22 所示的准确率曲线和损失率曲线。

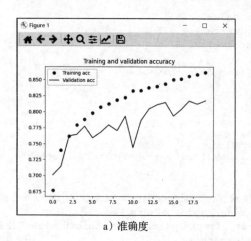
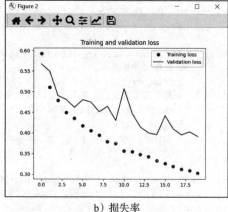

a）准确度   b）损失率

图 13-22   神经网络准确度和损失率曲线

13.6.4 检测是否佩戴口罩

【例 13.21】对单张图像进行判断，检测是否佩戴口罩，程序如下：

```
import cv2
from keras.preprocessing import image
from keras.models import load_model
import numpy as np

# 加载神经网络模型
model = load_model('D:/face-recognition/train2/train4/model/mask1.h5')

img_path='d:/pics/face Smile1.jpg'     # 口罩佩戴检测图像
img = image.load_img(img_path, target_size=(224, 224))
img_tensor = image.img_to_array(img)/255.0
img_tensor = np.expand_dims(img_tensor, axis=0)
prediction =model.predict(img_tensor)

print('口罩佩戴可能性: ',prediction)
if prediction[0][0]>0.5:
    result='未戴口罩'
else:
    result='戴口罩'
print('结论: ',result)
```

运行程序，分别用两个图像验证，一个未戴口罩，一个已戴口罩，检测结果如图 13-23 所示，图 a 佩戴口罩的可能性为 12.330198287963867%，结论是未戴口罩；图 b 佩戴口罩的可能性为 99.9907610254013 %，结论是已戴口罩。

 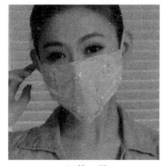

a）未戴口罩　　　　　　　　　　　　b）戴口罩

图 13-23　未戴口罩和戴口罩图像检测

13.6.5 视频实时监测口罩佩戴情况

下面将例 13.22 的程序运行 2 次，第 1 次播放采集的视频，检测视频中的人是否佩戴口罩；第 2 次使用笔记本电脑上的摄像头，实时检测人们佩戴口罩的情况，此时需将程序中"＃检测视频中的人脸"下一行程序代码前面加上"＃"，再将"＃打开笔记本摄像头"的下一行程序代码前面的"＃"删除。

【例 13.22】检测视频中的人们是否佩戴了口罩，程序如下：

```
import cv2
from keras.preprocessing import image
from keras.models import load_model
import numpy as np
import dlib
from PIL import Image
```

```
model = load_model('D:/ImagePP/Maskdetection/Maskdataset/model/mask.h5')
detector = dlib.get_frontal_face_detector()

# 检测视频中的人脸
video=cv2.VideoCapture('D:/pics/video/P02.avi')

# 打开电脑摄像头，检测人脸是否佩戴口罩
#video=cv2.VideoCapture(0)
font = cv2.FONT_HERSHEY_SIMPLEX
def rec(img):
    gray=cv2.cvtColor(img,cv2.COLOR_BGR2GRAY)
    dets=detector(gray,1)
    if dets is not None:
        for face in dets:
            left=face.left()
            top=face.top()
            right=face.right()
            bottom=face.bottom()
            cv2.rectangle(img,(left,top),(right,bottom),(0,255,0),2)
            img1=cv2.resize(img[top:bottom,left:right],dsize=(224,224))
            img1=cv2.cvtColor(img1,cv2.COLOR_BGR2RGB)
            img1 = np.array(img1)/255.
            img_tensor = img1.reshape(-1,224,224,3)
            prediction =model.predict(img_tensor)
            print(prediction)
            if prediction[0][0]>0.5:
                result='nomask'
            else:
                result='mask'
            cv2.putText(img, result, (left,top), font, 2, (0, 255, 0), 2, cv2.LINE_AA)
        cv2.imshow('mask detector', img)
while video.isOpened():
    res, img_rd = video.read()
    if not res:
        break
    rec(img_rd)

    # 按 ESC 键退出
    key = cv2.waitKey(10)
    if key == 27:
        break
video.release()
cv2.destroyAllWindows()
```

运行结果如图 13-24 所示，这是视频中的两幅图像。

a）视频中的人未戴口罩

图 13-24　视频图像中佩戴口罩的检测

b）视频中的人佩戴口罩

图 13-24 （续）

参考文献

[1] Rafael C G, Richard E W. 数字图像处理（第 3 版）[M]. 阮秋琦，阮宇智，等译. 北京：电子工业出版社，2013.

[2] Oge Marques. 实用 MATLAB 图像和视频处理 [M]. 章毓晋，译. 北京：清华大学出版社，2013.

[3] 章毓晋. 图像工程 [M]. 北京：清华大学出版社，2018.

[4] 蔡利梅，王利娟. 数字图像处理——使用 MATLAB 分析与实现 [M]. 北京：清华大学出版社，2019.

[5] 陈天华. 数字图像处理及应用——使用 MATLAB 分析与实现 [M]. 北京：清华大学出版社，2019.

[6] 高敬鹏，江志烨，赵娜. 机器学习——基于 OpenCV 和 Python 的智能图像处理 [M]. 北京：机械工业出版社，2020.

[7] 岳亚伟，薛晓琴，胡欣宇. 数字图像处理与 Python 实现 [M]. 北京：人民邮电出版社，2020.

[8] 庄健，张晶，许钰雯. 深度学习图像识别技术——基于 TensorFlow Object Detection API 和 OpenVINO 工具套件 [M]. 北京：机械工业出版社，2020.

[9] 杨青. 机器视觉算法原理与编程实战 [M]. 北京：北京大学出版社，2019.

[10] 江红，余青松. Python 程序设计与算法基础教程 [M]. 北京：清华大学出版社，2017.

[11] 杨杰，黄朝兵. 数字图像处理及 MATLAB 实现 [M]. 2 版. 北京：电子工业出版社，2018.

[12] 胡学龙. 数字图像处理 [M]. 3 版. 北京：电子工业出版社，2018.

[13] 李立宗. OpenCV 轻松入门：面向 Python[M]. 北京：电子工业出版社，2019.

[14] 曹茂永. 数字图像处理 [M]. 北京：高等教育出版社，2016.

[15] 张平. OpenCV 算法精解 [M]. 北京：电子工业出版社，2017.

[16] 张青贵. 人工神经网络导论 [M]. 北京：中国水利水电出版社，2004.

[17] 李秋实. 基于人脸肤色的特征提取 [D]. 长春：吉林大学，2010.

[18] 杨美艳. 基于深度学习的花卉识别系统设计与实现 [J]. 科技创新导报，2020.

[19] 刘嘉佳. 基于深度迁移学习模型的花卉种类识别 [J]. 江苏农业科学，2019.

[20] 花卉识别代码参考 [OL]. https://gitee.com/song-laogou/Flower_tf2.3.

[21] OpenCV 官方网站 [OL]. http://woshicver.com/.